"十二五"国家重点图书出版规划项目

海河流域水循环演变机理与水资源高效利用丛书

基于ET的水资源与水环境综合规划

王 浩 周祖昊 秦大庸 桑学锋 等 著

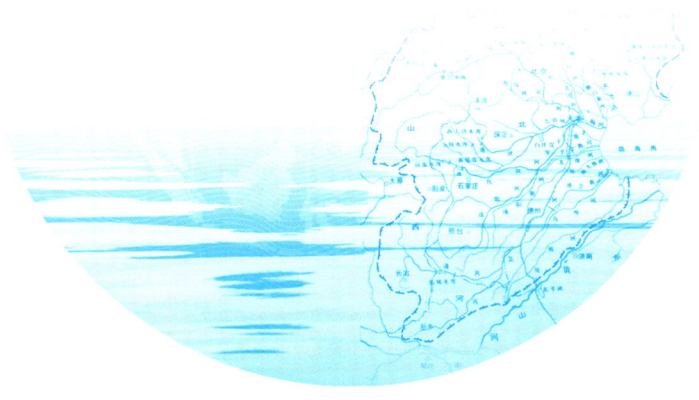

科学出版社

北 京

内 容 简 介

　　基于 ET 的水资源与水环境综合规划方法是面向资源型缺水地区水资源与水环境管理重大实践需求的一种新型规划方法。本书系统阐述了该方法的理论内涵、调控机制、规划原则、规划目标、规划思路、规划模型构建以及实践应用。研究成果极大地丰富了区域水资源与水环境综合规划的理论方法体系，反映了本学科领域的先进水平，可为资源型缺水地区水资源与水环境规划和管理提供有力支撑，对同类缺水地区具有普遍的推广与借鉴意义。

　　本书可供水资源、环境、生态、农业等相关专业科研、规划和管理人员使用，也可供大专院校师生参考。

图书在版编目（CIP）数据

基于 ET 的水资源与水环境综合规划／王浩等著.—北京：科学出版社，2013.6

（海河流域水循环演变机理与水资源高效利用丛书）

"十二五"国家重点图书出版规划项目

ISBN 978-7-03-037990-0

Ⅰ．基… Ⅱ．王… Ⅲ．①水资源–水利规划–研究　②水环境–环境规划–研究　Ⅳ．①TV212　②X32

中国版本图书馆 CIP 数据核字（2013）第 136134 号

责任编辑：李　敏　张　震／责任校对：桂伟利
责任印制：钱玉芬／封面设计：王　浩

科学出版社 出版
北京东黄城根北街 16 号
邮政编码：100717
http://www.sciencep.com

中国科学院印刷厂 印刷
科学出版社发行　各地新华书店经销

*

2013 年 6 月第 一 版　开本：787×1092　1/16
2013 年 6 月第一次印刷　印张：12 插页：2
字数：500 000

定价：88.00 元
（如有印装质量问题，我社负责调换）

总　　序

　　流域水循环是水资源形成、演化的客观基础，也是水环境与生态系统演化的主导驱动因子。水资源问题不论其表现形式如何，都可以归结为流域水循环分项过程或其伴生过程演变导致的失衡问题；为解决水资源问题开展的各类水事活动，本质上均是针对流域"自然-社会"二元水循环分项或其伴生过程实施的基于目标导向的人工调控行为。现代环境下，受人类活动和气候变化的综合作用与影响，流域水循环朝着更加剧烈和复杂的方向演变，致使许多国家和地区面临着更加突出的水短缺、水污染和生态退化问题。揭示变化环境下的流域水循环演变机理并发现演变规律，寻找以水资源高效利用为核心的水循环多维均衡调控路径，是解决复杂水资源问题的科学基础，也是当前水文、水资源领域重大的前沿基础科学命题。

　　受人口规模、经济社会发展压力和水资源本底条件的影响，中国是世界上水循环演变最剧烈、水资源问题最突出的国家之一，其中又以海河流域最为严重和典型。海河流域人均径流性水资源居全国十大一级流域之末，流域内人口稠密、生产发达，经济社会需水模数居全国前列，流域水资源衰减问题十分突出，不同行业用水竞争激烈，环境容量与排污量矛盾尖锐，水资源短缺、水环境污染和水生态退化问题极其严重。为建立人类活动干扰下的流域水循环演化基础认知模式，揭示流域水循环及其伴生过程演变机理与规律，从而为流域治水和生态环境保护实践提供基础科技支撑，2006年科学技术部批准设立了国家重点基础研究发展计划（973计划）项目"海河流域水循环演变机理与水资源高效利用"（编号：2006CB403400）。项目下设8个课题，力图建立起人类活动密集缺水区流域二元水循环演化的基础理论，认知流域水循环及其伴生的水化学、水生态过程演化的机理，构建流域水循环及其伴生过程的综合模型系统，揭示流域水资源、水生态与水环境演变的客观规律，继而在科学评价流域资源利用效率的基础上，提出城市和农业水资源高效利用与流域水循环整体调控的标准与模式，为强人类活动严重缺水流域的水循环演变认知与调控奠定科学基础，增强中国缺水地区水安全保障的基础科学支持能力。

　　通过5年的联合攻关，项目取得了6方面的主要成果：一是揭示了强人类活动影响下的流域水循环与水资源演变机理；二是辨析了与水循环伴生的流域水化学与生态过程演化的原理和驱动机制；三是创新形成了流域"自然–社会"二元水循环及其伴生过程的综合模拟与预测技术；四是发现了变化环境下的海河流域水资源与生态环境演化规律；五是明晰了海河流域多尺度城市与农业高效用水的机理与路径；六是构建了海河流域水循环多维临界整体调控理论、阈值与模式。项目在 2010 年顺利通过科学技术部的验收，且在同批验收的资源环境领域 973 计划项目中位居前列。目前该项目的部分成果已获得了多项省部级科技进步一等奖。总体来看，在项目实施过程中和项目完成后的近一年时间内，许多成果已经在国家和地方重大治水实践中得到了很好的应用，为流域水资源管理与生态环境治理提供了基础支撑，所蕴藏的生态环境和经济社会效益开始逐步显露；同时项目的实施在促进中国水循环模拟与调控基础研究的发展以及提升中国水科学研究的国际地位等方面也发挥了重要的作用和积极的影响。

  本项目部分研究成果已通过科技论文的形式进行了一定程度的传播，为将项目研究成果进行全面、系统和集中展示，项目专家组决定以各个课题为单元，将取得的主要成果集结成为丛书，陆续出版，以更好地实现研究成果和科学知识的社会共享，同时也期望能够得到来自各方的指正和交流。

  最后特别要说的是，本项目从设立到实施，得到了科学技术部、水利部等有关部门以及众多不同领域专家的悉心关怀和大力支持，项目所取得的每一点进展、每一项成果与之都是密不可分的，借此机会向给予我们诸多帮助的部门和专家表达最诚挚的感谢。

  是为序。

海河 973 计划项目首席科学家
流域水循环模拟与调控国家重点实验室主任
中国工程院院士

2011 年 10 月 10 日

序

传统水资源管理中的节水更多地体现为取水量的节约，而从区域资源量的角度分析，其节水作用未必如想象中的大。而以"ET 管理"为核心的水资源管理，将通常意义上定义的植被蒸腾、土壤及水体的蒸发，扩展到包括社会水循环中人类生产、生活过程产生的蒸发，即节水指的是蒸散发量（ET）的减少，这才是对流域/区域水资源量的"真实"节约。基于 ET 的水资源管理的实质是对传统水资源管理的需求侧进行更深层次的调控和管理，也是对水循环中水资源消耗过程的一种管理，而在此基础上进行污染物入河调控和管理则更具有科学性和合理性。因此，针对水资源短缺日益严重的现状，立足于水循环二元演化内在机理，进行以水资源消耗为核心的水资源与水环境管理不仅必要而且非常迫切。

课题组提出的以水资源消耗为核心的水资源与水环境管理理论内涵、调控机制、规划原则、规划目标、规划思路，是对传统水资源与水环境规划方法新的发展；建立的高强度人类活动地区水资源与水环境综合模拟体系，实现了人工水循环与自然水循环耦合模拟、地表水和地下水耦合模拟、水量和水质耦合模拟，为水资源与水环境综合规划和管理提供了可靠的量化工具；提出的包括 ET 总量、地表水取水总量、地下水取水总量、国民经济用水总量、生态环境用水总量、污染排放总量以及入海（出境）水量在内的七大总量控制指标体系，则为流域/区域水资源与水环境综合管理提供了有力的抓手。

该研究成果在海河流域多个地区得到了应用，充分体现了成果的科学性、合理性、前瞻性和可操作性。成果不仅对水资源与水环境学科领域的理论方法和技术创新具有重要的价值，也对资源型缺水地区的水资源与水环境管理实践具有普遍而重要的指导意义。

中国工程院院士

2013 年 3 月

前　言

　　海河流域是我国政治中心、文化中心和经济发达地区，具有地理区位优越、自然资源丰富、陆海空交通发达、工业基础和科技实力雄厚、拥有骨干城市群五大优势，是我国经济较为发达同时蕴藏着巨大发展潜力的地区。近年来，环渤海经济区综合实力显著增强，随着对外开放进一步扩大，第二产业、第三产业发展加快，该区域已成为中国北方经济发展的"引擎"，被经济界誉为继珠江三角洲、长江三角洲之后的我国经济第三个"增长极"。

　　与重要的战略地位不匹配的是，海河流域是我国水资源最为紧缺的地区，水资源、水环境问题十分突出。在全国七大流域中，海河流域的人均、亩均水资源量均最低。与此同时，海河流域污水排放量不断增加，河湖水体和地下水污染严重，对渤海湾海域的环境造成严重威胁。近年来，尽管流域内节水和治污力度加大，但在强人类活动与气候变化的双重影响下，海河流域水资源供需矛盾日益凸显，水质劣化、湿地萎缩、地下水位下降等生态环境问题进一步加剧。为妥善处理流域开发治理面临的新问题，迫切需要从新的视角去研究和破解。

　　为了综合解决海河流域的水资源与水环境问题，使海河流域的水资源与水环境综合管理水平获得真正提高和重大进步，在水利部公益性行业专项经费项目"气候变化对我国水安全的影响及对策研究"（200801001）、国家 973 计划项目"海河流域水循环演变机理与水资源高效利用"（2006CB403400）、水利部和财政部专项"我国节水型社会建设理论技术体系及其实践应用研究"（水综节水 [2006] 50 号）、国家自然科学基金创新研究群体项目"流域水循环模拟与调控"（51021006）、世界银行 GEF 项目"天津市水资源与水环境综合管理规划制定"（TJSHZ505）、国家自然科学基金项目"基于广义 ET 的水资源调配机理与模型研究"（51009149）、中国水利水电科学研究院科研专项"水资源开发利用控制红线确定及指标体系建立"（ZJ1224）的支持下，中国水利水电科学研究院基于 ET 管理和水资源与水环境综合管理的理念，以天津市为研究区，以六个专题研究和三个县级规划为支撑，编制了天津市的水资源与水环境综合管理规划，提出了天津市水资源与水环境综合管理指标和管理措施。

　　本研究从理论内涵、调控机制、规划原则、规划目标、规划思路等方面系统地、原创性地提出了基于 ET 的水资源与水环境综合规划方法；基于 ET 控制理念和二元水循环理论，将 AWB 模型（水资源与污染负荷配置）、SWAT 模型和 MODFLOW 模型耦合起来，创新性地建立了高强度人类活动地区水资源与水环境综合模拟体系，实现人工水循环与自然水循环耦合模拟、地表水和地下水耦合模拟、水量和水质耦合模拟；首次面向资源型缺水地区水资源与水环境综合管理的重大实践需求，开创性地提出了以耗水量控制为核心的区域水资源整体调控的七大总量控制指标体系。本研究成果创新性强，规划成果科学、合理、可操作性强，既可为天津市水资源与水环境综合管理提供有力支撑，对于资源型缺水地区又具有普遍的推广与借鉴意义。2010 年 11 月本项目通过水利部国际合作与科技司组织的科技成果鉴定，认为项目成果"达到国际领先水平"；2010 年 12 月项目成果荣获中国水利水电科学研究科技应用一等奖；2011 年 5 月规划获得天津市发展和改革委员会批复实施；2011 年 10 月成果荣获大禹水利科学技术奖三等奖。

  本书是上述成果的深化、凝练和总结，共分为 8 章：第 1 章总结了水资源规划发展的历程、存在问题及发展趋势，由魏怀斌、王浩、周祖昊、苟思、朱厚华撰写；第 2 章介绍了基于 ET 的水资源与水环境综合规划理论方法与模型，由王浩、周祖昊、桑学锋、秦大庸撰写；第 3 章介绍了研究区的基本概况、规划目标及任务，由杨贵羽、张俊娥、葛怀凤撰写；第 4 章构建了研究区水循环与水环境耦合模型平台，由桑学锋、周祖昊、魏怀斌、葛怀凤撰写；第 5 章分析了规划方案，由桑学锋、杨贵羽、王明娜、张瑞美、葛怀凤、褚俊英撰写；第 6 章对规划方案进行了评价和优选，由桑学锋、秦大庸、张瑞美、魏怀斌撰写；第 7 章提出了基于 ET 的水资源与水环境综合管理目标和措施，由褚俊英、杨贵羽、朱厚华、魏怀斌撰写；第 8 章总结了项目主要成果与结论，由周祖昊、张瑞美撰写。全书由王浩、周祖昊、桑学锋、秦大庸统稿并校核。

  在本书成书的过程中，胡鹏、张楠、尹吉国、李扬、俞烜、陈强、孙少晨、曹铮、贺华翔、崔小红、蔡静雅等做了部分辅助工作，贾仰文、裴源生、王建华、刘家宏、李海红、牛存稳、杨志勇、邵薇薇、刘扬等提供了十分有益的建议，道格拉斯·奥森（Douglas Olson）、蒋礼平、韩振中、刘斌、周年生、严晔端、李万庆、秦保平、沈大军、刘盛彬等专家提供了大量技术指导，天津市水利局闫学军、何云雅、魏素清、邢荣和环境保护局张淑英、侯晓珉、孙韧、卢学强等领导为本研究做了大量的协调和支持工作，天津市水利勘测设计院、天津市水利科学研究院、天津市水文水资源勘测管理中心、天津市环境保护科学研究院、天津市环境保护开发中心、天津市环境监测中心等单位给本研究提供了有力的技术支持，在此一并表示感谢！同时感谢所有参考文献的作者！

  受时间和水平的局限，书中难免有挂一漏万和错误悖谬之处，敬请广大读者批评指正。

2013 年 3 月

目　录

总序
序
前言

第1章　绪论 ………………………………………………………………… 1
　1.1　水资源规划研究进展 ………………………………………………… 1
　　1.1.1　水资源规划的国外研究进展 …………………………………… 1
　　1.1.2　水资源规划的国内研究进展 …………………………………… 3
　1.2　水资源规划发展历程 ………………………………………………… 5
　　1.2.1　概述 ………………………………………………………………… 5
　　1.2.2　发展历程 …………………………………………………………… 6
　1.3　存在的问题及发展趋势 ……………………………………………… 10
　　1.3.1　存在的问题 ………………………………………………………… 10
　　1.3.2　发展趋势 …………………………………………………………… 11

第2章　基于 ET 的水资源与水环境综合规划理论方法与模型 ……… 12
　2.1　基于 ET 的水资源与水环境综合规划理论 ………………………… 12
　　2.1.1　理论内涵 …………………………………………………………… 12
　　2.1.2　调控机制 …………………………………………………………… 14
　　2.1.3　规划原则 …………………………………………………………… 15
　　2.1.4　规划目标 …………………………………………………………… 16
　2.2　基于 ET 的水资源与水环境综合规划决策方法 …………………… 17
　　2.2.1　水资源决策特点 …………………………………………………… 17
　　2.2.2　决策方法和思路 …………………………………………………… 18
　　2.2.3　目标 ET 计算方法 ………………………………………………… 20
　　2.2.4　方案设置方法 ……………………………………………………… 21
　　2.2.5　情景模拟方法 ……………………………………………………… 22
　　2.2.6　方案评价方法 ……………………………………………………… 25
　2.3　基于 ET 的水资源与水环境综合规划模型 ………………………… 27

2.3.1 目标函数	27
2.3.2 水量水质计算方程	27
2.3.3 约束条件	29
2.3.4 模型功能特点	31

第3章 天津市基本情况、规划目标及任务 …… 33

3.1 天津市概况 …… 33
3.2 基线调查 …… 35
   3.2.1 经济社会基线调查 …… 35
   3.2.2 水资源量基线调查 …… 37
   3.2.3 供用水及耗水情况基线调查 …… 41
   3.2.4 生态环境基线调查 …… 46
   3.2.5 水资源与水环境管理现状 …… 53
   3.2.6 水资源与水环境存在问题 …… 55
3.3 规划目标、任务及依据 …… 57
   3.3.1 规划目标 …… 57
   3.3.2 规划任务 …… 57
   3.3.3 规划依据 …… 58
   3.3.4 规划水平年 …… 61
3.4 技术路线 …… 61

第4章 天津市水循环与水环境耦合模型平台 …… 63

4.1 平台结构 …… 63
4.2 模拟原理 …… 63
   4.2.1 子模型耦合关系 …… 63
   4.2.2 "地表–地下"水循环耦合模拟 …… 64
   4.2.3 "自然–社会"二元水循环耦合模拟 …… 64
   4.2.4 水量水质耦合模拟 …… 65
4.3 平台构建 …… 66
   4.3.1 AWB模型构建 …… 66
   4.3.2 SWAT模型构建 …… 67
   4.3.3 MODFLOW模型构建 …… 76
4.4 模型校验 …… 81
   4.4.1 地表水水量、水质模拟与校验 …… 81
   4.4.2 地下水模拟与校验 …… 84

4.4.3　ET模拟与校验 ··· 87

第5章　规划方案分析与设置 ·· 89

5.1　水资源利用方案 ·· 89
　　5.1.1　地表水 ··· 89
　　5.1.2　地下水 ··· 90
　　5.1.3　再生水 ··· 91
　　5.1.4　海水 ·· 95
　　5.1.5　微咸水 ··· 95
　　5.1.6　雨水 ·· 96

5.2　国民经济节水方案 ·· 97
　　5.2.1　经济社会发展预测 ··· 97
　　5.2.2　国民经济节水方案分析 ··· 103

5.3　水生态修复方案 ··· 106
　　5.3.1　天津市水生态总体规划目标 ·· 106
　　5.3.2　河道内生态用水方案 ·· 107
　　5.3.3　河道外生态用水方案 ·· 110
　　5.3.4　入海水量控制方案 ··· 117

5.4　水污染控制方案 ··· 118
　　5.4.1　天津市水功能区划及其环境规划目标 ··································· 118
　　5.4.2　污染物预测 ··· 119
　　5.4.3　水污染控制方案 ·· 122

5.5　方案设置 ·· 128
　　5.5.1　主要因子 ·· 128
　　5.5.2　方案设置说明 ··· 130

第6章　规划方案评价与优选 ··· 133

6.1　指标评价 ·· 133
　　6.1.1　资源指标评价 ··· 133
　　6.1.2　生态指标评价 ··· 136
　　6.1.3　环境指标评价 ··· 139
　　6.1.4　社会指标评价 ··· 140
　　6.1.5　经济指标评价 ··· 142

6.2　方案优选 ·· 143
　　6.2.1　2010水平年方案优选 ··· 145

  6.2.2 2020 水平年方案优选 ·· 145
 6.3 水资源与水环境综合分析 ·· 146
  6.3.1 供水分析 ··· 146
  6.3.2 用水分析 ··· 148
  6.3.3 ET 控制分析 ·· 149
  6.3.4 水生态分析 ··· 150
  6.3.5 水环境分析 ··· 151
 6.4 各水平年之间的比较 ··· 152
  6.4.1 水资源分析 ··· 152
  6.4.2 ET 分析 ·· 152
  6.4.3 生态环境分析 ·· 152
  6.4.4 经济社会分析 ·· 153

第 7 章 管理目标和措施 ··· 154
 7.1 管理目标 ··· 154
  7.1.1 总体目标 ··· 154
  7.1.2 具体指标 ··· 154
 7.2 管理措施 ··· 159
  7.2.1 推进地表水总量控制，实现区域地表水优化配置 ·············· 160
  7.2.2 强化地下水总量控制，实现地下水采补平衡 ···················· 161
  7.2.3 实施 ET 管理与国民经济用水总量控制，促进"真实节水" ···· 162
  7.2.4 保障生态用水总量，实现水生态良好发展 ······················· 164
  7.2.5 加强入海总量控制，促进近海生态健康发展 ···················· 165
  7.2.6 建立排污总量控制和环境倒逼机制，满足水功能区要求 ····· 165
  7.2.7 保障措施 ··· 168

第 8 章 成果、结论与展望 ·· 171
 8.1 主要成果 ··· 171
  8.1.1 研究成果 ··· 171
  8.1.2 创新点 ·· 172
 8.2 结论 ··· 172
 8.3 展望 ··· 174

参考文献 ··· 176

第 1 章 绪 论

随着人们对水资源规划认识的不断深入和科学的进步,水资源规划从最开始仅针对水资源系统的较为单一的规划逐步发展为考虑"经济社会-资源-生态-环境"复杂系统的综合规划,其规划理论和规划方法也在不断拓展和深入中。本章综述了国内外水资源规划的研究进展,归纳了水资源规划的对象、目标、理念不断拓展的发展脉络,总结了"就水论水"的水资源规划、基于宏观经济的水资源规划、面向生态的水资源规划、广义水资源规划、基于 ET(耗水)的水资源规划以及水资源与水环境综合规划 6 种模式的发展历程,讨论了目前存在的主要问题与发展趋势。

1.1 水资源规划研究进展

1.1.1 水资源规划的国外研究进展

水资源规划主要是对流域或区域水利综合规划中关于水资源多种功能的协调、为适应各类用水需要的水量科学分配、水的供需分析及解决途径、水体污染的防治规划等方面的总体安排。水资源规划的历史伴随人类文明的发展。据历史记载,公元前 3500 年的古埃及已有全世界历史最悠久的水资源规划。

(1) 早期的水资源规划

早期的水资源规划主要是理论和方法的雏形,主要有:

1)水位资料记录。最初出现在古埃及,工程师在尼罗河利用水位测量标尺来观察河流的水位情况并记下详细的流量资料。如果尼罗河水位比较危险,工程师会立刻通知人们尽快迁移到安全的地方。

2)流量测定。从水位资料记录到流量测定经过了漫长时期。1 世纪初一个埃及人最先提出"同在一个横断面上的水流速度是相同的"假定。可不幸的是直到 16 世纪,埃及水文学的奠基人 Benedeto Castelli(1577~1644 年)才重新发现这个定理,奠定了水资源规划的基础。

3)相关方程。18 世纪数学领域学者发现了许多数学公式,其中对水文水资源有重要意义的公式有:皮托(Pitot)公式,可用来计算流体力的数据;伯努利(Bernoulli)能量方程,准确地描述了能量守恒的基本原理;欧拉(Euler)在伯努利方程中添加了一个能量组成的重要概念,使得该方程更加完美,成为欧拉运动方程的重要组成部分。

(2) 近代水资源规划与实践

随着人们知识领域的进步与突破,17 世纪和 18 世纪发展出了专门研究水资源科学和技术的团体，主要包括英格兰皇家社会学院、法国皇家科学院和法国公路与桥梁公司。水资源规划日新月异，逐渐走向成熟，出现了有影响力的水资源规划实践。

1）河流规划。18世纪中叶，乔治·华盛顿（George Washington）首次把水资源规划付诸实践，在华盛顿市修建了五个水闸来控制船舶的进出。这是历史上比较完善的水资源规划工程。

2）流域规划。1808年，美国财政部长艾伯特·加勒廷（Albert Gallatin）在报告中第一次提出了进行综合水资源规划，将运河河道作为运输工具。约翰·韦斯利·鲍威尔（John Wesley Powell）先生则提出了将土地和水资源进行联合规划的建议，并且利用他的影响力使得地图上开始提供地质和水文信息的综合数据。密西西比河下游的规划将土地利用和防洪规划统一了起来，避免了洪水将位于河边漫滩的城市淹没。经过一系列悲惨的洪水事件后人们逐渐认识到：只有将来水暂时储存，再现时调配才能控制洪水的泛滥。1913年亚瑟·摩根（Arthur Morgen）博士建议在俄亥俄州南部迈阿密盆地的代顿（Dayton）经济开发区修建长达63km的横穿9个重要城市和5个干枯水库的长堤和渠道。当地政府采纳了该建议，并在1922年由当地财团资助修建完成。

(3) 现代水资源规划

1953年，美国陆军工程师兵团（USACE）在美国密苏里河（Missouri River）流域研究6座水库的运行调度问题时设计了最早的水资源模拟模型。1955年，哈佛大学开始制定一个水资源大纲，并于1962年出版了《水资源系统分析》一书，将系统分析引入水资源规划，开始了流域水资源配置模型研究。Bellman R.（1962）提出了动态规划，用来求解多阶段决策过程的最优策略。1972年，Young和Bredenoeft提出了一个由水文模型和经济模型等组成的地表水和地下水联合管理运行的模拟模型。1977年，Haimes Y. Y. 运用大系统分解-协调技术研究了地表水和地下水的联合管理运行问题。美国麻省理工学院（MIT）于1979年完成了阿根廷里奥·科罗拉多（Rio Colorad）流域的水资源开发规划，用模拟模型技术对流域水量的利用进行了研究，提出了多目标规划理论、水资源规划的数学模型方法并加以应用。1985年，美国康奈尔大学（Cornell University）的Loucks D. P. 教授等提出了水资源系统工程的"交互模型方法"，认为决策模型不仅要反映系统的物理本质，而且必须与人类思维方式和用户的认识模式相一致，与实际决策过程要吻合；在决策过程中，模型还必须充分反映决策者的要求、愿望和主观判断。20世纪90年代以来，由于水污染、水危机加剧，传统的以水量和经济效益最大为目标的水资源配置已不适应形势的发展，一些国家开始在水资源优化配置中考虑水质约束、环境效益和水资源可持续利用研究。1992年，Afzeal等针对巴基斯坦的某处灌溉系统建立线性规划模型，对不同水质水的使用问题进行优化。1997年Wong等提出支持地表水、地下水联合运用的多目标、多阶段优化管理的原理与方法，在需水预测中要求地下水、当地地表水、外调水等多种水源联合运用，并考虑地下水恶化的防治措施。1999年Kumar等建立了污水排放模糊优化模型，提出了在流域水质管理经济和技术上可行的方案。1995年Watkins介绍了一种伴随风险和不确定性的可持续水资源规划框架，建立了有代表性的联合调度模型。

1.1.2　水资源规划的国内研究进展

我国是一个历史悠久的文明古国，也是对水资源规划、开发利用最早的国家之一。公元前256年，秦朝蜀郡太守李冰修建的都江堰工程就是利用水资源灌溉农田的伟大工程。

公元前246年，水工郑国修建的郑国渠西起泾阳，引泾水向东，下游入洛水，全长150多千米，灌溉面积达110万亩①，大大改善了关中地区的农业生产条件。

水资源规划与利用主要集中于农田水利、防洪治河和航运，但几千年的封建制度极大地阻滞了我国水资源规划事业的发展。步入近代，当世界上许多国家大规模发展水资源基础研究的时候，我国却沦为半殖民地半封建社会，外受帝国主义列强的侵略，内有封建统治和军阀混战，水资源规划研究停滞不前。直到20世纪40年代中期，国民政府与美国垦务局签约准备利用美国资金建设水电站，并邀请了该局总工程师、世界知名水利专家萨凡奇来华考察。萨凡奇在三度实地考察三峡地区后，写出了《扬子江三峡计划初步报告》。

新中国成立以后，水资源规划研究发展迅速。20世纪60年代就开始了以水库优化调度为先导的水资源分配研究，最早是以发电为主的水库优化调度。到了20世纪80年代，区域水资源的优化配置问题在我国开始引起重视。20世纪80年代初，以华士乾教授为首的研究小组曾对北京地区的水资源系统利用系统工程方法进行了研究，该项研究考虑了水量的区域分配、水资源利用效率、水利工程建设次序以及水资源开发利用对国民经济发展的作用，可以说是水资源系统中水量合理分配的雏形。随后他们将其水资源模型在北京及海河北部地区进行了应用。20世纪80年代中后期，华士乾教授提出了水资源合理配置研究课题。在理论研究方面，贺北方于1988年提出区域水资源优化分配问题，并建立了大系统序列优化模型，采用大系统分解协调技术进行求解，且于次年建立了二级递阶分解协调模型，运用目标规划进行产业结构调整，并将该优化模型应用到了郑州市水资源系统分析与最优决策研究中。1989年吴泽宁等以经济区经济社会效益最大为目标，建立了经济区水资源优化分配的大系统多目标模型及其二阶分解协调模型，采用多目标线性规划技术求解，并以三门峡市为实例进行了验证。

1994~1995年，由联合国开发计划署（United Nations Development Programme，UNDP）和联合国环境署（United Nations Environment Programme，UNEP）组织援助、新疆维吾尔自治区水利厅和中国水利水电科学研究院负责实施的"新疆北部地区水资源可持续开发利用总体规划"项目，对新疆北部地区的经济、水资源和生态环境之间的协调发展进行了较为充分的研究，提出了基于宏观经济发展和生态环境保护的水资源规划方案，研究成果受到国际组织和国内专家的高度评价，并且取得了地方政府的认可。

中国水利水电科学研究院、航天工业总公司710研究所和清华大学相互协作，在国家"八五"攻关和其他重大国际合作项目中系统地总结了以往工作的经验，将宏观经济、系统方法和区域水资源规划实践相结合，提出了基于宏观经济的水资源优化配置理论，并在

---

① 1亩≈666.7m²。

这一理论指导下建立了区域水资源优化配置决策支持系统，并应用该系统对华北水资源问题进行了专题研究。他们在该专题中开发的"宏观经济水资源规划决策支持系统 MEWAP-DSS"是迄今为止较为完整的水资源合理配置应用体系。同时，在水资源合理配置的基础理论和分析技术与方法等方面均有很大突破。

黄河水利委员会利用世界银行贷款进行了"黄河流域水资源经济模型研究"，并在此基础上结合国家"八五"科技攻关项目，进行了"黄河流域水资源合理分配及优化调度研究"（薛松贵和常炳炎，1998），对地区经济可持续发展与黄河水资源、地区经济发展趋势与水资源需求、黄河水资源规划决策支持系统、干流水库联合调度、黄河水资源合理配置、黄河水资源开发利用中的主要环境问题等进行了深入研究，并取得了较多成果。这项研究是我国首个对全流域进行水资源合理配置的研究项目，对全面实施流域管理和水资源合理配置起到了典范作用。

谢新民等（2000）根据宁夏回族自治区的实际情况和急需研究解决的问题，基于可持续发展的理论，利用水资源系统分析的理论和方法，分析和确立了宁夏回族自治区水资源优化配置的目标及要求，建立了水资源优化配置模型。

王忠静等（2002）应用复杂适应系统理论的基本原理和方法，构架出了水资源配置系统分析模型。

陈晓宏等（2002）以大系统分解协调理论作为技术支持，运用逐步宽容约束法和递阶分析法，建立了东江流域水资源优化调配的实用模型和方法，并对该流域特枯年水资源量进行了优化配置和供需平衡分析。王浩等（2002a）系统地阐述了水资源总体规划体系应建立以流域系统为对象、以流域水循环为科学基础、以合理配置为中心的系统观，以多层次、多目标、群决策方法作为流域水资源规划的方法论。

王浩等（2003c）在"黄淮海水资源合理配置研究"中，提出水资源"三次平衡"的配置思想，系统地阐述了基于流域水资源可持续利用的系统配置方法。

尹明万等（2003）结合河南省水资源综合规划试点项目，根据国家新的治水方针和"三先三后"原则，在国内外首次建立了基于河道内与河道外生态环境需水量的水资源配置动态模拟模型。该模型反映了水资源系统的多水平年、多层次、多地区、多用户、多水源、多工程的特性，能够将多种水资源进行实时调控，实现动态配置和优化调度模拟有机结合的模型系统。

2002 年水利部印发的《全国水资源综合规划技术大纲与细则》，吸收了国内外近年来水资源评价与规划的最新理论和技术方法，吸取了我国水资源评价与规划的多项成果和工作经验，反映了我国水资源评价与规划的最高水平，也表明了我国传统水资源配置的方法已基本成熟。随着对水资源认识的逐步深入，广义水资源理论和实践得到发展，广义水资源的配置研究应运而生。

裴源生等（2006）探讨了广义水资源合理配置的理论内涵、配置系统、配置目标及协调与冲突、研究框架、调控机制、全口径供需平衡分析方法和后效性评价体系，并将其应用于宁夏回族自治区，制定了该地区的广义水资源配置方案。

孙敏章等（2005）尝试将遥感 ET 引入水资源管理配置中，并进行了有效探索。胡明罡等（2006）将遥感 ET 技术应用到北京农业用水的可持续规划中，且取得了不错的效果。

蒋云钟等（2008）探讨了基于 ET 指标的水资源合理配置方法，并将其应用于南水北调中线工程实施后的北京市水资源合理配置战略研究。

王浩、秦大庸、周祖昊、桑学锋等（2009）在完成的"天津市水资源与水环境综合管理规划"中，系统地提出了基于 ET 的水资源与水环境综合规划方法体系，创新和发展了水资源与水环境规划方法。

何宏谋等（2011）结合 ET 管理的水资源管理新理念，在深入分析和探讨了黄河流域现行地表水资源管理体系所需补充完善之处的基础上，从区域水量平衡基本方程出发，构建了一个融合 ET 管理理念的包括地表水资源管理体系、ET 管理体系、地下水资源管理体系在内的黄河流域水资源综合管理技术体系，并对建立和完善 ET 管理体系所需解决的问题及其可能的途径进行了探讨。

1.2 水资源规划发展历程

1.2.1 概述

从水资源规划的发展历程来看，随着人们认识水平的提高和科学技术的发展，水资源规划经历了不断拓展、不断深化的过程，具体可归纳为三个方面：

1）规划的对象不断拓展。从最初的地表水量分配为主发展到地表水和地下水联合调度配置；从对当地常规水资源（地表水和地下水）进行分配发展到对常规水源和非常规水源（再生水、海水、微咸水、雨水蓄积）及外调水的统一调配；从对狭义水资源（蓝水）的分配发展到狭义水资源（蓝水）和广义水资源（绿水）统一分配；从对供水量的配置发展到对取水量与耗水量的统一分配；从对水资源量的分配发展到水量水质联合配置。

2）规划的目标不断拓展。从单一的供水效益发展到在区域水资源规划中分别考虑经济（人均 GDP）、环境（人均 BOD 排放量）、农业生产（人均粮食产量 FOOD）、城镇就业率（INC）；从不同程度的割裂经济因素、社会因素和环境因素的规划到统一考虑水资源开发与区域经济、社会、环境多目标的协调发展；从单一的经济效益最大化到经济效益与生态效益之和最大，再拓展到资源、生态、环境、社会、经济等多维调控目标下的水资源合理配置。主要指标含义如下：①资源目标主要反映在满足一定约束条件下通过区域水资源的高效利用使水循环系统达到最好的补给排泄状态；②环境目标主要为通过控制区域污染物的排放，使得区域水环境质量达到最好；③生态目标体现在陆域生态系统和海域生态系统状态最好，如水生态达到水生态功能区划要求，近海岸生态得到改善；④社会目标是实现现代社会整体高速发展，在水资源水环境综合规划中要体现稳定、和谐的理念，主要体现为保证人饮安全、实现区域间供水公平；⑤经济目标主要为实现区域粮食不减产、农民不减收、经济效益最大化。

3）规划的理念不断发展。在生产力发展水平低下的时代，各部门竞争用水的矛盾并不突出，水资源的本底条件没有成为开发利用的制约性因素，水资源管理的理念是"以需定供"。随着人类用水量越来越大，区域之间、行业之间、人类和自然之间竞争用水的矛盾越来越突出，水资源对社会发展、生态保护的制约作用越来越显著，水资源管理的理念逐渐转变成为"以供定需"，但主要是"控制取水"，即首先根据水资源可持续利用的要求确定可利用的水资源量（取水量），然后根据水资源条件确定未来经济社会发展规模、生态和环境保护目标。随着全球水资源危机的到来，水资源紧缺形势越来越严重，一些学者认识到控制取水并不能真正解决水资源问题，必须坚持"以供定需，控制耗水"的水资源管理理念，才能真正实现水资源的可持续利用。

1.2.2 发展历程

国内外水资源规划的发展历程大体上可归纳为以下 6 个阶段，即"就水论水"的水资源规划、基于宏观经济的水资源规划、面向生态的水资源规划、广义水资源规划、基于 ET（耗水）的水资源规划以及水资源与水环境综合规划，具体如图 1-1 所示。

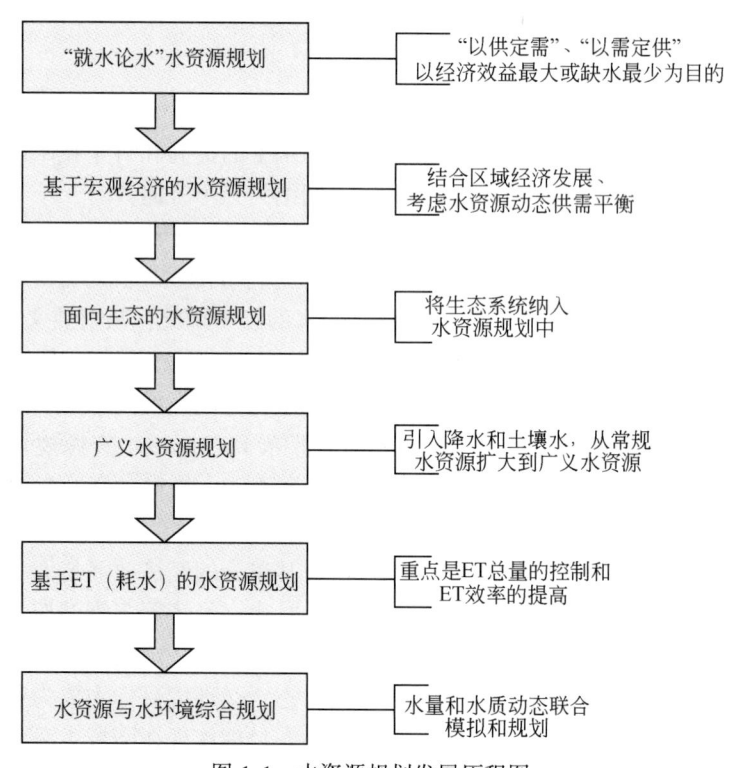

图 1-1 水资源规划发展历程图

(1)"就水论水"的水资源规划

"就水论水"是水资源规划的初级阶段，主要是以"水"为核心和约束条件，水资源规划考虑的关系相对简单。这一阶段存在"以需定供"和"以供定需"两种片面的规划思想。

"以需定供"理念认为水资源是取之不尽、用之不竭的,通过对未来经济规模的预测得到相应的需水量,以此作为供水工程规划的依据。这种思想强调人类的需水要求,为满足其要求掠夺式索取水资源,带来了一系列生态环境问题。同时,"以需定供"没有体现出水资源的价值,不利于节水意识的培养和节水技术的提高。

这个阶段水资源开发利用以需求为导向,利用粗放,"工程水利"特色十分明显。其背景为水资源丰富,且开发难度较小,多以引水为主,同时结合防洪和发电,修建了一批蓄水工程。水利建设取得了巨大成绩,但也造成了水资源的浪费和工程效益不能充分发挥甚至出现了工程建设的失误。"以需定供"模式的出现符合历史发展规律,在国外也出现了类似的情况。如美国在进行第一次水资源规划时,也出现了需水量预测偏大的情况,但随后进行了修正。我国按照该模式进行的需水预测偏大的情形屡见不鲜。20 世纪 80 年代初,第一次水资源评价时,水利部门预测 2000 年全国的用水需求量为 7096 亿 m^3,而实际 2000 年全国的用水量为 5497.6 亿 m^3。"七五"期间,山西省的缺水现象非常严重,水利部门曾多次预测 1990 年的需水量为 72 亿 ~ 76 亿 m^3,2000 年为 90 亿 ~ 100 亿 m^3,而实际山西省 1990 年和 2000 年的用水量分别为 54 亿 m^3 和 56.36 亿 m^3。由于"以需定供"的规划思路需水预测过大,工程规模相应较大,造成万家寨引黄工程建成后运营被动。对城市的用水需求预测也有偏大的情况,如北京市 1990 年以来水资源的供求规划,预测 2000 年北京市总需水量为 45.51 亿 m^3,实际 2000 年北京市的用水总量为 40.4 亿 m^3;预测 2010 年用水量为 54.35 亿 m^3,实际用水量为 35.2 亿 m^3。

由于水资源开发利用的难度加大,当地水资源已无开发潜力,同时计划经济向市场经济逐步转变,外延式的需水增长已受到了众多因素的制约,需水增长明显趋缓。在华北等水资源紧缺地区,水资源规划开始出现了"以供定需"模式,需水由简单外延式增长逐步转变为内涵式增长,强调节水作用,经济社会规划指标已考虑到水资源的制约,产业结构和产业布局向节水减污型方向调整,"节水优先、治污为本、多渠道开源"是其基本方针。

(2) 基于宏观经济的水资源规划

区域宏观经济系统的长期发展,一方面受其内部因素的制约,如投入产出结构、消费结构等;另一方面,水供给的紧缺也会限制经济的增长并促进经济结构作适应性的必要调整。同时,水资源系统的长期发展模式也会受到宏观经济系统发展的影响,不同经济发展格局会在很大程度上改变水需求,同时水资源系统的投资也主要依靠当地经济的发展。因而水资源规划不能"就水论水",不能将水资源的需求和供给分开考虑,要重视与区域经济的动态协调。因而基于宏观经济的水资源规划应运而生,它结合了区域经济发展情况,考虑了水资源供需的动态平衡,将水与经济社会关系结合起来,认为水资源系统是区域自然-社会-经济协同系统的一个有机组成部分,是对以前规划思想的一次重大超越。

Booker 等(1994)在美国科罗拉多河上进行了水资源和经济社会的综合模拟,指出科罗拉多河的流量无法适应实验区的经济社会发展需求,提出应该将经济社会发展和水资源管理综合考虑,对水资源进行合理规划。

在我国,国家"八五"攻关"华北地区宏观经济水资源规划理论与方法"专题研究了水资源与宏观国民经济之间的关系，提出了基于宏观经济的区域水资源优化配置理论及其指导下的多层次多目标群决策方法，对水资源系统和宏观经济社会系统之间的关系进行了定量化的分析，力求实现宏观经济和水资源的合理、科学、协调发展。

（3）面向生态的水资源规划

随着经济社会的快速发展，水资源不合理开发利用造成的一系列生态问题逐渐凸显，河道断流、湿地萎缩、地下水出现漏斗、海水倒灌等问题引起了人们的重视。生态系统和水资源系统有着紧密联系：一方面，生态系统影响着截留、蒸发、产流、汇流等水循环过程，生态系统对水资源演变起着至关重要的作用；另一方面，水是支撑生态系统的基础资源，它的演变又影响着生态系统的演化。基于宏观经济的水资源规划虽然考虑了宏观经济系统和水资源系统之间相互依存、相互制约的关系，但是忽视了水循环演变过程与生态系统之间的相互作用关系。面向生态的水资源规划考虑了生态系统和水资源系统之间的联系，将生态系统和经济社会系统纳入水资源规划中。

Naiman 等（1998）在河流生态管理中考虑了水资源系统与河流生态的密切联系。澳大利亚默累河（Murray River）流域管理局研究了该河流的生态系统需水和经济社会需水，以经济社会系统、生态系统和水资源系统的协调发展为目的，对默累河的水资源进行了合理规划。

国家"九五"攻关专题"西北地区水资源合理配置和承载能力研究"在"八五"攻关的基础上，针对内陆干旱绿洲生态的特点，进一步将水资源系统、经济社会系统及生态系统三者联系起来统一考虑，提出了面向生态的水资源规划方法。与基于宏观经济的水资源规划相比，面向生态的水资源规划在决策服务对象上，将单纯考虑经济社会系统拓展为同时考虑经济社会和生态环境系统；在决策目标上，将单纯经济效益最大拓展为经济效益与生态效益之和最大；涉及的生态系统从过去的人工生态系统拓展为人工和天然生态系统。

（4）广义水资源规划

随着水资源危机的日益加重，人们开始注重广义水资源的开发和利用。Falkermark 等（1995）提出了"蓝水"和"绿水"的概念：蓝水资源或称狭义水资源，即地表水和地下水资源；绿水资源或称广义水资源，即能被生态系统和经济系统直接利用的降水和土壤水。在此基础上，有学者提出了广义水资源和狭义水资源联合规划的理论，即广义水资源规划理论。广义水资源规划将所规划的水资源系统从常规水资源扩大到了广义水资源，更新了水资源规划的思维。

"宁夏经济生态系统水资源合理配置"攻关项目从广义水资源规划的内涵出发，在决策目标上，满足经济社会用水和生态环境用水的需要，维系了区域社会-经济-生态系统的可持续发展；在决策基础上，以区域经济社会可持续发展以及区域人工-天然复合水循环的转化过程为基础；所涉及的不仅有传统意义上可控的地表水和地下水，还对半可控的土壤水以及不可控的天然降水进行规划，规划的内容更为丰富。规划考虑了传统意义的水资源供需平衡，反映了人工供水和需水的关系；同时考虑了广义水资源的供需平衡，反映了所有的供水和实际耗水之间的关系。

(5) 基于 ET（耗水）的水资源规划

以往的水资源规划主要将可利用的水源在不同区域、不同部门间进行调配，缺乏对水资源可消耗总量的控制。David 等（1982）首次提出了节水要考虑可回收水和不可回收水的概念。Keller 等（1996）提出要在水资源综合系统（integrated water resources system，IWS）中实行"真实节水"，强调从整个水循环不可回收的水量中进行节水，而不仅限于用水过程中的节水，引发了"人们对水资源高效利用的新思考"。这一思想最先运用于农业灌溉用水管理中，后来有学者将其思想吸收到流域水资源规划中，形成了基于 ET（耗水）的水资源规划。基于 ET 的水资源规划是水资源规划的进步，它将取水管理推进到耗水管理，实现了真正意义上的节水，该方法已被世界银行 GEF 海河项目用于流域或区域水资源规划和管理实践中。

沙金霞（2008）在馆陶县世界银行节水灌溉项目和 GEF 海河项目开展的基础上开展了 ET 技术在水资源与水环境综合管理规划中的应用研究。

蒋云钟等（2008）基于真实节水理念，提出了基于流域或区域 ET 指标、以可消耗 ET 量分配为核心的水资源合理配置技术框架。该框架以分布式水文模型、多目标分析模型、水资源配置模拟模型等组成的模型体系为支撑，包括可消耗 ET 计算、可消耗 ET 分配和 ET 分配方案验证等技术流程，从流域或区域总来水量、蒸腾蒸发量和供水量、用水量、耗水量与排水量两层面，围绕 ET 指标进行水平衡分析与分配计算。以南水北调中线工程实施后北京市水资源合理配置问题为实例，进行了应用研究的尝试。

刘家宏等（2009）提出了目标 ET 的理论，是指在一个特定发展阶段的流域或区域内，以其水资源条件为基础，以生态环境良性循环为约束，满足经济持续向好发展与和谐社会建设要求的可消耗水量。基于目标 ET 的水资源配置用耗水量代替需水量，突出了资源节水理念，是未来水资源管理的发展趋势。研究人员采用先分项、再综合、后评估的方法计算了天津市 2010 水平年的目标 ET，分项目标 ET 包括不可控 ET 和可控 ET。不可控 ET 利用分布式水文模型和遥感监测模型互为校验得到，可控 ET 主要包括灌溉耕地 ET 和居工地 ET，灌溉耕地 ET 利用土壤墒情模型和蒸散发模型计算，居工地的工业生活用水 ET 通过定额和耗水率计算。该论文根据不同的水资源条件组合设置了八套计算方案，分别计算了各种方案的目标 ET，并对计算结果进行了评估，给出了推荐方案。

(6) 水资源与水环境综合规划

随着经济社会发展，水资源开发利用程度加剧，在各行业各部门用水量大幅增加的同时，污水的排放量也在大幅增加。以往的水资源规划关注于水量，而只有把水资源的数量和质量这两个密不可分的属性结合起来，才能实现水资源的良性循环和可持续利用。水资源与水环境综合规划必将成为今后水资源规划的重要发展方向。

目前水量水质联合配置的研究主要集中于分质供水的水量配置，也有学者在水量模拟的基础上对水质进行分析，但是都很少实现真正的水资源与水环境综合规划，即水量和水质动态的联合模拟和规划。

水资源与水环境综合规划理念就是要在规划过程中同时考虑水资源配置与水环境保护相互影响的关系。在规划中要满足用水户的水量和水质要求，实现分质供水、优水优供；

要满足水体水质要求，确保水体水质安全，满足水功能区的水质要求。从污染控制角度来说，一方面需要根据水功能区的要求，按照环境容量进行污染削减，实现总量控制基础上的达标排放；另一方面，在水资源配置过程中要留足环境容量，以使得污染削减的代价切实可行。

基于广义 ET 的水资源与水环境综合规划起步不久，代表性的成果主要是中国水利水电科学研究院的王浩、秦大庸、周祖昊、桑学锋等在水利学报上发表的文章——《基于广义 ET 的水资源与水环境综合规划研究》（Ⅰ：理论、Ⅱ：模型、Ⅲ：应用）。文章基于广义 ET 控制理念探讨了区域水资源水环境综合规划的理论、内涵及规划技术体系提出天津市基于广义 ET 的水资源和水环境综合规划七大总量控制成果，为科学解决气候变化和人类活动影响下日益严重的水资源和水环境问题提供了途径。

1.3 存在的问题及发展趋势

1.3.1 存在的问题

纵观国内外相关研究，水资源规划研究存在的问题主要表现在以下三个方面：

1）水资源规划要主动适应气候变化、人类社会以及流域下垫面变化干扰下的流域水循环发生的动态变化。过去对水资源演变自然属性的研究多，而对社会属性研究不够；对水循环相关过程的单项研究多，对综合研究不够；对一元静态模式下的治理开发方案研究多，对动态研究不够；对自然水循环研究多，对高强度人类活动影响下的水循环与水资源规划动态影响研究不够。

2）传统的水资源规划只重视水"量"的配置，忽视了"质"的重要性，轻视水质的优化，将造成有限水资源不能充分高效利用。面向可持续发展的水资源优化配置应该考虑水资源系统中供需双方"质"的特性，将水质量化，并与水量一同参与优化配置，实现水资源高质高用、低质低用，分质供水。

3）由于水资源规划涉及自然、经济、社会以及生态环境等众多领域，国内外虽然在水资源的各个单项技术上，如区域水资源战略、防洪、水环境、灌溉、节水等方面进行了深入而广泛的研究，但水资源规划的原理、分析方法等随着研究的深入在逐渐深化。由于水资源的紧缺，在建立水资源规划模型时很难充分考虑"经济-社会-资源-生态-环境"的协调发展，以使经济、社会、环境三者的综合效益最大。应该深入研究环境效益、社会效益的具体评价和量化方法以及经济发展与水资源利用、环境保护之间协调程度的评价和量化方法。

总的来说，当前对水资源规划的基本机理认识还不够，对水资源系统和宏观经济系统、生态系统和环境之间的关系分析还不够清晰，缺乏以水循环过程为基础的"经济-社会-资源-生态-环境"巨系统的整体性分析，在水资源规划中还不能完全妥善地解决水和经济、生态、社会多个对象的多目标需求等。水资源规划还有待结合更系统、更深入的水循环机理研究，加强系统之间相互作用关系的分析，逐步实现分布式的、动态的水量水质联合规划。

1.3.2 发展趋势

纵观国内外水资源规划的研究进展,水资源规划的理论和方法已经取得长足进展,且在经济社会和科学技术的高速发展过程中不断发展和完善。从研究的方法上,优化模型由单一的数学规划模型发展为数学规划与模拟技术、向量优化理论等几种方法的组合模型,对问题的描述由单目标发展为多目标,特别是大系统优化理论、计算机技术和新的优化算法的应用,使复杂多水源、多用水部门的水资源规划问题变得较为简单,求解也较为方便;从研究对象的空间规模上,由最初的灌区、水库等工程控制单元水量的规划扩展到不同规模的区域、流域和跨流域水量的规划研究;从水资源规划的理念上,从"以需定供"到"以供定需"再到"以供定需,控制耗水",充分考虑水资源系统、经济社会系统和生态环境系统间的权衡与调控问题,从水循环过程及伴随水循环的污染物迁移转化过程内在作用关系的基础出发,将水资源合理配置与污染控制紧密联系起来,并逐步发展。

目前,国家正在努力建设节水型社会,在全国范围内落实最严格水资源管理制度,确立水资源开发利用控制、用水效率控制和水功能区限制纳污"三条红线",通过"四项制度"推动经济社会发展与水资源、水环境承载能力相适应。水资源规划今后的发展应紧密结合最严格水资源管理制度的实施,创新理论与方法,为"四项制度"的落实与考核提供技术支撑,为推进生态文明建设奠定坚实基础。

第 2 章 基于 ET 的水资源与水环境综合规划理论方法与模型

理论创新、方法创新和实践应用三位一体的特征贯穿了人类社会的整个治水历程，其中理论创新是方法和实践应用的基础，方法创新是理论创新和实践应用的桥梁，使理论保持活力，形成理论创新的科学性、实践性、时代性。基于 ET 的水资源与水环境综合规划作为一类新型的规划模式，本章系统地阐述了其理论、方法和模型。理论部分针对资源型缺水地区的特点，深入解析了基于 ET 的水资源与水环境综合规划的理论内涵、调控机制、规划原则和规划目标。方法部分从系统决策学角度，系统地提出了"目标 ET 制定—方案设置—情景模拟—方案评价—方案推荐"五个步骤的规划思路，详细阐述了方案设置、情景模拟、方案评价等方法，构建了支撑基于 ET 的水资源与水环境综合规划的定量模型工具。

2.1 基于 ET 的水资源与水环境综合规划理论

2.1.1 理论内涵

基于 ET 的水资源与水环境综合规划理论内涵包括三个部分：

(1) 基于 ET 的水资源规划理论内涵

ET 是 evaporation（蒸发）和 transpiration（蒸腾）的首字母合写词，最早用于农业用水管理，表示农业用水通过一切形式由液态转化成气态的过程。本书中的区域 ET 是指区域内所有的耗水量，其组成包括：①通常意义下的 ET，即植被的蒸腾、土壤及水面的蒸发；②人类生产、生活过程中产生的蒸发；③工农业生产时固化在产品中，且被运出本区域的水（运出区域外的产品水对于本区域来说相当于消耗）。

在世界银行 GEF 海河项目中，"真实节水"的概念进一步推广到全流域，提出基于 ET 管理理念的水资源规划，即"真实节水"的含义为减少项目区域 ET 消耗量。只有减少水分的蒸发、蒸腾，才是区域水资源量的真正节约，这与传统的水资源规划是有区别的。传统的水资源管理注重取水管理，节水的效果主要由取水量的减少来衡量，而取水的减少量等同于节约的水量。因此进行水资源规划时主要在区域间和部门间分配各种可利用的水源，缺乏对 ET 总量的分配和控制。其结果是，发达地区或者强势部门通过提高水的重复利用率和消耗率，在不突破许可取水量限制的条件下，将消耗更多的水量（增加 ET），在区域/流域水资源总量（区域/流域总的可消耗 ET）基本不变的情况下，这就意味着欠发达地区或者弱势部门如农业、生态等部门可使用的水资源将被挤占。越是水资源紧缺的地区,这种矛盾越突出。因此,按照传统水资源规划理念,水资源利用的公平性并不能真正得到保证,生态系统的安全也并不能真正得到保障。所以,只有对 ET 进行控制才能真正实现流域/区域水资源的可持续利用。对 ET 进行控制,不仅需要从流域/区域整体对 ET 进行控制,还需要对局部区域的 ET 进行分别控制。否则,即使整个流域/区域 ET 得到控制,由于局部的 ET 控制没有实现,也可能会造成局部的水资源问题。

与传统取水控制一样,对 ET 的控制并不意味着社会发展将停滞不前。在不突破流域/区域 ET 总量的前提下,通过调整 ET 在时空上和部门间的分配,提高各部门 ET 利用的效率,减少低效和无效 ET,增加高效 ET,仍然能够促进经济发展和社会进步。

因此基于 ET 的水资源规划理念包括两层含义:①ET 总量控制。从流域/区域整体控制住总的 ET 量,确保流域/区域综合 ET 不超过可消耗 ET,实现水资源的可持续利用。②ET 效率提高。从流域/区域整体提高水分生产水平,促进社会经济持续发展。基于 ET 水资源规划首先要根据水资源本底条件确定流域/区域可消耗 ET 量,然后从广义水资源角度出发,在综合考虑自然水循环的"地表—地下—土壤—植被"四水转化过程中产生的 ET 和社会水循环的"供水—用水—耗水—排水"过程中产生的 ET 的基础上,进行各区域、各部门 ET 的分配,确保区域综合 ET(自然 ET 和社会 ET)不超过可消耗 ET 的要求。

(2) 水资源与水环境综合规划理念

水量、水质联合配置的研究在近年得到了重视,从配置模拟计算的角度分析,水量水质联合配置存在三个层次:第一个层次是基于分质供水的水量配置;第二个层次是在水循环基础上添加污染排放和控制等要素,实现在水量过程模拟基础上的水质过程分析,从而进行水量配置;第三个层次就是在动态联合水量和水质,实现时段内紧密耦合的动态模拟。目前的研究主要还集中在第一个层次,对于第二个层次有所涉及,但是还不够系统,需要作更深层面的研究,第三个层次才真正属于水资源与水环境综合规划的范畴。

水资源与水环境综合规划理念就是要在规划过程中同时考虑水资源配置与水环境保护相互影响的关系。它包括两层含义:①满足用水户的水量和水质要求。从供水角度来说,不光要满足用水户的水量要求,还要按照不同用户对水质的要求不同,实现分质供水、优水优供;而要达到水体水质要求,污染排放应该按照水体水质要求进行严格控制,确保水质安全。②满足水功能区的水质要求。从污染控制角度来说,一方面需要根据水功能区的要求,按照环境容量进行削减,实现总量控制基础上的达标排放;另一方面,在水资源配置过程中要留足环境容量,以使得污染削减的代价切实可行。这两方面须综合考虑,确定最佳平衡点。

因此,实现水资源与水环境综合规划应注意两个问题:①水资源与水环境综合规划要基于统一的水功能区。水资源配置按照水功能区划实施分质供水,并给每个功能区留足环境水量,污染排放按照水功能区的要求削减污染排放总量。只有采用统一的水功能区,水资源和水环境规划才有共同的基础。②水资源规划与水环境规划要基于水循环与污染迁移转化基础。水循环和伴随水循环的污染物迁移转化过程密不可分,这是水资源具有量和质两方面属性的基础,也是水资源与水环境综合规划的基础。因此,只有在充分分析水循环过程与污染物迁移转化过程的基础上,才能保证水资源与水环境规划的科学性。

(3) 基于 ET 的水资源与水环境综合规划

基于 ET 的水资源与水环境综合规划，其本质是实现流域/区域的水资源合理配置，提高水资源利用效率和效益，修复生态环境，有效缓解水资源短缺，减轻陆源对河流/湖泊等水体的污染，真正改善流域/区域水环境质量。

基于 ET 的水资源与水环境综合规划包含以下三层含义：①以流域/区域水资源条件为基础。水资源基础条件包括降水量、入境水量、调水量、特定时期的地下水超采量以及必要的出境水量。②以流域/区域生态环境良性循环为约束。必须保障河川径流量、入海水量以及相应的入河水质来维持河道内生态与河口生态平衡，合理开采区域内地下水，多年平均情况下，逐步实现地下水采补平衡。③满足社会经济的持续向好发展与和谐社会建设的用水要求。不能为改善生态环境而放弃了人类的最基本生存需求，必须采取可行的经济技术手段和管理措施，通过提高水资源的单位产出，实现区域经济社会的可持续发展与和谐社会建设。

2.1.2 调控机制

水资源因其物理性质具有自然属性，因其是生命必需物质具有生态属性，因其化学性质具有环境属性。自从人类经济社会取用水开始，水资源便因其社会经济服务功能而具有了社会属性和经济属性。因此，在现代水循环结构中，水资源具有自然、社会、经济、生态和环境五维属性。在水的自然、社会、经济、生态和环境五维属性之间充斥着矛盾与竞争，基于 ET 的水资源与水环境综合规划应当以 ET 为核心，针对不同维的需求建立相应的决策机制。

1）以 ET 为中心的水平衡机制。流域水资源演化是诸多水问题产生的共同症结所在，过多的 ET 是造成水资源短缺及水生态退化的关键因素，因此基于 ET 的水资源与水环境综合规划首先要遵循 ET 为中心的水平衡机制。

水平衡决策机制包括三个层次：第一个层次是流域/区域整体的水量平衡机制，是流域/区域总来水量（包括降水量和从流域外流入流域的水量）、蒸腾蒸发量（即净耗水量）、排水量（即排出流域外的水量）之间的水量平衡，其目标是以水量平衡为条件界定满足流域/区域水循环稳定健康的经济和生态总可耗水量。第二个层次是资源量平衡机制，包括径流性水资源量、经济用水耗水量和排水量之间的平衡关系进行分析，其目标是界定满足流域/区域水循环稳定健康的国民经济取用水量、可消耗水量。第三个层次是社会水循环水量平衡，分析计算各种水源对国民经济各部门之间、时段之间的供用耗排水平衡，其目标是界定满足流域/区域水循环稳定健康的国民经济各部门取用水量、可消耗水量。

2）以可持续为中心的生态决策机制。生态决策机制的核心是水资源利用的可持续性，要求在实现经济用水高效和公平的同时，考虑水循环系统本身健康和对相关水生态系统的支撑。

在水资源紧缺地区，社会经济用水和生态环境用水竞争强烈，必须在经济社会发展与生态环境保护之间确定合理的平衡点。将水资源开发利用、社会经济发展、生态环境保护放在流域水资源演变和生态环境变化的统一背景下进行研究，以流域为基础，以经济建设和生态安全为出发点，根据水分条件与生态系统结构的变化机理，在竞争性用水的条件下，通过比较和权衡确定合理的生态系统耗水量和国民经济耗水量，既能使生态系统保持相对稳定和功能的协调，又能使经济建设受到较小的影响。

3）以公平为核心的社会决策机制。社会决策机制的核心是水量分配和污染治理的公平性，包括区域间的公平性、时间段上的公平性、行业间的公平性、代际的公平性。通过社会决策机制能体现水资源配置和污染治理对不同地区、行业和群体利益的协调，保障社会发展的均衡性。

4）以边际成本和社会净福利为中心的经济决策机制。经济决策机制体现了水资源和水环境调控的高效原则，水资源合理配置与污染控制的经济决策机制根据社会净福利最大和边际成本替代两个准则确定合理的水资源配置指标和污染控制指标。

经济决策机制包括宏观和微观两个层面。在宏观经济层次上，抑制水资源需求、降低ET（降低水资源消耗）和减少污染产生需要付出代价，增加水资源供给、增加可消耗ET（从外部调水、增加海水利用）和加大污染治理力度也要付出代价，两者间的平衡应以更大范围内的全社会总代价最小（社会净福利最大）为准则。在微观经济层次上，不同水平上抑制水资源需求、降低可消耗ET和减少污染产生的边际成本在变化，不同水平上增加水资源供给、增加可消耗ET和加大污染治理力度的边际成本也在变化，二者的平衡应以边际成本相等或大体相当为准则，从用水、耗水及治理污染产生的效益和社会福利基础上分析水资源和水环境调控的方向，通过不同的水资源利用方式和污染控制方式，实现在公平基础上更高效的水资源利用和水污染防治。

5）以水量、水质联合配置为中心的环境决策机制。环境决策机制的核心是关注水环境质量对社会的综合效益。通过环境决策机制，能在水量、水质演化的基础上提出水环境承载能力下的行业最大可排水量准则，控制断面水环境要求以及水功能区要求的水量利用和污水排放双重控制。同时，还需要在配置决策中量化水污染损失，确定污染负荷排放以及污水处理再利用的阈值。

2.1.3 规划原则

基于ET的水资源与水环境综合规划，以水资源的可持续性、高效性、公平性和系统性为原则进行科学综合规划。

1）可持续性原则表现在为实现水资源的可持续利用，区域发展模式要适应当地水资源条件，水资源开发利用必须保持区域的水量平衡、水土平衡、水盐平衡、水沙平衡、水化学平衡和水生态平衡。

2）高效性原则是通过各种措施提高参与生活、生产和生态过程的水量及其有效程度，减少水资源转化过程和用水过程中的无效蒸发，提高水资源利用效率及效益，增加单位供水量对农作物、工业产值的产出；减少水污染，增加符合水质等级的有效水资源量。

3）公平性原则具体表现在增加地区之间、用水目标之间、用水人群之间对水量和污染负荷的公平分配。

4）系统性原则表现在对地表水和地下水统一分配，对当地水和过境水统一分配，对原生性水资源和再生性水资源统一分配，对降水性水资源和径流性水资源统一分配，对水资源和污染负荷统一分配。

2.1.4 规划目标

基于 ET 的区域水资源与水环境的综合规划是从广义水资源的角度来进行区域 ET 总量控制及定额管理，主要体现在资源、环境、生态、社会、经济五大目标上。

(1) 资源目标

资源目标：水循环系统达到最好的补给排泄状态。

资源目标主要指各种类型水资源的取用比例，水资源指标主要由反映水文循环状况和水资源开发利用情况的指标集组成。由于水资源产生于地球上不同尺度的水文循环过程中，所以水文循环系统是水资源生成的物质基础，水资源的各种特性也与水文循环有关，水文循环系统完整性的保护是水资源可持续利用的基础性条件，也是评估可持续水资源管理的一个重要方面。在满足一定约束条件下使水循环系统达到最好的补给排泄状态，如地下水超采逐步得到控制以实现采补平衡，区域总耗水量小于资源可消耗 ET。

(2) 环境目标

环境目标：水环境质量最好。

经济高速发展与生态环境的改善是规划者和决策者最关心的问题，经济的发展并不能以破坏人类赖以生存的生态环境为代价。环境目标主要体现在水质逐步改善，水环境质量达到最好。

(3) 生态目标

生态目标：陆域生态系统和海域生态系统状态最好。

生态环境系统是水资源系统和社会经济系统赖以存在的物质基础，是实现可持续发展的重要保证。生态目标体现在陆域生态系统和海域生态系统状态最好，如水生态达到水生态功能区划要求，近海岸生态得到改善。

(4) 社会目标

社会目标：保证饮水安全和供水安全，实现区域间的供水公平。

为实现现代社会整体高速发展，在水资源规划中要体现稳定、高效、和谐的理念。保障饮水安全，维系生命健康是支撑建设和谐社会的基础，是维护社会稳定的必要条件。和谐社会的发展要求在公平原则下实现，它体现在水资源规划上就是要求供水公平。

(5) 经济目标

经济目标：实现粮食不减产，农民不减收，经济效益最大化。

资源配置的经济目标是使有限的资源产生最大的效益，要求在一定的资源条件下，通过对各种资源的合理安排、组合，以追求产出的效益最大化，同时保证粮食生产安全。

2.2 基于ET的水资源与水环境综合规划决策方法

2.2.1 水资源决策特点

随着社会经济的发展和人类活动影响的加大，水资源决策呈现出多目标、多属性、多层次、多功能及多阶段的特性。水资源决策不仅要掌握水的自然规律，即水的自然属性，同时更需要把握各种水灾害对社会、经济、生态、环境等系统可能造成严重后果等问题，即水的社会属性。因此制约水资源决策的因素有很多，涉及自然、社会、经济、生态、环境、技术等多个相互联系但又相互制约的因素。根据水资源系统的特性，影响水资源决策的因素可划分为两类：复杂性和不确定性。

(1) 水资源决策的复杂性

1) 决策问题复杂性。由于水资源规划涉及中央、地方多个决策层次，部门、地区多个决策主体，属于群决策问题；涉及近期、远期多个决策时段，是多时段决策；具有社会经济和生态环境方面的多个决策目标，是典型的多目标决策问题；还涉及水资源自然、社会、经济、生态、环境等内在属性以及水文、工程、水量、水质、投资等多类约束条件，是一个高度复杂的多阶段、多层次、多目标、多决策主体的风险决策问题。

2) 优化技术复杂性。水资源系统涉及自然、社会、经济、生态、环境等各个方面，因此，水资源系统决策优化是一个复杂的多目标决策求解过程。随着科技进步，大量的优化技术应用于水资源系统优化中。常用的优化方法有线性规划、非线性规划和动态规划。线性规划只能解决那些目标函数和约束条件都是线性的问题，然而现实世界中的水资源系统优化问题，大部分都不能满足线性的要求，常用的方法是把非线性的目标函数或者约束条件转化为线性的。确定系统目的和目标，建立系统数学模型，实施模拟和优化技术，进行分析、综合和评价，做出选择方案的满意决策等一系列问题是决策优化面临的挑战。

(2) 水资源决策的不确定性

水资源决策的不确定性包括两个方面：水文随机性、决策者变化性。

1) 水文随机性。作为水资源系统的主要因素，水文具有时空随机性特点，水文事件和现象中的非确定性是大量存在的，例如降雨的不确定性、汛期与非汛期、年径流量的丰枯变化、区域水文时空特性的相似与相异等，它们之间都找不到明确的界限。因而，水资源系统的随机性早已为人们所普遍接受，且在研究与解决实际问题中广泛应用概率统计方法处理水文现象与水文过程的随机性。

2) 决策者变化性。水资源涉及国民经济发展、地区开发、社会福利、自然环境等诸多方面，水资源决策受到决策者的经验、知识水平等多种模糊性因素以及国家、集体和个人的眼前、长远利益及人们的心理状态等因素影响。在多数情况下，水资源系统决策涉及中央、地方多个决策层次，部门、地区多个决策主体，其水资源决策偏向变化很大。在决策过程中要考虑多个方面的意见，集成多个专家的经验和知识，因此水资源系统决策常常是一个博弈问题。

2.2.2 决策方法和思路

(1) 决策方法

水资源与水环境系统属于典型的复杂巨系统，水资源与水环境综合规划属于半结构化的多层次、多目标、多决策者的决策问题。国内外对此类半结构化问题进行了大量研究，提出了很多求解方法。这些方法大体可以分为两类：一类是优化方法，即在一定的约束条件下通过设定某种寻优规则，对设定的目标进行自动寻优的方法，如线性规划、非线性规划、动态规划、大系统优化、多目标决策以及近些年发展起来的神经网络、遗传算法等；另一类是模拟方法，即在计算机上模拟系统行为的方法，这种方法结合人工优选，可以获得决策问题的满意解。优化方法和模拟方法各有优缺点，主要包括以下5个方面：

1）优化方法可以自动寻找问题的最优解，而模拟技术只能提供系统对特定输入的响应。

2）优化方法是一种全面搜索方法，而模拟技术仅对部分方案进行模拟。

3）优化方法一般需对模型结构和系统约束作出简化假设，因此复杂问题的仿真效果将受到较大影响，而模拟模型对模型简化较少，对复杂问题的仿真性能要强得多。

4）优化方法寻优规则事先设定，不易结合专家知识和经验，而模拟方法能更加方便地融合专家知识和经验，因此更加灵活、适应性更强。

5）优化方法需要反复迭代，计算量大，对复杂问题的计算效率较低，模拟方法可以通过人工优选去掉劣等方案，大大缩小寻优的范围。

基于ET的水资源与水环境综合规划涉及社会、经济、资源、环境、生态五大系统，同时又关系到多个目标、多个准则、不同层次多个利益主体之间的博弈和权衡，而且水资源与水环境综合规划理念要求规划过程要在详细进行水质、水量耦合模拟的基础之上进行。如果采用优化方法，不仅多种目标、多种准则之间、多个决策者之间的权衡难以合理表现，构建模型时复杂的水循环及污染迁移转化关系也要作大量简化，势必影响规划的合理性，而且规划问题的决策变量众多，解空间太大，优化工作的计算量也是规划者难以忍受的。因此，在如此复杂的规划问题决策过程中，推荐采用模拟方法，以便结合专家经验和实际情况进行可行的决策。

(2) 决策思路

基于ET的水资源与水环境综合规划决策思路主要分为"制定目标ET—方案设置—情景模拟—方案评价—方案推荐"5个步骤（图2-1）。具体包括：

1）制定目标ET。基于ET的综合规划要进行ET总量控制，首先要以流域/区域水资源条件为基础，按照维持生态环境良性循环和满足社会经济的持续向好发展与和谐社会建设的用水要求，制定不同水平年的目标ET。也就是降水、入境水、外调水及海水利用扣除满足下游生态和经济用水要求的水量，再加上特定水平年暂时允许的超采量。

2）方案设置。针对流域/区域水资源和水环境中存在的问题，分析提出各种可能的解决方案，包括水资源利用方案及流域/区域目标ET（在某个水平年允许消耗的ET）方案、

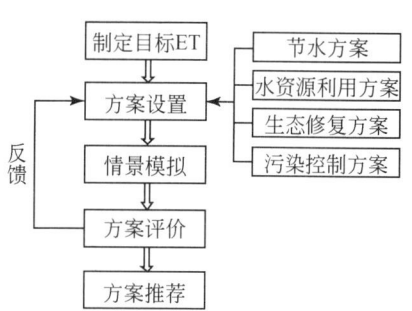

图 2-1 基于 ET 的水资源与水环境综合规划决策思路

有利于控制 ET 的节水方案、水生态修复方案、水环境修复方案,然后对各类方案进行组合筛选,形成备选的综合规划方案集。

3)情景模拟。根据流域/区域水循环和水环境特点,构建"地表水-土壤水-地下水-植被水"耦合模拟、"自然-人工"水循环耦合模拟、水量和水质耦合模拟的分布式模型系统,对备选的综合规划方案进行详细模拟,计算各种备选方案情景下水循环和污染迁移转化过程的情况,包括水循环过程中自然和社会 ET 各项分量、河道断面流量、地下水位变化、各水源供水量、各部门用水量等指标以及污染迁移转化过程中污染产生量、入河量、河道断面水质等指标,为规划方案评价优选提供基础。

4)方案评价。首先根据基于 ET 的水资源与水环境综合规划原则,将规划的五大目标细化成五大类指标体系。方案评价就是在情景模拟的基础上,对细化指标进行量化,然后进行比较优选。在细化指标中,一部分属于必须要满足的强约束,比如流域/区域综合 ET 应小于目标 ET 限制、地下水开采量应小于目标开采量等,这部分指标必须满足要求,否则方案属于不可行方案。还有一部分属于可以进行权衡的指标,如各种生态用水量、经济效益等,不同的方案可以在这些指标上进行权衡。根据评价指标对每个方案进行综合比选,提出推荐的方案。

5)方案推荐。进行区域水资源与水环境综合管理时,需要根据优选推荐出来的方案进一步提出不同单元、不同部门、不同水源量化控制指标,通过这些指标实现 ET 控制及水资源与水环境协调持续发展。根据推荐的方案,提出各推荐方案对应的水资源与水环境综合规划指标,作为水资源与水环境综合管理的依据。

本书根据基于 ET 的水资源与水环境综合规划要求,提出七项规划指标(七大总量控制指标)(表 2-1),分别是:①ET 总量控制指标,包括生活与第一产业、第二产业、第三产业(简称一产、二产、三产)及生态系统 ET 控制指标,确保流域/区域整体及局部 ET 不超过目标 ET 要求,各用水部门 ET 不超过目标 ET 要求,实现水资源的可持续利用;②地表水取水总量控制指标,包括生活、一产、二产、三产和生态系统地表水取水量控制指标,确保地表水不被过度引用,保证河流健康;③地下水开采总量控制指标,包括生活、一产、二产、三产地下水开采量指标,确保流域/区域整体及局部地下水超采得到控制并逐步实现采补平衡;④国民经济用水总量控制指标,包括生活、一产、二产、三产用水指标,确保各部门用水不超过分配的份额;⑤生态用水总量控制指标,包括河道内、河道外用水量控制指标，河道外用水进一步细化为城镇绿化、城镇河湖、林草、河湖湿地用水控制指标，确保城镇生态逐步达到宜居要求，河道内生态、河湖湿地生态系统逐步得到修复；⑥污染物排放总量控制指标，包括点源和非点源排污控制指标，点源又可细化为城镇生活和城镇二产、三产排污量等指标，非点源又可细化为农业、畜禽养殖、农村生活、城镇径流排污量等指标，确保河流水质逐步达到水功能区划标准；⑦重要断面水质、水量控制指标，包括行政区界断面（省界、地市界、县界）及入海断面的水量、水质控制指标，保证行政区之间协调发展，保证近岸海域生态安全。

表2-1 基于ET的水资源与水环境综合规划——七大总量控制指标

指标	七大总量控制指标	相关分量指标
1	ET总量	一产、二产、三产ET
		生活ET
		生态ET
2	地表水取水总量	一产、二产、三产地表水取水量
		生活地表水取水量
		生态地表水取水量
3	地下水开采总量	一产、二产、三产地下水开采量
		生活地下水开采量
4	国民经济用水总量	一产、二产、三产用水量
		生活用水量
5	生态用水总量	河道内用水量
		河道外生态用水量
6	污染物排放总量	一产、二产、三产排污量
		生活排污量
7	重要断面水质、水量	断面出境水质、水量
		断面入海水质、水量

2.2.3 目标ET计算方法

为了解决目前区域水资源过度使用问题并达到可持续发展的目的，实现ET耗水管理，必须确定符合可持续发展的区域未来ET值，也就是区域目标ET。

区域目标ET是在满足区域经济社会和生态环境可持续发展条件下，从水平衡的角度确定区域所能允许消耗的最大ET量。具体来说，就是在满足河道生态、河口生态和下游用水要求以及保证区域内地下水不超采的条件下，区域所能消耗的最大ET。计算公式如下：

$$\mathrm{ET}_{\mathrm{avl}} = P + I_s + I_t + I_G - O_{\mathrm{obj}} - O_G \tag{2-1}$$

式中，ET_{avl} 为目标 ET；P 为当地降水；I_s 为地表入境水量；I_t 为外调水量；I_G 为地下水侧向流入量；O_{obj} 为满足下游用水要求或者近岸海域生态需要的出境流量和入海水量；O_G 为地下水侧向流出量。

2.2.4 方案设置方法

水资源与水环境综合规划的目的是通过协调生态环境和经济社会两大系统之间的及社会经济系统内部的用水关系，实现社会经济持续发展和生态环境良性运转。其核心内容可以概括为：①社会发展模式问题，主要是以区域水资源分配为纽带的社会公平、经济发展和生态保护三者之间的协调方式；②在某一发展模式下，宏观稀缺水资源支持下的区域社会经济和生态环境各主要指标所能达到的程度；③在具体发展模式和特定资源条件下的区域水资源的有效配置方式。

水资源与水环境综合规划方案的设置与生成实质上是水资源规划中不同调控措施进行组合的过程。对综合规划方案生成有较大影响的调控措施可以大致归为三类：一是区域水资源调控的基本准则，包括研究区域与邻近地区的水量分配方案、水资源系统在调度运行中遵循的基本准则等；二是用水模式，主要包括部门的用水比例、用水结构、用水效率和节水水平等；三是供水潜力的挖掘，包括水利工程的建设、非常规水源的开发利用等。这些措施可称为方案生成的条件向量因子集，方案生成的过程就是在多维向量空间中寻优的过程，其主要影响因子见表2-2。

表2-2 水资源与水环境综合规划方案设置的影响因子

向量因子集	向量因子子集		说明
供水方案	外流域调水		考虑工程进度及配套工程的落实情况，设置各规划水平年的供水方案
	控制地下水超采		设置各规划水平年地下水超采控制方案，最终实现地下水采补平衡
	非常规水利用	再生水利用	考虑污水治理力度、工程成本、用水户落实情况等因素，设定非常规水的供水方案
		海水利用	
		微咸水利用	
		雨水利用	
节水方案	种植结构调整		考虑水资源条件和农业发展规划调整种植结构
	农业节水措施		考虑灌溉制度改进、地膜覆盖、喷滴灌等节水灌溉措施的推广
	工业与生活节水		计划用水管理、节水技改、推广节水型器具等

续表

向量因子集	向量因子子集	说明
水生态修复方案	河道内用水量	满足河道生态最小用水量
	河道外生态用水	考虑不同的生态需要，设定不同河道外生态用水方案
	入海水量控制	若研究区有入海水量考虑，要尽量满足入海水量可能的控制要求，保护河口生态
水环境修复方案	水环境控制	不同规划水平年的入河污染物控制方案，最终减少污染物排放使之完全达到水功能区要求

在方案设置时首先对以下四类方案进行分析，然后通过组合形成规划备选的方案：

1）水资源利用方案。常规水利用方案：设定不同水平年地表水、地下水工程及供水能力方案。非常规水利用方案：设定不同水平年再生水可利用量、海水可利用量、微咸水可利用量、雨水利用量方案。

2）国民经济用水节水方案。设定不同水平年农业节水方案、城镇和农村二产、三产节水方案及城镇和农村生活节水方案。

3）生态修复方案。设定不同水平年满足不同生态修复目标的生态用水量方案。

4）水污染控制方案集。设定不同水平年满足相应水环境功能区水质指标的污染物排放控制方案。

2.2.5 情景模拟方法

基于ET的水资源与水环境综合规划特点，通过耦合分布式水文模型、地下水模型和水量水质优化配置模型，构建区域水量水质综合模型平台，以实现地表水和地下水、天然水循环和人工水循环、水量和水质联合模拟，支撑不同节水、水资源配置、点源和非点源水污染控制、水生态修复规划方案的情景模拟，为方案优选提供数据支撑。

(1) 模拟工具平台

研究构建基于ET的区域水资源与水环境综合模型平台，从功能上来说由分布式水文模型、分布式地下水模型及人工水量水质优化配置模型组成，同时综合模型平台可以与卫星遥感监测ET（蒸腾、蒸发量）成果进行对比分析，检验区域水资源和水环境规划方案实施效果，平台基本构架如图2-2所示。平台英文全称 ET based water and environment intergrated planning tools，简称 EWEIP 平台。

三个模型的相互作用如下：分布式水文模型和分布式地下水模型是综合模拟模型的基础，刻画"自然-人工"二元水循环过程及各时段水循环转化通量，而人工水量水质优化配置模型在供用水边界条件下对区域水资源优化调度，控制着区域水资源以及污染物的迁移转化，是实现区域水资源高效利用及污染消减控制的基础。分布式水文模型和分布式地下水模型为人工水量水质优化配置模型实时提供时段的水资源边界情况，并响应和模拟水资源配置模型模拟输出的人工取用水方案下的水循环状况，从而验证达到区域水资源和水

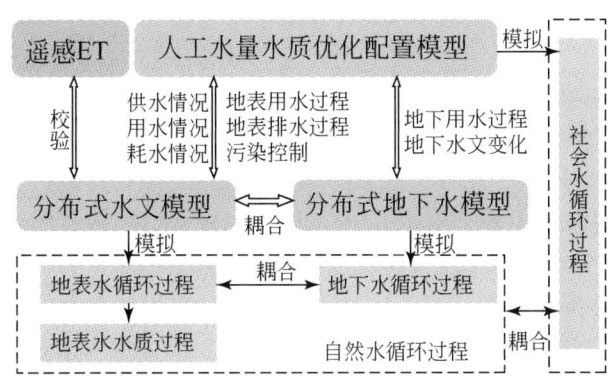

图 2-2　基于 ET 的区域水资源与水环境综合模型平台结构

环境调控方案的科学性、合理性。

（2）平台各模块功能

1）分布式水文模块。选取的分布式水文模型一般是具有物理机制强、时段长的流域水文模型，可以利用 GIS 和 RS 提供的空间信息模拟复杂大流域中多种不同的水文物理过程，包括水、沙和化学物质的输移与转化过程等。模型可采用多种方法将流域离散化，能够响应降水、蒸发等气候因素和下垫面因素的空间变化以及人类活动对流域水文循环的影响。其模拟计算一般需要数字地形图、数字河道、土壤图和土地利用图等 GIS 图件，需要获取研究区内气象站点分布，需要实测的气象数据如降水、气温、风速、太阳辐射量和相对湿度，需要研究区内土壤属性数据，需要各种作物管理措施的有关参数以及用于确定模型参数的水文数据如实测流量、点源、非点源和水质等。

2）分布式地下水模块。选取的分布式地下水模型一般具有模拟地下水流动和污染物迁移等特性，输入降雨入渗量、河流入渗量、渠系入渗量、灌溉入渗量和地下水开采量等数据，输出潜水蒸发量、地下水蓄变量及各均衡项。

3）人工水量水质优化配置模块。人工水量水质优化配置模型可以实现社会水循环水量和水质的优化配置，具有刻画多水源（地表水、地下水、再生水、海水、微咸水、雨水等）、多工程（蓄水工程、引水工程、提水工程、污水处理工程等）、多水传输系统（地表水传输系统、弃水污水传输系统等）等功能，可使水资源系统中的各种水源、水量、污染物在各处的调蓄情况及来去关系都能够得到客观、清晰的描述。通过人工水量水质优化配置模型，寻求区域水量水质合理控制。

当然，国内外有些成熟模型可以实现上述三个模块的两种或者三种功能，研究可以根据实际情况组建基于 ET 的水资源与水环境综合模型平台。

（3）平台运行机理

EWEIP 的数据传输及耦合机理如下，其数据耦合关系见图 2-3。

1）由分布式水文模块计算模拟区域水文循环，经校验后得到区域的地表水文循环参数，并可输出各水文响应单元上的降雨量、产水量、河网水量、浅水 ET、土壤 ET、植被 ET 以及地下水的补给量。

2）由分布式地下水模块模拟区域地下水运动，经过校验确定适合该区域的地下水各参数值。

3）以前面 1~2 步模型提供的时段供水工程（地表水、地下水）可供水量为基础，结合社会经济各行业用水结构及定额，由人工水量水质优化配置模块模拟并优化不同情景方案下的人工侧支供水、用水、耗水、排水的时空过程及污染物排放过程。

4）将人工水量水质优化配置模块的人工取水、用水、排水及污染物排放的数据输入分布式水文模块，由分布式水文模块模拟计算各种情景下的水文循环。

5）将人工水量水质优化配置模块的地下水开采时空数据和上一步分布式水文模块得到的各子流域对地下水的补给量（降雨、灌溉、河道、水库等入渗量）输入校正好的分布式地下水模块中，由分布式地下水模块模拟不同情景方案下的地下水运动和变化。

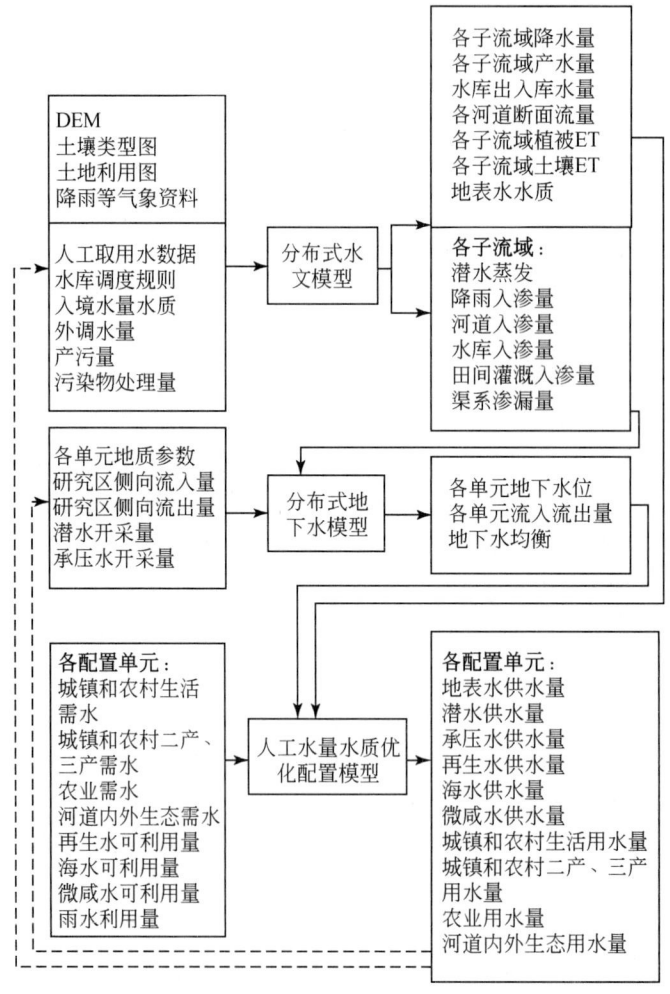

图 2-3　EWEIP 平台模型耦合关系图

（4）平台功能特点

本章建立的水量水质综合模型平台采用水文长系列模拟操作方法，以确保得到比较符合实际的计算结果。该模型具有以下主要特点：

1）地表水和地下水耦合模拟。分布式水文模型是模拟分析降雨产汇流的有力工具，地下水模型则在地下水循环转化方面具有强大的功能。本书将分布式地表水模型和分布式地下水模型耦合起来，实现地表水与地下水的一体模拟。

2）自然水循环-社会水循环耦合模拟。随着社会经济的发展，社会水循环通量所占比例越来越大，因此本次将水量水质优化配置模型与分布式水文模型和地下水模型耦合起来，可以实现"自然-社会"二元水循环模拟。

3）水量水质耦合模拟。通过水量水质优化配置模型的污染物控制分析与分布式水文模型模拟，可以实现区域水资源和水环境综合模拟。

2.2.6 方案评价方法

如前所述，基于ET的水资源与水环境综合规划涉及资源、环境、生态、社会与经济五大系统，牵涉到多个利益主体与多个准则之间的博弈和权衡，已构成复杂巨系统多目标决策问题。本书根据水资源五大属性，分析方案在资源、生态、环境、社会与经济五个方面的效果，从而确定推荐方案。主要分为如下五大评价指标体系：资源指标、环境指标、生态指标、社会指标、经济指标，其中每一个指标又包含有若干细项。五大评价指标体系各分项指标可分为强约束指标与权衡指标两大类，其中强约束指标是方案优选时必须要满足的指标，权衡指标则需要根据重要程度对其排优先序。各分项指标所属指标类型见表2-3。

（1）评价指标

1）资源指标。评价指标：①区域ET总量；②地下水超采量。评价标准：区域ET总量满足资源可消耗ET控制，地下水超采逐渐得到控制，规划年地下水开采量小于目标开采量。

2）环境指标。评价指标：污染物入河排放量。评价标准：河道控制断面相关指标达到水功能区要求。

3）生态指标。评价指标：①河道外生态用水（城镇生态环境、林草植被、湿地补水）；②河道用水量；③入海流量。评价标准：城镇生态用水满足区域建设生态城市的要求，林草植被和湿地补水尽量多；河道槽蓄量满足河道最小生态用水量；多年平均入海流量满足河口盐度要求，判断4~6月入海流量能否满足渤海鱼苗生长的要求、多年平均入海流量能否满足河口盐度要求。

4）社会指标。评价指标：①饮水安全得到保障；②社会公平性好，区域缺水率一致。评价标准：饮水安全得到保障，生活用水全部得到保证；社会公平性最好，各计算单元一产、二产、三产缺水程度大致均衡。

5）经济指标。评价指标：①区域经济效益；②粮食产量。评价标准：区域经济效益和粮食产量尽量大。

表 2-3 水资源与水环境规划评价指标

总体指标	分项指标	需满足目标	指标类别
资源指标	区域 ET 总量	区域综合 ET 小于区域可耗水量	强约束指标
	地下水超采量	地下水开采量小于目标开采量	强约束指标
环境指标	氨氮	目标年污染物入河排放河道控制断面的氨氮、COD 含量达到河道纳污能力要求	强约束指标
	COD		强约束指标
生态指标	城镇生态用水量	城镇生态用水达到区域建设生态宜居城市要求	权衡指标
	林草、湿地用水量	条件允许范围内林草湿地用水量尽量大	权衡指标
	河道用水量	满足河道生态用水要求	权衡指标
	鱼苗生长期入海流量	4~6 月入海流量满足鱼苗生长期入海流量控制	权衡指标
	多年平均入海流量	多年平均入海流量满足河口盐度要求	权衡指标
社会指标	生活用水量	饮水安全得到保障	强约束指标
	一产、二产、三产缺水程度	社会公平性最好，各计算单元间一产、二产、三产缺水程度尽量均衡	权衡指标
经济指标	经济效益	效益最大	权衡指标
	粮食产量	粮食产量尽量大	权衡指标

（2）评价方法

水资源综合规划涉及的评价指标众多，很多评价指标难以准确量化，多种目标之间和多种准则之间不易公度。如果采用计算机自动寻优法，需要对模型作大量简化，将难以满足规划的目标要求。同时，基于 ET 的水资源水环境综合规划目标复杂、影响因素众多，方案优选的计算量巨大，且可能出现无解的情况。

针对五大系统构成的复杂巨系统寻优决策问题，本规划首先对各个方案的评价指标进行量纲的归一化处理［式（2-2）］，再对各个量化指标采用最大化处理方法进行修正，得到修正后的指标归一化值［式（2-3）］。然后求所有指标的加权和［式（2-4）］，得到各方案的综合评价得分。最后结合决策者的偏好，采用专家经验法对方案进行评价筛选。采用专家经验法进行方案评价时，需考虑规划的目标要求和决策者偏好，依据"优中选优、劣中选优"及"两利相权取其重、两害相权择其轻"的原则对方案进行评价筛选。

$$V_{i,j} = \frac{X_{i,j}}{\sqrt{\sum_{j=1}^{n} X_{i,j}^2}} \quad (2\text{-}2)$$

$$\begin{cases} SC_{i,j} = V_{i,j}, & \text{如果 } V_{i,j} \text{ 越大越好} \\ SC_{i,j} = M - V_{i,j}, & \text{如果 } V_{i,j} \text{ 越小越好} \end{cases} \quad (2\text{-}3)$$

式中，$V_{i,j}$ 为 i 指标 j 方案归一化的值；$X_{i,j}$ 为 i 指标 j 方案的值；$SC_{i,j}$ 为采用最大化处理方法修正后的指标归一化值；M 为一个比较大的数值。

$$\text{GSC}_j = \sum_{i=1}^{m} \alpha_i \times \text{SC}_{i,j} \qquad (2\text{-}4)$$

式中，GSC_j 为 j 方案综合得分；α_i 为 i 指标的权重。

2.3 基于 ET 的水资源与水环境综合规划模型

2.3.1 目标函数

流域水资源与水环境规划是一个涉及经济、社会、环境、生态、水资源等多目标的问题，本研究采用经济效益（f_{eco}）作为经济发展方面的指标，一产、二产、三产缺水程度（f_{pqsl}）作为社会公平指标，区县污染物入河排放量（Q_{pl}）作为水环境综合评价指标，河道外生态用水（Q_{bio}）作为生态目标，水量损失（Q_{wet}）作为水资源控制指标。这五个目标之间是相互联系、相互制约的关系。

目标方程定义为

$$C_{\text{obj}} = f[\text{Max}(f_{\text{eco}}), \text{Max}(Q_{\text{bio}}), \text{Min}(Q_{\text{pl}}), \text{Min}(Q_{\text{wet}}), \text{Min}(f_{\text{pqsl}})] \qquad (2\text{-}5)$$

2.3.2 水量、水质计算方程

水量计算主要包括供水水源、用水节点等水量平衡计算。其中供水水源水量平衡计算又包括地表水库、当地河网、河道、地下水、污水回用等水量平衡计算。用水节点水量平衡计算包括城市、农村、城市生态、农村生态等用水水量平衡计算。水质计算主要包括区域污染物及河段污染物平衡计算。

(1) 地表水库水量计算方程

$$Q_{\text{R}}(r,m+1,y) = Q_{\text{R}}(r,m,y) + Q_{\text{rin}}(r,m+1,y) + Q_{\text{prin}}(r,m+1,y) -$$
$$Q_{\text{rko}}(r,m+1,y) - Q_{\text{rfo}}(r,m+1,y) - Q_{\text{rseep}}(r,m+1,y) - Q_{\text{ret}}(r,m+1,y) \qquad (2\text{-}6)$$

式中，$Q_{\text{R}}(r,m,y)$ 为水库 m 时段末蓄水量（万 m³）；$Q_{\text{R}}(r,m+1,y)$、$Q_{\text{rin}}(r,m+1,y)$、$Q_{\text{prin}}(r,m+1,y)$、$Q_{\text{rko}}(r,m+1,y)$、$Q_{\text{rfo}}(r,m+1,y)$、$Q_{\text{rseep}}(r,m+1,y)$、$Q_{\text{ret}}(r,m+1,y)$ 分别为水库 $m+1$ 时段末蓄水量、水库来水量、水库降雨量、人工调水量、水库下泄水量、水库渗漏量、水库蒸发量（万 m³）。

(2) 本地河网水计算方程

$$Q_{\text{rv}}(r,m+1,y) = Q_{\text{rv}}(r,m,y) + Q_{\text{rvin}}(r,m+1,y) + Q_{\text{rvu}}(r,m+1,y)$$
$$- Q_{\text{wq}}(r,m+1,y) - Q_{\text{rvseep}}(r,m+1,y) - Q_{\text{rvet}}(r,m+1,y)$$
$$(2\text{-}7)$$

式中，$Q_{\text{rv}}(r,m,y)$ 为河网 m 时段末蓄水量（万 m³）；$Q_{\text{rv}}(r,m+1,y)$、$Q_{\text{rvin}}(r,m+1,y)$、Q_{rvu}

$(r,m+1,y)$、$Q_{wq}(r,m+1,y)$、$Q_{rvseep}(r,m+1,y)$、$Q_{rvet}(r,m+1,y)$ 分别为本地河网 $m+1$ 时段末蓄水量、本地产水量、人工取用量、本地污水排放量、河网渗漏量、河网蒸发量（万 m^3）。

（3）河道水计算方程

$$\Delta t \times \left(\frac{q_{in,1} + q_{in,2}}{2}\right) - \Delta t \times \left(\frac{q_{out,1} + q_{out,2}}{2}\right) = V_{stored,2} - V_{stored,1} \quad (2-8)$$

式中，$q_{in,1}$ 为时段初进入河道的水量（万 m^3）；$q_{in,2}$ 为时段末进入河道的水量（万 m^3）；$q_{out,1}$ 为时段初流出河道的水量（万 m^3）；$q_{out,2}$ 为时段末流出河道的水量（万 m^3）；$V_{stored,1}$ 为时段初河道的储留水量（万 m^3）；$V_{stored,2}$ 为时段末河道的储留水量（万 m^3）。

（4）地下水库水计算方程

$$GW_t = GW_0 + \sum_{i=1}^{t}(Q_{si} + Q_{ci} - Q_{ko} - Q_{et} - Q_{co}) \quad (2-9)$$

式中，GW_t/GW_0 分别为第 i 时段的地下水最终和初始水量（万 m^3）；Q_{si} 为第 i 时段的入渗补给量（万 m^3），包括降雨入渗和灌溉入渗量（万 m^3）；Q_{ci} 为第 i 时段的地下径流侧入量（万 m^3）；Q_{ko} 为第 i 时段的地下水开采量（万 m^3）；Q_{et} 为第 i 时段的蒸发蒸腾量（万 m^3）；Q_{co} 为第 i 时段的地下径流侧出量（万 m^3）。

（5）污水回用计算方程

$$Q_w(u,m,y) = Q_{wbio}(u,m,y) + Q_{windu}(u,m,y) + Q_{wfarm}(u,m,y) + Q_{wq}(u,m,y) \quad (2-10)$$

式中，Q_w 为时段单元污水处理量（万 m^3）；Q_{wbio} 为污水处理后供生态量（万 m^3）；Q_{windu} 为污水处理后供工业量（万 m^3）；Q_{wbio} 为污水处理后供农业灌溉量（万 m^3）；Q_{wbio} 为污水处理后剩余弃入本地河网量（万 m^3）。

（6）计算单元城市用水计算方程

$$QU(u,m,y) = QU_{resu}(u,m,y) + QU_{rivu}(u,m,y) + QU_{shalu}(u,m,y)$$
$$+ QU_{deepu}(u,m,y) + QU_{wru}(u,m,y) + QU_{otu}(u,m,y) \quad (2-11)$$
$$+ QU_{oresu}(u,m,y)$$

式中，QU 为单元时段内用水量（万 m^3）；QU_{resu} 为水库供水水量（万 m^3）；QU_{rivu} 为河网供水量（万 m^3）；QU_{shalu} 为浅层水供水量（万 m^3）；QU_{deepu} 为深层水供水量（万 m^3）；QU_{wru} 为再生水供水量（万 m^3）；QU_{otu} 为非常规水（雨水、海水淡化、微咸水、再生水）供水量（万 m^3）；QU_{oresu} 为外调水供水量（万 m^3）。

（7）计算单元农村用水计算方程

$$QC(u,m,y) = QC_{resu}(u,m,y) + QC_{rivu}(u,m,y) + QC_{shalu}(u,m,y) + $$
$$QC_{deepu}(u,m,y) + QC_{wru}(u,m,y) + QC_{saltu}(u,m,y) + QC_{rainu}(u,m,y) \quad (2-12)$$

式中，QC 为单元时段内用水量（万 m^3）；QC_{resu} 为水库供水水量（万 m^3）；QC_{rivu} 为河道供水量（万 m^3）；QC_{shalu} 为浅层水供水量（万 m^3）；QC_{deepu} 为深层水供水量（万 m^3）；QC_{wru} 为污水处理水供水量（万 m^3）；QC_{saltu} 为微咸水供水量（万 m^3）；QC_{rainu} 为雨水利用量（万

m³)。

(8) 计算单元生态用水计算方程

生态用水分河道内生态用水、河道外城市生态用水、河道外农村生态用水,需要分别进行平衡。计算河道外生态供水平衡采用以下方程:

$$Q_{\text{bio}}(u,m,y) = Q_{\text{bioresu}}(u,m,y) + Q_{\text{biorivu}}(u,m,y) \\ + Q_{\text{biowru}}(u,m,y) + Q_{\text{bioresu}}(u,m,y) \quad (2\text{-}13)$$

式中,Q_{bio}为河道外城市生态用水(万 m³);Q_{bioresu}为水库供水水量(万 m³);Q_{biorivu}为河道供水量(万 m³);Q_{biowru}为污水处理水供水量(万 m³);Q_{bioresu}为外调水供水量(万 m³)。

$$Q_{\text{bio2}}(u,m,y) = Q_{\text{bio2resu}}(u,m,y) + Q_{\text{bio2rivu}}(u,m,y) + Q_{\text{bio2wru}}(u,m,y) \quad (2\text{-}14)$$

式中,Q_{bio2}为河道外农村生态用水;Q_{bio2resu}为水库供水水量(万 m³);Q_{bio2rivu}为河道供水量(万 m³);Q_{bio2wru}为污水处理水供水量(万 m³)。

(9) 入河污染物计算方程

$$Q_{\text{qr}}(u,m,y) = Q_{\text{qrp}}(u,m,y) + Q_{\text{qrl}}(u,m,y) \quad (2\text{-}15)$$

式中,Q_{qr}为单元时段入河污染物量(万 t),本书中指氨氮和COD两个指标;Q_{qrp}为单元时段点源污染物入河量(万 t);Q_{qrl}为单元时段非点源污染物入河量(万 t)。

(10) 河段污染物计算方程

$$Q_{\text{wrn}}(r,m,y) = [Q_{\text{wrp}}(r,m,y) + Q_{\text{qr}}(r,u,m,y)] \\ \times (1-\varphi-\gamma) + Q_{\text{cr}}(r,m-1,y) \times (1-\beta) \quad (2\text{-}16)$$

式中,Q_{qr}为单元时段河道下游断面污染物量(万 t);Q_{wrp}为单元时段河道点源污染物入河量(万 t);Q_{cr}为单元时段河段河底污染物量(万 t);φ为单元时段河段降解率;γ为单元时段河段沉积率;β为单元时段河段污染物释放率。

2.3.3 约束条件

模型的约束条件可分为资源约束、社会约束、生态约束、环境约束、工程约束等几个方面。

(1) 资源约束

资源约束包括区域ET约束、地下水超采约束、变量非负约束等。

1) 区域ET约束。即区域消耗ET总量小于目标ET。

$$\text{ET}_{\text{nt}} + \text{ET}_{\text{hm}} \leq \text{ET}_{\text{obj}} \quad (2\text{-}17)$$

其中:$\text{ET}_{\text{nt}} = \sum_{i=1}^{m}\sum_{j=1}^{n}\text{ET}_{\text{nt}}^{ij} \quad \text{ET}_{\text{hm}} = \sum_{i=1}^{m}\sum_{j=1}^{n}\text{ET}_{\text{hm}}^{ij}$

式中,ET_{nt}为各区县不同下垫面的ET;ET_{hm}为各区县不同行业的ET;ET_{obj}为区域可消耗ET;i为区县;j为各土地利用类型或不同行业。

2) 地下水超采约束。即地下水开采量小于允许开采量。

$$Q_g \leq Q_{gmax} \quad (2\text{-}18)$$

$$其中：Q_g = \sum_{i}^{m} \sum_{j}^{n} Q_g^{ij}$$

式中，Q_g 为目标年地下水开采量；Q_{gmax} 为规划年地下水允许开采量；Q_g^{ij} 为 i 计算单元 j 行业地下水开采量。

(2) 社会约束

1）饮水安全约束。饮水安全得到保障，生活用水全部得到保证。

$$Q_{liv} \geq Q_{liv}^{bs} \quad (2\text{-}19)$$

式中，Q_{liv} 为生活用水量；Q_{liv}^{bs} 为生活用水基本保障量。

2）粮食安全约束。粮食产量满足不减产，达到多年粮食平均产量水平。

$$f_{food} \geq \bar{Q}_{food} \quad (2\text{-}20)$$

$$其中：f_{food} = \sum_{i}^{m} \sum_{c}^{k} d(Q_{ic})$$

式中，f_{food} 为粮食产量；$\bar{Q}_{food}$ 为多年粮食平均产量；$d(Q_{ic})$ 为作物粮食水分生产函数；Q_{ic} 为 i 区县 c 作物的用水量。

(3) 生态约束

1）生态约束。即河道流量应满足河道生态基流约束条件。

$$Q_r \geq Q_{rob} \quad (2\text{-}21)$$

式中，Q_r 为河道流量；Q_{rob} 为河道最小用水量，即河道生态基流。

2）入海水量约束。①满足入海河口盐度的入海量；②判断 4~6 月入海流量能否满足渤海鱼苗生长的要求、多年平均入海流量能否满足河口盐度要求。

$$\begin{cases} Q_{sea} \geq Q_{sea}^{salt} \\ \sum_{i=4}^{6} Q_{sea}^{i} \geq \sum_{i=4}^{6} Q_{obj}^{i} \end{cases} \quad (2\text{-}22)$$

式中，Q_{sea} 为入海量；Q_{sea}^{salt} 为满足入海河口盐度的入海量；$\sum_{i=4}^{6} Q_{sea}^{i}$ 为 4~6 月入海流量；$\sum_{i=4}^{6} Q_{obj}^{i}$ 为 4~6 月满足鱼苗生长最小入海水量；i 为月份。

(4) 环境约束

$$Q_{pl} \leq Q_{pltar} \quad (2\text{-}23)$$

$$其中：Q_{pl} = \sum_{i}^{m} \sum_{j}^{n} Q_{pl}^{ij}$$

式中，Q_{pl} 为污染物总排放量（t）；Q_{pl}^{ij} 为污染物 i 区县 j 行业排放量（t）；Q_{pltar} 为污染物允许最大排放量（t）。

(5) 工程约束

工程约束包括水库库容约束、水库分水量约束、河流渠道过流能力约束、污水处理能力约束等方面。

1）水库库容约束

$$\begin{cases} V_{\text{dead}}(r) \leq V(r,m,y) \leq V_{\max}(r) \\ V_{\text{flood}}(r,m) \leq V(r,m,y) \leq V_{\text{good}}(r,m) \end{cases} \quad (2\text{-}24)$$

式中，$V_{\text{dead}}(r)$、$V(r,m,y)$、$V_{\max}(r)$、$V_{\text{flood}}(r,m)$、$V_{\text{good}}(r,m)$ 分别为 r 水库的死库容、时段的库容、最大库容、汛限库容、兴利库容。

2）水库分水量约束

现实中有些水库对各地区的供水已有一定的约定或分水协议，供水调度必须遵守。否则，单纯地从优化目标进行供水优化分配可能会导致地区之间的矛盾。因此，对于这样的水库，当进行供水调度计算时，水库对下游单元的供水量应按确定的分水比进行分配，计算公式如下：

$$\begin{cases} Q_{\text{resg}} = \sum_{i=1}^{n} (\alpha_i \times Q_{\text{resg}}) \\ \sum_{i=1}^{n} \alpha_i = 1 \end{cases} \quad (2\text{-}25)$$

式中，Q_{resg} 为水库时段的可供水量（万 m³）；α_i 为水库给下游单元供水的分水比。

3）河流渠道过流能力约束

$$\text{QL}(i,m,y) \leq \text{QL}_{\max}(i) \quad (2\text{-}26)$$

式中，$\text{QL}(i,m,y)$ 为 i 河流渠道时段供水量；$\text{QL}_{\max}(i)$ 为河流渠道最大供水能力。

4）污水处理能力约束

$$\begin{cases} Q_{\text{w1}} = Q_{\text{u}} \times \text{wqco} \\ Q_{\text{w2}} = \text{Min}(Q_{\text{wd}}, Q_{\text{w1}}) \end{cases} \quad (2\text{-}27)$$

式中，Q_{u} 为单元行业用水量（万 m³）；Q_{w1} 为单元行业污水排放量（万 m³）；Q_{w2} 为单元污水可处理量（万 m³）；wqco 为单元行业污水产生率，根据区域实际情况不同行业取不同的值。Q_{w2} 除了与单元污水量有关之外，还受污水进入的污水处理厂的处理规模和能力约束。

5）变量非负约束。模型中的变量代表实际意义或具体的含义是非负的。

2.3.4 模型功能特点

本章构建的基于目标 ET 的水资源与水环境综合规划模型平台具有预测、模拟、优化和分析四大功能：

1）预测功能。如人口、宏观经济发展预测以及基于人口和宏观经济的需水预测等功能。

2）模拟功能。本书建立的水量水质耦合模型平台，具有地表水和地下水耦合模拟、自然-社会二元水循环模拟、水量水质综合模拟等功能。

3）优化功能。本模型能够在多目标条件下优化宏观经济系统与水资源系统的具体发展模式,并通过全部决策支持系统的全局变量给出结果。

4)分析功能。如耗水控制及污染控制效果分析,从资源、环境、经济、社会、生态等角度对模拟方案进行评估,给出区域 ET 总量、地表水取水总量、地下水开采总量、国民经济用水总量、生态用水总量、污染物排放总量、出境或入海总量七大总量指标,支撑水资源与水环境综合管理。

第3章 天津市基本情况、规划目标及任务

天津市是我国资源型缺水最为严重的城市,近年来随着环渤海经济圈的发展以及气候变化,水资源短缺问题愈加突出,与之伴生的水环境、水生态等问题也愈加凸显。面对如此严峻的现实,如何合理应对水资源短缺、水环境恶化和水生态退化成为焦点问题。全面认识和了解天津市的基本情况,科学开展水资源与水环境综合规划是解决问题的重要途径。本章从经济社会、水资源、水环境和水生态以及与此相关的管理现状和存在的问题等角度开展了基线调查,全面揭示了天津市的水资源、水环境现状及存在的问题,并在此基础上系统地阐述了规划的目标、任务及技术思路。

3.1 天津市概况

天津市位于华北平原东北部,海河流域的下游,北依燕山,东临渤海,地理坐标为 $38°33'57''N \sim 40°14'57''N$、$116°42'05''E \sim 118°03'31''E$,东西宽 101.3km,南北长 186km,海岸线长 155km。全市总面积 11 919.7km²,其中平原占 93.9%,山区和丘陵占 6.1%。天津市行政区下辖 18 个行政区县,包括和平区、河东区、河西区、南开区、河北区、红桥区 6 个中心区,汉沽区、塘沽区和大港区 3 个沿海区,东丽区、津南区、西青区、北辰区 4 个近郊区及武清区、宝坻区、蓟县、宁河县和静海县 5 个远郊区县,详细分布见图 3-1。

根据海河流域的水资源分区以及天津市所在海河流域的位置,天津市又分属于北三河山区、北四河平原和大清河淀东平原。其中,北三河山区全部在蓟县北部,面积为 727km²;北四河平原位于北三河山区以南、永定新河以北,面积为 6059.16km²,包括宝坻区、宁河县全部及蓟县南部;大清河淀东平原位于永定新河以南,面积为 5133.54km²。

天津市地形多变,地貌类型丰富。从地形上来看,在南北方向由北部蓟县山区向南倾斜;在东西方向由武清区永定河冲积扇尾部向东倾斜,由静海县南运河大堤向海河河口逐渐降低。从地貌类型方面来看,包括山地、丘陵、平原、海岸带等类型,以平原地貌为主,占全市总面积的 93.9%,分布于燕山之南至渤海之滨的广大地区;山地面积较小,集中分布于蓟县北部;丘陵主要以侵蚀丘陵区为主,分布于山地向平原过渡的地带;低平海岸带区分为潮间带区和水下岸坡区两部分。

天津市属暖温带半湿润大陆性季风型气候,多年年平均气温在 12℃ 左右,极端最高气温为 42.7℃(1942 年 6 月 15 日),极端最低气温为 -27.4℃(1966 年);区域多年平均降水量为 720~560mm,且由北向南递减;多年平均蒸发能力为 900~1200mm,呈由北向南递增趋势;干旱指数维持在 1.20~2.08。

图 3-1 天津市行政分区图

天津市特殊的地理位置和地貌特点，使得河流水系较为发达，流经本市的行洪河道有 19 条，排涝河道 79 条，分属于海河流域的北三河（蓟运河、潮白新河、北运河）水系、永定河水系、大清河水系、海河干流水系、黑龙港运东水系和漳、卫、南运河水系。此外还包括天津市的重要供水水源工程"引滦入津"。天津市境内河流水系及其概况详见表 3-1。

天津自然资源丰富，已探明的金属矿、非金属矿、燃料及地热资源有 30 多种。主要矿产资源有石油、煤、锰硼石、锰金、钨、铂、铜、锌、铁、水泥石灰岩、重晶石、大理石、迭层石、紫砂陶土、麦饭石等。主要的燃料资源有埋藏在平原地下和渤海大陆架下的石油、天燃气和煤制气。在天津市发现的近 10 个有勘探开采价值的地热异常区总储量达到 1103.6 亿 m^3，目前地热已经被广泛应用于天津市的工业、农业、供热、洗浴、医疗等领域。

除此之外，天津还拥有丰富的海盐与土地资源，其中长芦盐场就是我国最大的海盐产地，年原盐生产量 200 多万吨。天津市全市农业用地 67.17 万 hm^2，非农业用地 45.9 万 hm^2，在海河下游滨海地区有待开发的荒地滩涂 1.2 万 hm^2。

表 3-1　天津市主要河流基本情况

水系	河流名称	起止地点 起	起止地点 止	河道长度/km	流域面积及比例	河道原主要功能
北三河	蓟运河	九王庄	防潮闸	189.0	6 227km²(55.1%)	泄洪、排涝、农灌、工业用水
	沟河	红旗庄闸	九王庄	55.0		泄洪、排涝、农灌
	引沟入潮	罗庄渡槽	郭庄	7.0		泄洪、农灌
	青龙湾减河	庞家湾	大刘坡	45.7		泄洪、农灌
	潮白新河	张甲庄	宁车沽	81.0		泄洪、农灌
	北运河	西王庄	屈家店	89.8		泄洪、农灌、工业用水
	北京排污河	里老闸	东堤头	73.7		排污、排涝、农灌
	还乡新河	西淮沽	闫庄	31.5		泄洪、农灌
永定河	永定河	落垡闸	屈家店	29.0	327km²(2.9%)	泄洪、农灌
	永定新河	屈家店	北塘口	62.0		泄洪
大清河	大清河	台头西	进洪闸	15.0	2 637km²(23.3%)	泄洪、农灌
	子牙河	小河村	三岔口	76.1		泄洪、农灌
	独流减河	进洪闸	工农兵闸	70.3		泄洪、农灌
	子牙新河	蔡庄子	洪口闸	29.0		泄洪、农灌
漳、卫、南运河	马厂减河	九宣闸	北台	40.0	8km²(0.1%)	泄洪、农灌
	南运河	九宣闸	十一堡	44.0		农灌、排涝
黑龙港运东水系	沧浪渠	翟庄子	防潮闸	27.4	40km²(0.3%)	农灌、排涝
	北排水河	—	—			农灌、排涝
海河干流	海河干流	三岔口	大沽口	72.0	2 066km²(18.3%)	泄洪、排涝、城市备用水源、景观、工业用水、农灌

3.2　基线调查

本书涉及的基线调查数据以 2004 年为基准，同时为保证数据的代表性，结合"全国水资源综合规划"调查数据，对不同年份数据进行了适当分析、修正。本部分主要内容包括：经济社会现状、水资源状况、水生态与水环境现状以及现状条件下水资源与水环境及其管理存在的问题。

3.2.1　经济社会基线调查

依据《2004 年天津市统计年鉴》和《2004 年天津市国民经济和社会发展统计公报》数据和其他相关统计资料，近年来天津市的经济社会发生了极大变化。截至 2004 年，天津市经济持续、快速增长，各项社会事业全面进步。

（1）人口

2004年末天津市全市常住人口1023.67万人，户籍人口932.55万人，其中，农业人口376.37万人，非农业人口556.18万人。全年人口自然增长率为1.34‰，其中人口出生率为7.31‰，人口死亡率为5.97‰。不同区县的户籍人口见表3-2。

表3-2　2004年天津市人口情况　　　　　　　　　　　　　（单位：万人）

项目区			户籍人口	农业人口
市辖区	市区	市区及市属	386.02	1.81
	滨海区	塘沽区	48.17	6.02
		汉沽区	16.85	4.53
		大港区	34.93	10.31
	东丽区		31.32	19.92
	西青区		30.91	22.96
	津南区		37.54	27.48
	北辰区		32.31	19.74
	武清区		81.1	69.19
	宝坻区		65.22	55.13
市辖县	宁河县		36.28	27.76
	静海县		51.59	42.7
	蓟县		80.31	68.82
总计			932.55	376.37

（2）经济情况

从经济发展总体情况来看，天津市国民经济快速稳定增长（参考《天津市统计年鉴2004》）。2004年全市生产总值达到2931.88亿元，实现三次产业全面增长。第二产业比例有所提高，成为推动全市经济快速增长的主要力量。三次产业比例分别为3.5%、53.2%和43.3%，对经济增长的贡献率分别为1.2%、66.3%和32.5%。消费价格和零售价格总体水平保持基本稳定。

滨海新区在全市经济发展中的地位进一步提升。天津经济技术开发区实现了8年来工业经济的最快增长，IT、汽车、生物医药、化工等产业聚集进一步完善。天津市2004年主要经济指标见表3-3。

（3）城市生态环境

城市生态环境得到极大改善。至2004年天津市全市建成区绿化覆盖率达到35%，城市人均公共绿地面积达到8.1 m²，比上年增加了1.4 m²。同年造林面积为0.57万 hm²。

环境综合整治取得新成效。2004年全市有环境监测站20个，生态示范区7个，自然保护区9个，自然保护区面积16.45万 hm²，污水和垃圾处理能力分别达到70%和80%，饮用水源水质达标率100%。环境建设与治理取得显著成绩。

表 3-3 天津市 2004 年经济指标

行政分区		户籍人口/万人	粮食产量/万 t	地区生产总值/亿元			
				地区生产总值	一产	二产	三产
市辖区	市区	386	0	895.8	5.8	321.7	568.3
	滨海区 塘沽区	48.2	0.3	715.9	1.8	479	235.1
	滨海区 汉沽区	16.9	0.3	35.4	3.2	19.5	12.8
	滨海区 大港区	34.9	3.8	188.9	1.9	157.4	29.6
	滨海区 小计	100	4.4	940.2	6.9	655.9	277.5
	东丽区	31.3	1.3	120.7	3.2	57.2	60.4
	西青区	30.9	4.8	146	6.3	85.1	54.6
	津南区	37.5	2	101.1	2.7	55.5	42.8
	北辰区	32.3	4.5	140.1	5.8	87.8	46.5
	武清区	81.1	53.3	140.6	20.1	70.9	49.6
	宝坻区	65.2	36.3	117.8	12.6	61.6	43.6
市辖县	宁河县	36.3	4.2	95.2	11	46.1	38.1
	静海县	51.6	23.4	112.2	12.2	65.7	34.3
	蓟县	80.3	37.5	122.2	18.4	52.9	51

注：塘沽区的生产总值是塘沽区、开发区和保税区三部分的总和，汉沽区、大港区的生产总值包括了中央和市属的工业增加值部分。

3.2.2 水资源量基线调查

降水量：2004 年天津市全市降水量为 608.7mm。天津市的多年（1956~2000 年）平均降水量为 574.9mm。在水资源分区上，以北三河山区最大，北四河平原次之，大清河淀东平原最小，分别为 717.8mm、578.0mm 和 551.0mm。在行政区分配上，以蓟县最大，为 684.6mm，北辰区最小，为 522.0mm，行政区之间降水量最大值与最小值相差 162.6mm。按照水资源分区和行政分区计算的各频率降水量分别见表 3-4 和表 3-5。

表 3-4 天津市水资源分区多年（1956~2000 年）降水量

水资源分区	面积/km²	年均值/mm	50%降雨频率/mm	75%降雨频率/mm	95%降雨频率/mm
北三河山区	727.0	717.8	696.3	559.9	402.0
北四河平原	6 059.2	578.0	566.4	462.4	346.8
大清河淀东平原	5 133.5	551.0	534.5	429.8	308.6
全市	11 919.7	574.9	563.4	459.9	344.9

表 3-5 天津市行政分区降水量

行政区	计算面积/km²	2004 年降水量/mm	年均值/mm	50%降雨频率/mm	75%降雨频率/mm	95%降雨频率/mm
蓟县	1 590.1	632.7	684.6	664.0	540.8	390.2
宝坻区	1 509.6	597.5	582.7	571.1	466.2	349.6
武清区	1 573.5	576.2	567.7	550.6	442.8	317.9
宁河县	1 431.4	678.6	551.6	535.0	435.7	314.4
静海县	1 480.3	585.2	540.4	524.2	416.1	291.8
塘沽区	758.4	633.9	569.1	546.3	432.5	301.6
汉沽区	442.2	693.4	569.8	552.7	444.5	313.4
大港区	1 056.2	621.1	561.5	539.0	426.7	292.0
东丽区	478.8	547.1	545.3	528.9	425.3	305.3
津南区	389.3	588.6	553.5	536.3	431.7	304.4
西青区	563.6	549.9	540.9	524.7	427.3	308.3
北辰区	478.5	579.9	522.9	506.2	407.1	292.3
市区	167.8	483.6	557.8	541.1	435.1	306.8
全市	11 919.7	608.7	574.9	563.4	459.9	344.9

地表水资源量：天津市全市 2004 年地表水资源量为 9.79 亿 m³。该地区多年平均地表水资源量为 10.7 亿 m³，在水资源分区上，北三河山区、北四河平原、大清河淀东平原分别为 1.8 亿 m³、4.7 亿 m³ 和 4.2 亿 m³。在行政分配上，以蓟县最大，为 2.6 亿 m³，津南区最小，仅为 0.36 亿 m³。按照水资源分区和行政分区计算的各频率地表水资源量分别见表 3-6 和表 3-7。

表 3-6 天津市水资源分区地表水资源量

水资源分区	面积/km²	多年均值/亿 m³	50%降雨频率/亿 m³	75%降雨频率/亿 m³	95%降雨频率/亿 m³
北三河山区	727.0	1.8	1.6	1.0	0.4
北四河平原	6 059.2	4.7	4.0	2.3	0.9
大清河淀东平原	5 133.5	4.2	3.4	1.9	0.6
全市	11 919.7	10.7	9.3	5.8	2.5

表 3-7 天津市行政分区地表水资源量

行政分区	面积/km²	2004 年地表水资源量/亿 m³	均值/亿 m³	50%降雨频率/亿 m³	75%降雨频率/亿 m³	95%降雨频率/亿 m³
蓟县	1 590.1	1.31	2.6	2.2	1.4	0.6
宝坻区	1 509.6	0.98	1.2	1.0	0.6	0.2
武清区	1 573.5	0.99	1.2	1.0	0.6	0.2

续表

行政分区	面积/km²	2004年地表水资源量/亿 m³	均值/亿 m³	50%降雨频率/亿 m³	75%降雨频率/亿 m³	95%降雨频率/亿 m³
宁河县	1 431.4	1.06	1.0	0.9	0.6	0.2
静海县	1 480.3	1.37	1.1	0.9	0.5	0.1
塘沽区	758.4	0.76	0.6	0.5	0.3	0.1
汉沽区	442.2	0.33	0.3	0.4	0.2	0.1
大港区	1 056.2	1.04	0.8	0.7	0.3	0.1
东丽区	478.8	0.41	0.4	0.4	0.2	0.1
津南区	389.3	0.36	0.3	0.3	0.2	0.1
西青区	563.6	0.49	0.4	0.4	0.3	0.1
北辰区	478.5	0.37	0.3	0.3	0.2	0.1
市区	167.8	0.32	0.4	0.4	0.3	0.2
全市	11 919.7	9.79	10.6	9.4	5.7	2.2

地下水资源量：根据天津市的地质、地貌特征和地下水的赋存情况，该市地下水划分为山丘区、全淡区、平原北部全淡区、平原中南部有咸水区等三大区，面积分别为727km²、1954km²和9324km²。宝坻区、宁河县各有一小部分全淡区，绝大部分位于有咸水区，汉沽区全部为有咸水区。根据全国水资源综合规划评价结果，全市多年平均浅层地下水（不含水源地）天然资源量为5.9亿 m³/a，其中孔隙水为5.31亿 m³/a。

地下水资源可开采量：根据"天津市地下水资源评价"成果，天津市地下水可开采量为7.3亿 m³，其中浅层地下水资源量中可开采量为4.5亿 m³，深层地下水控制性可开采量为1.9亿 m³，岩溶水可开采量为0.9亿 m³。各水资源分区和行政区县地下水可开采量差异较大，全市地下水分布不均，北部地下水资源丰富，均为淡水，南部地下水资源少，浅层均为咸水，只有深层水是淡水。从各区县可采量上看蓟县、宝坻区最为丰富，可采资源量占全市的比例大于其面积占全市的比例，其他区县均较小，尤其是中南部地区（滨海新区、四郊区到及市区）地下水资源最为贫乏（表3-8，表3-9）。

表3-8 天津市水资源分区地下水可开采资源量　　　（单位：亿 m³）

水资源分区	合计	浅层水		深层水	
		孔隙水	岩溶水	孔隙水	岩溶水
蓟运河山区	0.7	—	0.3	—	0.4
北四河平原	5.0	3.8	—	0.7	0.5
淀东清南平原	1.6	0.4	—	1.2	—
全市合计	7.3	4.2	0.3	1.9	0.9

表 3-9 天津市行政分区地下水可开采资源量

行政分区	合计/亿 m³	浅层水 孔隙水/亿 m³	浅层水 岩溶水/亿 m³	深层水 孔隙水/亿 m³	深层水 岩溶水/亿 m³	面积/km²	面积比例/%	可采量比例/%
蓟县	2.4	1.5	0.3	—	0.6	863.8	7.72	32.56
宝坻区	1.8	1.3	—	0.1	0.4	1 509.1	13.48	24.52
武清区	0.9	0.8	—	0.1	—	1 573.5	14.06	13.08
宁河县	0.5	0.2	—	0.3	—	1 431.4	12.79	7.36
静海县	0.7	0.4	—	0.3	—	1 480.3	13.23	9.13
东丽区	0.1	0	—	0.1	—	478.8	4.28	1.63
津南区	0.1	0	—	0.1	—	389.3	3.48	1.50
西青区	0.1	0	—	0.1	—	563.6	5.04	1.09
北辰区	0.1	0	—	0.1	—	478.5	4.27	1.23
塘沽区	0.2	0	—	0.2	—	758.4	6.78	2.59
汉沽区	0.1	0	—	0.1	—	442.2	3.95	1.36
大港区	0.3	0	—	0.3	—	1 056.2	9.44	3.54
市区	0	0	—	0	—	167.8	1.50	0.41
总计	7.3	4.2	0.3	1.8	1	11 192.9	100	100

入境水量：天津市 2004 年入境水量为 18 亿 m³。该地区多年平均入境水量为 17.1 亿 m³，其中北三河山区为 3.8 亿 m³，北四河平原为 13.3 亿 m³，淀东清南平原各河流除丰水年有洪水入境外，其余年份基本无入境水量。各水资源分区不同降水频率条件下的入境水量详见表 3-10。

表 3-10 天津市水资源、分区入境水量情况　　　　　　　　（单位：亿 m³）

水资源分区	多年平均	50% 降雨频率	75% 降雨频率	95% 降雨频率
北三河山区	3.8	3.3	2.1	0.8
北四河平原	13.3	11.8	7.4	3.5
淀东清南平原	—	—	—	—
总计	17.1	15.1	9.5	4.3

出境水量：天津市的出境水量只有北三河山区的沟河流入北京的水量，2004 年出境水量为 0.34 亿 m³。

入海水量：天津市 2004 年入海水量为 9.23 亿 m³。该地区多年（1956～2000 年）平均入海水量为 48.1 亿 m³，其中北四河平原区为 21.1 亿 m³，淀东清南平原为 27.0 亿 m³；且由于缺乏对入境水量的调蓄条件，丰水年的入境水量构成了入海水量的主要来源，使得入海水量历年的变化较大。多年平均条件下，全市入海水量年际表现为：20 世纪 50 年代后期最大，为 148.9 亿 m³，90 年代最小，仅为 19.9 亿 m³。其他不同年代的入海水量详见表 3-11。

表 3-11 天津市入海水量　　　　　　　　　　　（单位：亿 m³）

年份	全市合计	北四河平原	淀东清南平原
1956~2000	48.1	21.1	27.0
1956~1959	148.9	54.8	94.2
1960~1969	80.8	24.3	56.5
1970~1979	44.4	26.7	17.7
1980~1989	26.1	7.8	18.3
1990~2000	19.9	12.9	7.0

3.2.3　供用水及耗水情况基线调查

（1）供用水情况基线调查

在供水方面，2004 年天津市总供水量为 22.06 亿 m³，其中地表水源供水 14.89 亿 m³，地下水源供水 7.07 亿 m³，其他水源供水（污水处理回用和海水淡化）0.1 亿 m³。在地表水源供水中，蓄水为 4.56 亿 m³，引水为 8.65 亿 m³，提水为 1.68 亿 m³。地下水源供水中，深层水为 4.37 亿 m³，浅层供水量为 2.70 亿 m³。相应的供水工程分别为：

1）地表水供水工程。天津市共有大型水库 3 座，总库容达到 22.4 亿 m³。中型水库 12 座，总库容为 3.3 亿 m³。小型水库 126 座，其中小（一）型为 49 座，小（二）型为 77 座，共计库容 1.68 亿 m³。大中型水库的情况见表 3-12。

2）地下水供水工程。2004 年天津市地下水开采井总计 32 176 眼，其中深井为 12 953 眼，浅井 19 223 眼。工业用深井数总计 2774 眼，浅井 373 眼，城镇用深井 184 眼，浅井 7 眼，农村开采深井 9995 眼，浅井 18 843 眼，农村开采井数占总开采井数的 89.63%。不同区县机井的统计见表 3-13。

表 3-12 天津市大中型水库基本情况　　　　　　（单位：万 m³）

水库名称	水库类型	水资源三级区	地级行政区	总库容	兴利库容
于桥水库	大（一）型	北三河山区	蓟县	155 900	38 500
北大港水库	大（二）型	大清河淀东平原	大港区	50 000	38 400
团泊洼水库	大（二）型	大清河淀东平原	静海县	18 000	14 600
尔王庄水库	中型	北四河下游平原	宝坻区	4 530	3 868
营城水库	中型	北四河下游平原	汉沽区	3 040	2 450
七里海水库	中型	北四河下游平原	宁河县	2 400	2 300

续表

水库名称	水库类型	水资源三级区	地级行政区	总库容	兴利库容
上马台水库	中型	北四河下游平原	武清区	2 680	2 600
鸭淀水库	中型	大清河淀东平原	西青区	3 150	2 650
钱圈水库	中型	大清河淀东平原	大港区	2 700	2 200
沙井子水库	中型	大清河淀东平原	大港区	2 000	1 500
新地河水库	中型	大清河淀东平原	东丽区	2 200	1 470
黄港一库	中型	大清河淀东平原	塘沽区	1 296	1 000
黄港二库	中型	大清河淀东平原	塘沽区	4 615	3 780
北塘水库	中型	大清河淀东平原	塘沽区	1 580	1 250
津南水库	中型	大清河淀东平原	津南区	2 966	2 752
合计				257 057	119 320

表 3-13 天津市机井工程情况　　　　　　　　（单位：眼）

项目区			地下水开采井数				
			工业		城镇		农村	
			深井	浅井	深井	浅井	深井	浅井
市辖区		市区	110	0	21	0	0	0
	滨海区	塘沽区	167	0	0	0	462	0
		汉沽区	210	0	25	0	675	0
		大港区	229	0	30	0	331	0
	东丽区		293	0	0	0	488	0
	西青区		431	0	23	0	318	1 743
	津南区		217	0	8	0	701	0
	北辰区		287	0	9	0	487	0
	武清区		155	21	26	0	1 508	4 759
	宝坻区		77	191	0	7	1 014	3 377
市辖县	宁河县		437	0	12	0	2 406	0
	静海县		115	0	25	0	1 549	2 438
	蓟县		46	161	5	0	56	6 526
总计			2 774	373	184	7	9 995	18 843

在用水方面：天津市 2004 年总用水量为 22.06 亿 m^3，其中农田灌溉用水量为 11.7 亿 m^3，林牧渔业以及牲畜用水量为 0.48 亿 m^3，工业用水量为 5.07 亿 m^3，城镇公共用水量为 1.24 亿 m^3，居民生活用水总量为 3.09 亿 m^3，生态环境用水量 0.48 亿 m^3。对于不同行业的用水结构以及用水水源情况详见表 3-14。

表 3-14 天津市 2004 年用水情况

(单位：亿 m³)

流域分区			农田灌溉				林牧渔畜用水量						工业用水量			
Ⅰ级	Ⅱ级		水田	水浇地	菜田	小计	其中地下水	林果灌溉	草场灌溉	鱼塘补水	牲畜用水	小计	其中地下水	火(核)电	国有及规模以上	规模以下	小计	其中地下水
海河	海河北系	山区	0	0.05	0.10	0.15	0.12	0.03	—	—	0.03	0.06	0.03	0	0.10	0.01	0.11	0.09
		平原	1.13	2.32	5.92	9.37	2.76	0.12	—	—	0.13	0.25	0.24	0.31	0.64	0.13	1.08	0.75
		合计	1.13	2.37	6.02	9.52	2.88	0.15	—	—	0.16	0.31	0.27	0.31	0.74	0.14	1.19	0.84
	海河南系		0.29	0.87	1.02	2.18	0.59	0.13	—	—	0.04	0.17	0.06	0.20	3.54	0.14	3.88	1.18
全市			1.42	3.24	7.04	11.70	3.47	0.28	—	—	0.20	0.48	0.33	0.51	4.28	0.28	5.07	2.02

流域分区			城镇公共用水量			居民生活用水量			生态环境用水量			总用水量	
Ⅰ级	Ⅱ级		建筑业	服务业	小计	其中地下水	城镇	农村	小计	其中地下水	城镇环境	农村生态	小计	合计	其中地下水
海河	海河北系	山区	0	0	0	0	0.01	0.04	0.05	0.05	0	—	0	0.37	0.29
		平原	0	0.08	0.08	0.06	0.18	0.56	0.74	0.64	0.06	—	0.06	11.58	4.50
		合计	0	0.08	0.08	0.06	0.19	0.60	0.79	0.69	0.06	—	0.06	11.95	4.79
	海河南系		0.13	1.03	1.16	0.02	1.88	0.42	2.30	0.43	0.42	—	0.42	10.11	2.28
全市			0.13	1.11	1.24	0.08	2.07	1.02	3.09	1.12	0.48	—	0.48	22.06	7.07

在地下水开采利用方面，由于天津市地下水资源分布不均，北部蓟县、宝坻区等区县地下水资源丰富，均为淡水，尚有开采潜力；南部地下水资源分布较少，浅层均为咸水，深层淡水严重超采。全市超采区面积达 9819km²，其中深层地下水超采区面积为 9021km²。依据 2004 年地下水开采情况，天津市浅层水不超采，而深层水 2004 年超采量 41 427.26 万 m³，除蓟县和宝坻区为全淡水区外，全市其他各区县深层水普遍超采严重。

在综合用水水平方面，2004 年天津市全市人均年用水量为 216 m³，人均生活日用水量为 112L，万元增加值用水量 35.29m³，亩均灌溉用水量为 255 m³。

(2) ET 调查

1) ET 时空分布。天津市潜在蒸散发在蓟县大部和宝坻区的北部较小，在武清区南部、北辰区大部、静海县东部、塘沽区中部和北部、津南区北部、大港区南部、宁河县中部较大（图 3-2）。市区、东丽区和塘沽区中部 ET 小，主要原因是城市内不透水的硬地面比例较大，而硬地面上的蒸散发值较小。蓟县中部有于桥水库，大港中部有北大港水库，南部有沙井子水库，静海县北部有团泊洼水库和鸭淀水库，宁河县有七里海水库，武清区东部有尔王庄水库，在这些地方出现局部蒸散发值较大的现象，主要原因是水面的蒸散发量较大。除这些局部水体处 ET 较大外，东南部塘沽区、大港区、汉沽区、宁河县等沿海滩涂和水稻种植面积较大的地区 ET 也较大。天津市 ET 的空间分布特征是：天津市城区 ET 大、郊区 ET 小、滨海区 ET 大、非滨海区 ET 小、东南部 ET 大、西北部 ET 小、水面 ET 大、陆面 ET 小。

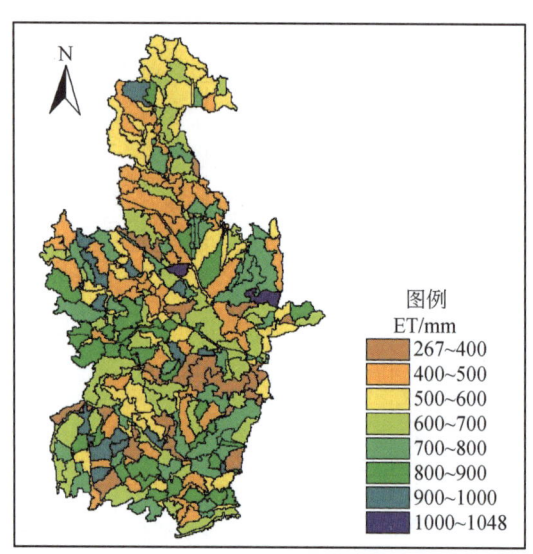

图 3-2 天津市多年平均蒸散发空间分布图

市区、东丽区和塘沽区的中部城区是降雨与蒸发差值最大的地方，宝坻区和蓟县的大部分的降雨与蒸发差也大多出现正值，武清区南部和北辰区大部、静海县中部和塘沽区南部、汉沽区东部、大港区大部、宁河县中部、宝坻区南部则出现较大的负值，而这些地区的降雨多集中于 520~540mm，是在天津市比较普遍的降雨地区，且并未处于少雨带，造成降水蒸发差出现较大负值主要是由于这些地方 ET 较大所致。

天津市多年平均综合 ET 在年内呈现单峰趋势（图 3-3），峰值出现在 6 月份。谷值出现在 12 月份和 1 月份，这主要是因为此段时间气温出现全年最低值，水域多结冰。随着气温的升高，ET 逐渐增大，在气温较高、风速较大、相对湿度较小的 6 月份出现峰值。7 月份气温继续升高达到全年气温的峰值，但由于进入汛期降雨较多，相对湿度较大，日照时数减少，ET 出现减小的趋势。8 月份雨水仍然较多，气温较 7 月份出现回落。此后随着气温的减小，ET 开始降低。

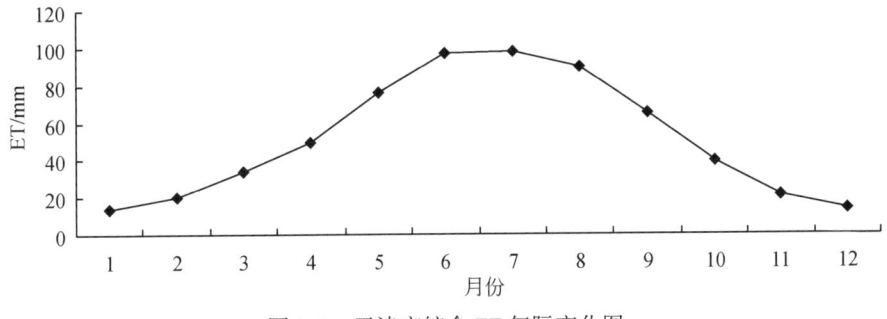

图 3-3 天津市综合 ET 年际变化图

2) ET 控制分析。①目标 ET 根据水资源评价中 1956～2004 年天津市降水量、入境水量系列资料以及满足近岸海域最小要求的 13.21 亿 m³ 入海水量研究成果，根据水平衡分析可以求得系列年目标 ET 值，进一步汇总得到不同年代的目标 ET 值（表 3-15）。由表 3-15 可知，1956～2004 年系列可消耗 ET 值总体呈现逐渐下降的趋势，考虑到 20 世纪 50～70 年代水资源偏丰，20 世纪 80 年代以后的水文气象条件更能反映全球气候变化的影响，因此更能代表现状条件，而且选用 20 世纪 80 年代以后的系列偏于安全。所以采用 1980～2004 年的多年平均可消耗 ET 作为现状可消耗 ET 值，即 565.2mm。②历史 ET 控制分析采用水量平衡法计算区域实际 ET 的计算公式如下：

$$ET_{act} = P + I_s + I_t + I_G + W_s - O_{act} - O_G - \Delta S - \Delta G \tag{3-1}$$

式中，ET_{act} 为实际 ET；P 为当地降水；I_s 为地表入境流量；I_t 为外调水量；I_G 为地下水侧向流入量；W_s 为海水利用量；O_{act} 为实际入海和出境流量；O_G 为地下水侧向流出量；ΔS 为地表水蓄变量；ΔG 为地下水蓄变量。

计算天津市 1980～2004 年逐年实际 ET 值，与对应年代可消耗 ET 作对比，具体见表 3-16。

表 3-15 天津市各年代目标 ET

年份	降雨量/亿 m³	入境量/亿 m³	出境量/亿 m³	目标入海水量/亿 m³	阶段目标 ET/亿 m³	阶段目标 ET/mm
1956～1969	72.0	121.4	1.1	13.6	178.6	1 498.8
1970～1979	73.3	50.9	1.2	13.6	109.4	917.9
1980～1989	67.0	15.9	0.5	13.6	63.7	534.4

续表

年份	降雨量/亿 m³	入境量/亿 m³	出境量/亿 m³	目标入海水量/亿 m³	阶段目标 ET/亿 m³	阶段目标 ET /mm
1990~1999	64.3	32.0	0.7	13.6	77.9	653.2
2000~2004	58.3	15.3	0.2	13.6	53.7	450.7
1956~2004	68.2	55.0	0.8	13.6	106.3	891.5
1980~2004	64.2	22.2	0.6	13.6	67.4	565.2

注：目标入海水量根据维持河口生态平衡最小用水要求确定，参见第5章。

表3-16 天津市各年份可消耗 ET 与实际 ET 对比分析

年份	可消耗 ET /亿 m³	可消耗 ET /mm	实际 ET /亿 m³	实际 ET /mm	实际 ET 超过可消耗 ET /亿 m³	实际 ET 超过可消耗 ET /mm
1980~1989	63.7	534.4	73.1	613.2	9.4	78.7
1990~1999	77.9	653.2	72.9	611.2	-5.0	-42.0
2000~2004	53.7	450.7	71.3	598.1	17.6	147.4
1980~2004	67.4	565.2	72.5	608.6	5.2	43.4

对比1980~2004年系列可消耗 ET 与实际 ET 发现，1980~2004年25年系列实际 ET 超过可消耗 ET 43.4mm，其中2000年以后是连续枯水年，所以实际 ET 超过可消耗 ET 最多，超过147.4mm，20世纪90年代接近平水年，实际 ET 小于可消耗 ET 42.0mm。根据调查，1980~2000年25年内只有9年实际 ET 未超过可消耗 ET，有16年实际 ET 年均超过可消耗 ET 达162.9mm。特别是1999年以后，实际 ET 大量超过可消耗 ET。

3.2.4 水生态与水环境基线调查

(1) 天津市水生态

天津市地处海河尾闾、九河下梢、渤海之滨，20世纪五六十年代还是"水乡泽国"、"鱼米之乡"，但由于降水量减少，当地产流较少，主要靠上游河流来水，60年代后期实施以"上蓄、中输、下排"为指导方针的海河改造工程以后入境水量急骤减少，并且来水在减少的同时向汛期集中，更加大了本区干旱、洪涝的极端事件，给天津市水生态造成了深远的影响。不同时段天津市入境水量的变化见表3-17。

就河道生态而言，由于天津境内河流均有闸坝控制，大多形成有河无流的河道水库。根据统计资料，海河流域河道断流与干涸天数逐年增长，2000年后基本全年断流（表3-18）。从广义湿地（指带有静止或流动的淡水、半咸水或咸水水体的天然或人工、长久或暂时的沼泽地、泥炭地或水域地带，包括低潮时水深不超过6m的水域）意义看，天津市湿地总面积为35.84万 hm²，占天津市国土总面积的30.07%，其中人工湿地面积为31.47万 hm²，天然湿地面积4.36万 hm²，分别占天津市湿地总面积的87.82%和12.18%，占天津市国土总面积的26.40%和3.66%。遥感调查的数据显示，人工湿地构成了天津湿地的主体。天津的水域面积由20世纪20年代的占天津市国土总面积45.9%减少到50年代的27.3%，之后进一步降至70年代的8.5%。70年代以后，天津开始兴修水利，兴建了多项水库工程，水库、坑塘面积有所回升，水域面积的比例有所增加，如团泊洼湿地、北大港湿地、七里海湿地以人工水库的形式得到一定程度恢复。但天津市天然湿地面积占天津市国土面积的比例总体呈逐渐减少的趋势（表3-19）。

表3-17　天津市入境水量时段变化趋势　　　　（单位：亿 m^3）

年份	1950~1959年		1960~1969年		1970~1979年		1980~1989年		1990~1999年		2000~2005年	
时段	全年	汛期	全年	汛期	全年	汛期	全年	汛期	全年	汛期	全年	汛期
来水	144.32	89.34	80.12	40.12	35.88	30.46	7.35	6.38	25.39	21.07	8.07	7.43
汛期比例/%	61.9		50.0		85.0		86.7		83.0		92.0	

表3-18　海河流域平原主要河道干涸、断流情况统计

名称	河段	河段长度/km	年平均河流干涸天数				年平均河流断流天数			
			1960~1969年	1970~1979年	1980~1989年	1990~1999年	2000年	1960~1969年	1970~1979年	1980~1989年	1990~1999年	2000年
蓟运河	九王庄—新防潮闸	189	2	33	115	257	365	33	41	300	312	365
潮白河	苏庄—宁车沽	140	4	142	184	197	300	45	194	319	197	366
北运河	通县—屈家店	129	8	118	126	202	310	99	270	242	358	340
永定河	卢沟桥—海口	199	198	312	362	365	366	197	315	361	337	366
海河干流	耳闸—海河闸	73	0	0	0	0	0	129	265	298	254	332
子牙河	献县—第六堡	147	84	280	349	328	366	124	295	354	328	366
南运河	四女寺—第六堡	306	32	207	320	341	366	53	175	302	341	366

表3-19　天津市各类湿地面积统计（遥感数据）

湿地	种类	面积/hm^2	占湿地总面积比例/%	占全市国土面积比例/%
人工湿地	水田	127 956.45	35.71	10.74
	坑塘	115 264.43	32.16	9.67
	水库	39 377.10	10.99	3.30
	沟渠	21 683.24	6.05	1.82
	盐田	10 431.90	2.91	0.88
	小计	314 713.12	87.82	26.41
天然湿地	河流	16 885.44	4.71	1.42
	滩地	23 290.71	6.50	1.95
	沼泽	3 246.18	0.91	0.27
	湖泊	219.39	0.06	0.02
	小计	43 641.72	12.18	3.66
合计		358 354.84	100	30.07

注：表中数据调查时间为2000年。

从入海水量来看，天津市入海水量在急骤减少的同时也集中于汛期（表 3-11，表 3-20），加上防潮闸的修建，入海浅水区盐度升高、浮游植物种类发生转化，这对天津近岸海域生态和渔业造成了深远的影响。

表 3-20　汛期入海水量比例　　　　　　　　　　　　（单位：%）

年份	1951~1959 年	1960~1969 年	1970~1979 年	1980~1989 年	1990~1999 年	2000~2005 年
比例（日历年）	61.9	60.9	83.8	86.7	88.8	94.5

从地下水开采情况来看，天津市地下水严重超采。天津地下水规模开采自 20 世纪 50 年代末开始，70 年代初期和 80 年代初期相继出现干旱年，促使地下水进一步大规模开采，其中 1981 年到达开采地下水的最高峰。市区、塘沽区、汉沽区等地超采严重，水位大幅度下降，地面沉降加剧，并且出现了地下水污染现象。1984~1988 年为偏丰年，地表水丰富，加之 1983 年 9 月引滦通水和 1986 年起实施的控沉计划，全市地下水开采量下降，局部地区地下水位出现回升。目前全市地下水开采量与可开采量基本持平，但由于水资源分布不均、水文地质条件差异以及开采布局等原因，天津市中南部地区的深层地下水超采依然很严重。

从各区县地下水开采情况上分析，蓟县水资源较丰富，地下水处于不超采状态，宝坻区基本上是深层、浅层地下水混合开采，人为造成了深层、浅层水的连通。武清区、宁河县、静海县的部分地区浅层水尚有盈余，主要是深层水超采。中南部地区如市区、新四区及塘沽区、汉沽区、大港区共均为深层水超采。可见，由于天津市水资源空间分布差异导致了开发利用状态的差异。中南部地区深层水严重超采而北部浅层水和中南部浅层微咸水未得到充分的开发利用，并且开采布局不合理。

（2）天津市水环境

处于海河流域尾闾的天津市有别于流域上、中游地区有河皆枯的现状，而是以"有河无流、有水皆污"为基本特征。2004 年对 25 条一、二级河道实施了监测。在 25 条被监测的主要河流中 54.4% 的河流断面为劣Ⅴ类水体，31.7% 的河流断面为Ⅴ类水体，11.4% 的河流断面为Ⅳ类水体，2.5% 的河流断面为Ⅲ类水体。主要是氨氮、高锰酸盐指数、化学需氧量等超标。而天津的近海由于入海径流减少、陆源污染物入海等原因，造成海区富营养化与赤潮频发。

1）农药化肥使用情况统计。2004 年天津市耕地总计 41.21 万 hm^2，化肥总量为 22.78 万 t，农药为 3032.3t。其中以宝坻区化肥施用量最大，达 6.38 万 t，蓟县的农药施用量最大，达 665.3t，不同区县的化肥、农药使用量详见表 3-21。1990~2004 年 15 年以来，天津市化肥施用量呈现稳中有升的趋势[①]，施用量范围为 16 万~23 万 t，农药施用量为 2000~3600t。系列年的农药化肥施用量详见表 3-22。

---

① 天津市化肥施用量 2000 年以前数据为实际量，2000 年以后数据为折纯量，折纯量比实际量要小，因此总体上是上升的趋势。

通过对全市12个农业区县主要作物种化肥、农药的施用量调查发现，小麦、水稻化肥施用量较高，平均为26.79kg/亩和26.56kg/亩，玉米、棉花的施用量较低，分别为16.13kg/亩和12.92kg/亩。

表3-21 2004年天津市农药化肥施用情况

类别	年末实有耕地面积/hm²	化肥总量（折纯）/t	农药/t
蓟县	54 041	34 988	665.3
宁河县	38 666	17 769	233
汉沽区	4 225	3 171	392
宝坻区	76 114	63 760	392
塘沽区	5 161	1 048	51
大港区	13 419	2 818	62
东丽区	13 110	3 311	86
西青区	15 297	10 890	97
津南区	14 533	1 694	66
北辰区	18 471	6 086	237
静海县	69 178	31 424	351
武清区	89 908	50 849	400
合计	412 123	227 808	3 032.3

表3-22 1990~2004年天津市全市化肥农药使用情况

年份	化肥施用量/万t	农药施用量/t
1990	40.99	—
1991	42.53	2 474
1992	41.19	—
1993	40.13	2 287
1994	41.06	—
1995	45.29	3 070
1996	48.82	—
1997	49.15	3 270
1998	51.48	—
1999	47.24	3 343
2000	16.64	3 604
2001	17.31	—
2002	17.59	—
2003	17.8	—
2004	22.78	3 032.3

注：化肥施用量2000年以前为实物量。

2) 生活工业污水排放情况统计点源污染包括城镇生活污水和工业废水污染。依据天津市环境保护局相关专题的研究并结合天津市历史经济发展情况、人口数量的调查与统计数据，研究人员对 2004 年工业污染物排放量和城镇生活污染物排放量进行校核。结果显示，2004 年全市点源氨氮总排放量约为 1.49 万 t，其中约有 0.45 万 t 来自第二产业和第三产业，其余 1.04 万 t 来自市政生活用水。2004 年 COD 排放量约为 11.95 万 t，来自第二产业和第三产业及市政生活污水的 COD 量分别为 3.96 万 t 及 7.96 万 t。全市工业 2004 年单位 GDP 的氨氮、COD 排放量分别约为 0.15 kg/万元和 1.32kg/万元，年人均氨氮、COD 产生量约为 1.53 kg 和 11.6kg。行政区划范围间的单位 GDP 氨氮量和年人均定额会有些波动，但是波动幅度不大。2004 年工业和城镇生活污染物的排放量见表 3-23 和表 3-24。

表 3-23 2004 年工业污染物排放量

区县	COD 排放量/t	氨氮排放量/t	GDP/万元	单位 GDP 的 COD 排放量/(kg/万元)	单位 GDP 的氨氮排放量/(kg/万元)
市区	13 744	615	975	1.41	0.06
塘沽区	5 004	464	843	0.59	0.05
汉沽区	1 520	163	27	5.71	0.61
大港区	3 472	453	204	1.7	0.22
东丽区	3 558	1 625	149	2.39	1.09
西青区	1 681	143	193	0.87	0.07
津南区	1 577	236	87	1.82	0.27
北辰区	3 134	466	161	1.94	0.29
武清区	820	43	105	0.78	0.04
宝坻区	1 500	65	49	3.08	0.13
宁河县	2 715	221	39	7.03	0.57
静海县	290	21	100	0.29	0.02
蓟县	621	14	76	0.82	0.02
全市	39 636	4 529	3 008	1.32	0.15

表 3-24 2004 年城镇生活污染物排放量

区县	COD 产生量/t	氨氮产生量/t	城镇人口/万人	人均 COD 产生量/kg	人均氨氮产生量/kg
市区	37 663	6 164	385	9.78	1.60
塘沽区	12 336	1 225	61	18.78	2.01
汉沽区	3 132	337	14	22.37	2.41
大港区	5 326	387	33	16.14	1.17

续表

区县	COD 产生量/t	氨氮产生量/t	城镇人口/万人	人均COD产生量/kg	人均氨氮产生量/kg
东丽区	1 669	246	29	5.75	0.85
西青区	2 178	218	25	8.71	0.87
津南区	1 465	105	19	7.71	0.55
北辰区	3 533	353	29	12.18	1.22
武清区	2 918	297	21	13.90	1.42
宝坻区	2 472	266	17	14.54	1.56
宁河县	2 116	218	12	17.63	1.82
静海县	1 821	213	17	10.71	1.25
蓟县	3 229	323	18	17.94	1.79
全市	79 858	10 352	680	11.60	1.53

3）非点源污染排放情况统计非点源污染包括四个部分：城镇径流、农田径流、农村生活和畜禽养殖产生的污染。本次现状评价计算中，城镇径流、农田径流、农村生活与畜禽养殖污染分别采用修正单位负荷法、标准农田法、人均产污系数法与排泄系数法。2004年的非点源入河总量计算并校核结果显示，全天津市2004年氨氮入河量约为0.4万t，COD入河量约为3.1万t。市区由于大量的固体废弃物和有毒污染物沉积在不透水表面，加之部分雨水与污水管道没有分开导致该区氨氮、COD入河量最多，分别达到1022t和8846t。天津市行政区划的非点源污染负荷氨氮、COD入河排放量见表3-25。

表3-25 天津市2004年非点源污染物入河排放量　　　　（单位：t）

指标 区县	氨氮入河量	COD入河量	指标 区县	氨氮入河量	COD入河量
市区	1 022	8 846	北辰区	169	1 235
塘沽区	349	2 990	武清区	453	2 742
汉沽区	93	741	宝坻区	508	3 114
大港区	180	1 436	宁河县	241	1 665
东丽区	151	1 151	静海县	352	2 148
西青区	128	809	蓟县	453	3 124
津南区	95	614	合计	4 194	30 615

2004年天津全市氨氮排放总量约为1.91万t，COD排放总量约为15.01万t。各区县之间污染物排放呈现出不均衡性，市区排放最多。原因在于市区人口集中，工业发达，虽然污水处理设备也在这个地区集中，但是目前的污水处理设备还不能满足污水处理的需求。2004年各县区污染物排放量和污染物数据见表3-26和表3-27。

表 3-26　天津市 2004 年各区县污染物排放总量　　　　　　　　（单位：t）

区县	氨氮 点源 二产、三产	氨氮 点源 生活	氨氮 非点源	氨氮 总计	COD 点源 二产、三产	COD 点源 生活	COD 非点源	COD 总计
市区	615	6 164	1 022	7 801	13 744	37 663	8 846	60 253
塘沽区	464	1 225	349	2 038	5 004	12 336	2 990	20 330
汉沽区	163	337	93	593	1 520	3 132	741	5 393
大港区	453	387	180	1 020	3 472	5 326	1 436	10 234
东丽区	1 625	246	151	2 022	3 558	1 669	1 151	6 378
西青区	143	218	128	488	1 681	2 178	809	4 668
津南区	236	105	95	436	1 577	1 465	614	3 656
北辰区	466	353	169	988	3 134	3 533	1 235	7 902
武清区	43	297	453	793	820	2 918	2 742	6 480
宝坻区	65	266	508	839	1 500	2 472	3 114	7 086
宁河县	221	218	241	680	2 715	2 116	1 665	6 496
静海县	21	213	352	586	290	1 821	2 148	4 259
蓟县	14	323	453	791	621	3 229	3 124	6 974
小计	4 529	10 352	4 194	19 075	39 635	79 857	30 615	150 109

表 3-27　天津市 2004 年各区县污染物数据

区县	工业废水排放量/万 t	城镇生活污水排放量/万 t	工业污水 氨氮排放量/t	工业污水 COD 排放量/t	城镇生活废水 氨氮排放量/t	城镇生活废水 COD 排放量/t
市区	5 922	18 191	615	13 744	6 164	37 663
塘沽区	4 601	2 080	464	5 004	1 225	12 336
汉沽区	920	701	163	1 520	337	3 132
大港区	3 338	1 042	453	3 472	387	5 326
东丽区	1 035	604	1 625	3 558	246	1 669
西青区	1 530	226	143	1 681	218	2 178
津南区	1 136	854	236	1 577	105	1 465
北辰区	1 116	665	466	3 134	353	3 533
武清区	508	402	43	820	297	2 918
宝坻区	750	381	65	1 500	266	2 472
宁河县	991	210	221	2 715	218	2 116
静海县	241	331	21	290	213	1 821
蓟县	540	356	14	621	323	3 229
全市	22 628	26 043	4 529	39 636	10 352	79 858

4) 河道水质状况统计污染物和污水排放量的变化使得河道的水质状况较差。2004 年研究人员通过对 25 条一、二级河道的监测发现，除南运河、子牙河达到Ⅳ类水体以及黑龙港河、洪泥河、大清河、沟河达到Ⅴ类水体外，其他河流的总体水质均为劣Ⅴ类，占监测河流总数的 76%，其中自来水河、子牙新河、黑猪河污染程度最为严重。2001~2004 年全市 17 条河大水质状况见表 3-28。

表 3-28　天津市 2001~2004 年 17 条一级河流水质

河流名称	2001 年	2002 年	2003 年	2004 年
蓟运河	劣Ⅴ类	劣Ⅴ类	Ⅴ类	劣Ⅴ类
沟河	Ⅴ类	劣Ⅴ类	Ⅴ类	劣Ⅴ类
还乡河	劣Ⅴ类	劣Ⅴ类	劣Ⅴ类	劣Ⅴ类
引沟入潮	劣Ⅴ类	劣Ⅴ类	劣Ⅴ类	劣Ⅴ类
潮白新河	劣Ⅴ类	劣Ⅴ类	劣Ⅴ类	劣Ⅴ类
青龙湾河	劣Ⅴ类	劣Ⅴ类	劣Ⅴ类	劣Ⅴ类
北运河	劣Ⅴ类	劣Ⅴ类	Ⅴ类	Ⅴ类
北京排污河	干涸	劣Ⅴ类	劣Ⅴ类	劣Ⅴ类
永定河	劣Ⅴ类	劣Ⅴ类	干涸	干涸
永定新河	劣Ⅴ类	劣Ⅴ类	劣Ⅴ类	劣Ⅴ类
金钟河	劣Ⅴ类	劣Ⅴ类	劣Ⅴ类	劣Ⅴ类
子牙河	劣Ⅴ类	劣Ⅴ类	劣Ⅴ类	Ⅳ类
独流减河	劣Ⅴ类	劣Ⅴ类	劣Ⅴ类	劣Ⅴ类
大清河	劣Ⅴ类	劣Ⅴ类	Ⅴ类	Ⅴ类
南运河	干涸	Ⅳ类	Ⅳ类	Ⅳ类
马厂减河	劣Ⅴ类	劣Ⅴ类	干涸	劣Ⅴ类
子牙新河	劣Ⅴ类	劣Ⅴ类	劣Ⅴ类	劣Ⅴ类

3.2.5　水资源与水环境管理现状

以天津市水资源、水环境及经济社会实际情况为背景，研究人员对天津市涉水管理机构的机构建设、现有涉水规划、数据监测等情况进行了调查。

（1）天津市涉水机构情况

天津市主要涉水机构有天津市水务局、天津市环境保护局（环保局）、天津市市政公路管理局（市政局）、天津市城乡建设和交通委员会（市建委）及天津市海洋局等。另外，与水务局合署办公、分别挂牌的还有引滦工程管理局、天津市节水办公室。天津市环保局内设水环境保护处，与水环境保护处合署办公的还有海洋环境保护办公室和引滦水资源保护办公室，市建委下设天津市景观河道管理办公室，市政局下设天津市排水管理处，海洋局下设监察室、海洋环境处。天津水资源环境管理部门按照国家法律法规关于水资源环境管理的规定，都有各自的职责（表 3-29）。

表 3-29　天津市水资源环境管理部门管理职责

职能部门	基本职能	法律法规依据
天津市水务局	负责环境水流量中的水量，对现状水流量开发、利用、保护、管理、协调、配制、节水等方面工作负责	《中华人民共和国水法》（主席令第七十四号）
天津市环境保护局	负责全市水污染防治统一监督、水环境质量监测、水污染防治规划编制、水质监管	《中华人民共和国水污染防治法》（主席令第八十七号）
天津市市政公路管理局	负责天津市环境水流量使用后的排出、收纳、污水处理厂运行、处理后的出水回用及编制排水规划等工作	《天津市城市排水和再生水利用和管理条例》
天津市城乡建设和交通委员会	天津市城市建设的牵头单位，指导相关城市供水、防洪抗灾、城市排水、地下水及景观河道管理等方面工作	《天津市城市供水用水条例》
天津市海洋局	负责天津市近岸海域水质污染防治等工作	《中华人民共和国海洋环境保护法》（主席令第二十六号）

（2）现有涉水规划情况

水资源及水环境保护规划（简称"涉水规划"）是我国各级政府把水资源及水环境保护与管理纳入综合决策的重要手段，是水行政及环境保护部门组织推动水资源环境保护与管理的重要依据。

天津市现有涉水规划包括水资源保护管理规划、节水用水规划和水环境保护规划三个方面，基本形成了比较完整的涉水规划体系，主要规划见表 3-30。

表 3-30　天津市水资源与水环境主要规划及实施汇总一览表

规划名称	级别	批复单位	批复时间	编制单位	实施时间段 近期	实施时间段 中期	实施时间段 远期
海河流域水污染防治"十五"计划	流域	国务院	2003.3.4	国家环境保护部环境规划院等	1995~2000 年	2001~2005 年	2006~2010 年
南水北调东线工程治污规划	跨流域	国务院	2003.10.2	国家环境保护部环境规划院等	2001~2008 年	2009~2013 年	—
海河流域天津市水污染防治规划	区域	天津市政府	1999.8.16	海河流域天津市水污染防治规划编制组	2000~2002 年	2003~2005 年	2006~2010 年
渤海（天津）碧海行动计划	跨流域	国务院	2001	国家环境保护部	2002~2005 年	2006~2010 年	2011~2015 年
天津市碧水工程实施方案	区域	天津市政府	2002.5.9	天津市环境保护局等	2002~2005 年	2006~2010 年	2011~2015 年
21 世纪初期天津市水资源可持续利用规划	区域	*	*	天津市水务局	2000~2005 年	2006~2010 年	2011~2015 年
天津市南水北调城市水资源规划	区域	*	*	天津市南水北调城市水资源规划编制组	2003~2005 年	2006~2010 年	2011~2030 年

续表

规划名称	级别	批复单位	批复时间	编制单位	实施时间段 近期	实施时间段 中期	实施时间段 远期
天津市中心城区河湖水系沟通与循环规划	区域	天津市政府	2002.11.4	天津市水务局	2002~2005年	—	2006~2015年
天津利用海水改善滨海新区水环境规划	区域	天津市政府	2002.12	天津市水务局	2004~2007年	—	2008~2010年
天津市中心城区再生水资源规划	区域	*	*	天津市市政公路管理局等	2004~2010年	—	2011~2020年
海河流域天津市生态环境修复水资源保障规划	区域	*	*	天津市水务局	2004~2010年	2011~2020年	2021~2030年
天津市建设节水型社会规划	区域	*	*	天津市水务局	2004~2007年	2008~2010年	—
海河流域天津市水功能区划方案报告	区域	天津水利局	2004	天津市水务局	2004年	—	—
天津市市属河道、水库环境功能区划方案	区域	天津市政府	1998.12.31	天津市环保局	1998年	—	—

*未查到批复单位和批复时间。

从现有涉水规划情况看，天津市基本形成了比较完整的水资源及水环境保护规划系统。现有涉水规划基本上是由水利、环境保护两个部门分别编制，涉水规划的目标基本一致，无论水利部门还是环境保护部门的规划均以改善水环境质量、防治污染、修复生态为主要目标。不同的是环境保护部门制定规划的目标重点关注重达标排放及断面水质等方面，而水利部门制定规划的目标重点关注水量及供水安全等方面。虽然这在水质和水量管理上互相补充，但也存在水利部门和环境保护部门分别就水资源量和水环境质量分别规划及对水功能区划规划的重叠等弊端。

3.2.6 水资源与水环境存在的问题

(1) 资源型缺水极为严重，供需矛盾突出

从水资源情况来看，多年平均情况下，天津当地人均水资源量仅为 160 m^3，加上入境水及引滦水，人均水资源量也不足 370m^3，且时空分布很不均匀，水资源开发利用难度较大，属于典型的重度资源型缺水地区。随着气候变化和上游用水量的增加，将来入境水量和引滦水还会进一步减少。加上滦河流域和海河流域同枯的几率较高，更加剧了本区域内水资源供需矛盾。

随着天津市经济的快速发展，水资源供需矛盾日益突出。近些年来不得不牺牲农业和生态并多次启动引黄应急供水，以保城市生活和工业用水。同时，为缓解用水紧张局面，武清区、宝坻区等地区引用上游污水进行灌溉，近郊区也存在着不同程度的污水灌溉问题，对农产品质量造成一定影响。

（2） 区域综合 ET 大于目标 ET，无法保证区域水资源可持续利用

为实现严重缺水的天津市水资源的可持续利用，区域发展模式要适应当地水资源条件。区域实际 ET 要尽可能小于或等于目标 ET，才能保持区域水资源的可持续利用。但从天津市多年情况来看，受当地降水量和上游入境水量衰减的影响，1956~2004 年系列目标 ET 值总体呈现逐渐下降的趋势（表3-15）。特别是进入 20 世纪 80 年代以后，当地降水量和上游入境水量大幅减少，引起目标 ET 大幅减少，导致 1980~2004 年 25 年系列实际 ET 超过目标 ET 达 43.4mm（表3-16），超出的 ET 只能靠过度引用地表水、超采地下水来解决，不仅引起了入海水量减少和地下水位大幅下降，同时造成了河流、湖泊、湿地等的萎缩等问题。因而必须采取各种节水措施减少实际 ET 的产生量，缓解水资源过度开发造成的一系列生态环境问题。

（3） 水环境形势严峻，需加大保护和治理力度

尽管天津市已在保护和改善水环境方面做出了很大的努力，但水环境形势依然严峻，主要体现在以下三方面：第一方面是污染物的大量汇入严重超过水环境承载能力，导致天津市地表河流水质污染严重，除饮用水输水河道引滦、引黄水质基本达到地表水 Ⅱ~Ⅲ 类标准外，绝大部分水域为 Ⅴ 类或劣 Ⅴ 类水质。第二方面是由于陆域污水高排放，造成天津市近海海域水质状况受到严重干扰，海区赤潮频发，赤潮每年发生一到两次，并呈多种颜色；同时近海海域也出现不同程度的富营养化，2003 年天津海域发生富营养化的水域占到全部监测海域的 45%，近海海域水质现状堪忧。第三方面从污染源排放的角度来看，工业污水的排放标准与减排目标、水环境改善存在矛盾，水污染处理设施老化运行不稳定，城镇排水管网不配套，污水处理厂建设任务十分迫切，再生水回用率低，地表径流污染严重，畜禽养殖大多为散养，农村生活污水无合理排放去向。鉴于天津市严峻的水环境形势，急切需要深入研究天津市污染物的产生及运移机理并提出针对性措施以改善水环境质量。

（4） 水资源过度开发和污染大量排放，致使水生态恶化

为满足日益增长的经济社会用水需求，天津在大力推进各业节水和实施外调水的基础上，不断提高当地水和过境水的开发利用程度。目前水资源开发利用程度已经远远超出其水资源承载能力，地下水超采严重，河道常年断流，湖泊湿地萎缩，入海水量大量减少等。同时，各种污染物的大量排放也使得天津市水生态呈现出逐渐恶化的趋势，主要表现在以下四个方面：①河道断流与干涸天数增长，天然湿地不断萎缩与干枯。近几十年来，人口骤增、经济迅速发展使天津市对水资源的需求急剧加大，加之当地降水和上游来水减少，造成河流断流、湿地的补给受阻、湿地逐渐干涸。②近岸海域生态系统被破坏。天津近岸海区入海径流近几十年来急骤减少，"十五"期间只有蓟运河防潮闸断面达到相应水质标准，入海断面中除海河大闸在汛期有入海径流外，其他断面多为污水泵站排出的污水，均处于超标状态。③地下水超采。天津市地下水超采已经造成地下水位大幅下降、地面沉降、河流及湿地水分补给受阻等一系列水生态问题，武清区河西务、崔黄口及宝坻区周良庄、林亭口以南，面积约 8988km² 的区域地面沉降年均速率均超过 10mm。④景观水体水生态功能难以保障。由于水资源短缺、河道无径流、雨污分流不彻底、汛期污水混入、底质污染物释放、部分河道因改造使底质硬化等原因，致使水生生态功能缺失，其中水体自净能力低下是市区景观河道水体可持续利用的主要制约因素。

（5）水管理体制和管理手段有待改进

在涉水管理机构的机构建设方面，尽管天津市现有的涉水管理机构在分工合作以及相互协调方面已经取得了一定成效，但是尚未建立统一、高效的水管理体制。部门间管理协调不足，多部门分头、分段、分块管理，虽有分工，也难免出现工作交叉、政出多门等问题。除体制上的原因之外，也有机制、制度方面的原因，比如缺乏综合协调机制、信息共享机制。

在现有涉水规划方面，天津市现行的涉水规划主要是由水利局、环保局分别根据各自的职能范围制定的，存在重叠和矛盾现象。因此，水资源和水环境规划有待水利与环保部门联合编写制定，使规划更加切实可行。

3.3 规划目标、任务及依据

3.3.1 规划目标

坚持以 ET 为核心的水资源与水环境综合规划理念，通过"自上而下、自下而上、纵横协调"的工作方法，在以往研究经验和成果的基础上，编制天津市水资源与水管理综合规划，为天津市水资源与水环境的可持续发展提供新思路。通过实施这一规划，旨在解决天津市现存的水资源短缺、水环境污染和水生态恶化三大重要水问题。具体规划目标如下：

1）地下水超采控制目标。全市地下水超采量近期减少10%，远期实现采补平衡。

2）水环境修复目标。全市典型污染物（COD和氨氮）入河排放量近期减少10%，远期达到水功能区的纳污总量要求。

3）水生态修复目标。全市饮用水源功能区水生态系统近期不再恶化，保持中营养结构水平，远期趋于良性发展；保证全市河湖湿地等生态系统基本用水量，保证入海水量，全面改善陆域和近岸海域的水生态状况。

3.3.2 规划任务

按照上述目标，确立规划的主要任务为：

1）基线调查。对天津市水资源、水环境和水生态现状进行系统调查和深入分析，揭示天津市水资源、水环境与水生态存在的主要问题。

2）构建模型平台。构建适用于天津市的水资源与水环境综合模型平台，对各种方案情景下天津市水循环及水环境状况进行模拟，为实现规划目标提供模拟工具。

3）制定水资源利用方案。从天津市整体和全局出发，根据基于ET的水资源与水环境规划理念，在各行业之间合理分配不同的可利用水源，以达到未来规划水平年ET控制和地下水压采目标。

4）制定国民经济节水方案。根据相关规划，预测未来水平年天津市经济社会可能的发展水平，根据 ET 控制目标和行业用水需求，制定各行业的节水方案。

5）制定水污染控制方案。针对天津市水环境状况，依据水功能区纳污能力，制定点源、非点源水污染控制方案。

6）制定水生态修复方案。针对天津市的水生态状况，根据不同区域水生态存在的问题，有针对性地制定水生态修复方案。

7）提出方案实施的保障措施。根据未来水平年相应的规划方案，提出具体的实施措施，保证规划目标的顺利实现。

3.3.3 规划依据

规划编制的主要基础和依据包括两个方面：一是国家和地方性法律法规、国民经济与社会发展规划、水资源综合和专项规划以及其他部门专项规划；二是基础数据支撑，包括水文、水资源、水环境、水生态和经济社会数据。

上述两个方面的规划基础和依据可进一步划分为七大类，分别是：①国家和部、市级法律法规；②国家和部级综合规划、专项规划；③流域和地方综合规划、专项规划；④国家和天津市地方标准；⑤天津市水文气象、水环境与水生态监（遥）测数据；⑥天津市年鉴；⑦天津市年报/台账。下面是参考的基础和依据。

（1）国家和部、市级法律法规

本次规划依据的国家和省、部级法律法规，共计 12 部：

1）《中华人民共和国水法》（2002）。
2）《中华人民共和国水污染防治法》（2000）。
3）《中华人民共和国海洋环境保护法》（1999）。
4）《中华人民共和国防治陆源污染物污染损害海洋环境管理条例》（1990）。
5）《国务院批转节能减排统计监测及考核实施方案和办法的通知》（国发［2007］36号）。
6）《取水许可管理办法》（2008）。
7）《近岸海域环境功能区管理办法》（1999）。
8）《天津市实施〈中华人民共和国水法〉办法》（2006）。
9）《天津市节约用水条例》（2003）。
10）《天津市城市排水和再生水利用管理条例》（2003）。
11）《天津市水污染防治管理办法》（2004）。
12）《天津经济技术开发区使用新水源暂行办法》（2002）。

（2）国家和部级综合规划、专项规划

本次规划依据的国家和部级综合规划和专项规划，共计 12 部：

1）《中华人民共和国国民经济和社会发展第十一个五年规划纲要》（2006）。
2）水利部《南水北调工程总体规划》（2002）。

3）水利部《北方地区水资源总体规划纲要》（2000）。

4）水利部《全国灌溉发展"十五"计划及2010年规划》。

5）水利部《全国节水灌溉"十五"计划及2010年发展规划》。

6）水利部水资源司等《全国节水规划纲要（2000—2010年）》（2002）。

7）水利部《全国水资源综合规划技术细则》（2002）。

8）国家环境保护局、国家计划委员会、国家经济贸易委员会《国家环境保护"九五"计划和2010年远景目标》（1996）。

9）国家环境保护总局、国家发展和改革委员会制定的《国家环境保护"十一五"规划》（2007）。

10）国家计划委员会《全国生态环境建设规划》（1999）。

11）国家环境保护总局《全国生态环境保护纲要》（2000）。

12）国家环境保护总局、国家海洋局、交通部、农业部、海军及天津市、河北省、辽宁省、山东省四省市《渤海碧海行动计划》（2001）。

（3）流域和地方综合规划、专项规划

本次规划所依据的天津市市级综合规划和专项规划，共有23部：

1）水利部海河水利委员会《海河流域水资源规划（2000—2030年）》。

2）海河流域水污染防治规划编制组《海河流域水污染防治"十一五"规划》。

3）北京市、天津市、河北省等7省市《南水北调城市水资源规划（1999—2030年）》。

4）天津市人民政府《天津市国民经济和社会发展第十一个五年规划纲要》。

5）天津市人民政府《天津市城市总体规划（1999—2010年）》。

6）天津市人民政府《天津市城市总体规划（2004—2020年）》。

7）天津市人民政府《天津市滨海新城市总体规划》。

8）天津市人民政府《批转市环保局关于我市"十一五"水污染防治工作意见的通知》。

9）天津市人民政府《批转市环保局拟定的天津市"十一五"水污染防治实施方案的通知》。

10）天津市发展与改革委员会《天津滨海新区国民经济和社会发展"十一五"规划纲要》。

11）天津市发展与改革委员会、水利局《天津滨海新区水资源综合规划（2004—2020年）》。

12）天津市发展与改革委员会《天津市南水北调中线市内配套工程总体规划（1998—2010年）》。

13）天津市发展与改革委员会、水利局《天津市中长期供水水源规划（2000—2020年）》。

14）天津市水利局《天津市水利发展"十一五"计划》。

15）天津市水利局《天津市"十一五"节水灌溉发展规划》。

16）天津市水利局《天津市节水型社会建设试点规划（2003—2020 年）》。
17）天津市水利局、环保局《海河流域天津市水功能区划报告（2008 年）》。
18）天津市环保局、天津市水利局、天津市市政局《海河流域天津市水污染防治规划（2006—2010 年）》。
19）天津市环保局《天津生态市建设规划纲要（2006—2015 年）》。
20）天津市市政工程局《天津市中心城区再生水资源利用规划（2002—2010 年）》。
21）天津市水资源综合规划编制组《天津市水资源综合规划（2004—2030 年）》。
22）二十一世纪初期水资源支持天津市可持续发展规划编制组《二十一世纪初期水资源支持天津市可持续发展规划（2002）》。
23）天津市南水北调城市水资源规划编写组《天津市南水北调城市水资源规划报告（2001）》。

（4）国家和天津市地方标准

本次规划依据的国家和地方标准，共计 12 部：
1）《地表水环境质量标准》（GB 3838—2002）。
2）《污水综合排放标准》（GB 8978—1996）。
3）《城镇污水处理厂污染物排放标准》（GB 18918—2002）。
4）《城市污水再生利用 分类》（GB/T 18919—2002）。
5）《城市污水再生利用 城市杂用水水质》（GB/T 18920—2002）。
6）《城市污水再生利用 景观环境用水水质》（GB/T 18921—2002）。
7）《城市供水水质标准》（CJ/T 206—2005）。
8）《农田灌溉水质标准》（GB 5084—92）。
9）《渔业水质标准》（GB 11607—89）。
10）《海水水质标准》（GB 3097—1997）。
11）天津市质量技术监督局《天津市农业用水定额》（DB12/T 159.01—2003）。
12）天津市环境保护局与天津市质量技术监督局《天津市污水综合排放标准》（DB12/356—2008）。

（5）天津市水文气象、水环境与水生态监（遥）测数据

本次规划主要依据的天津市区域水文气象、水环境与水生态监（遥）测数据如下：
1）海河流域水文年鉴（1956~1991 年）。
2）天津市降水资料（1956~2004 年）。
3）天津市气象资料（1956~2004 年）。
4）天津市主要河流控制断面流量资料（1956~2004 年，有间断）。
5）天津市地表水水质监测资料（1995~2005 年，有间断）。
6）天津市工业与城镇生活氨氮、COD 产生排放量（1995~2004 年）。
7）天津市农药、化肥施用情况（1998~2004 年）。
8）天津市 1km 精度 ET 影像（2002~2007 年）。
9）天津市宝坻区、宁河县、汉沽区 3 个示范区县 30m 精度 ET 影像（2002~2007

年)。

(6) 天津市年鉴

本次规划依据的年鉴资料主要有:

1) 天津 50 年年鉴 (1949~1998 年)。
2) 天津农村 50 年年鉴 (1949~1998 年)。
3) 天津市统计年鉴 (1997~2004 年)。

(7) 天津市年报/台账

本次规划依据的年报/台账资料主要有:

1) 天津市水资源公报 (1997~2004 年)。
2) 天津市水利统计资料 (1956~2002 年)。
3) 天津市水利工程资料汇编 (1993 年)。
4) 天津市农业资源数据汇编 (1986 年)。
5) 天津市环境统计资料汇编 (2001~2004 年)。
6) 天津市环境质量报告书 (1991~2004 年)。
7) 于桥水库入库洪水过程计算表 (1999~2006 年)。
8) 天津市一级河道情况。
9) 宁河县二级河道情况。
10) 宝坻区二级河道情况。
11) 天津市大中型水库基本情况。
12) 天津市小型水库基本情况。
13) 天津市分、滞洪洼淀基本情况。
14) 天津市机井工程情况。

3.3.4 规划水平年

现状年: 2004 年。
近期水平年: 2010 年。
远期水平年: 2020 年。

3.4 技术路线

在水文学、水资源学、环境科学、生态学、经济学和管理学等多学科理论的支撑下,综合运用二元分布式水循环模拟技术、水资源配置与调控技术、污染控制技术、生态修复技术、地理信息技术(包括 GIS、RS 和 GPS 技术)和计算机建模技术,在野外踏勘调查、室内模拟分析与专家咨询相结合的基础上完成研究。

技术路线为"信息采集—模型构建—方案制定—综合管理"(图 3-4)。具体包括以下 6 个步骤:①收集信息进行现状分析,即开展流域/区域经济社会调查、水资源量调查、

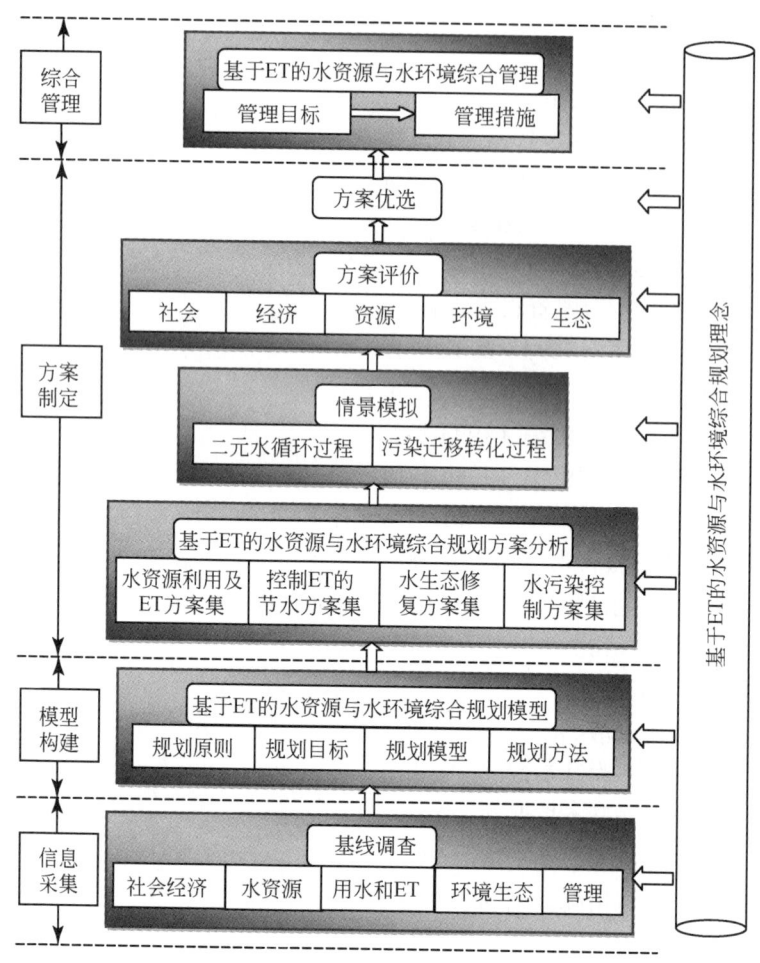

图 3-4 水资源与水环境综合规划技术路线

用水和耗水（ET）调查、水生态调查、排污和水质调查、水资源和水环境管理调查，从 ET 控制的角度揭示水资源管理中存在的问题，同时揭示水环境和水生态问题；②构建规划模型，即根据基于 ET 的水资源与水环境综合规划的原则、目标要求，构建体现基于 ET 的水资源管理和水资源与水环境综合管理理念的规划模型，提出基于水循环与污染迁移转化动态耦合模拟基础上的决策思路；③进行方案分析，即通过对各种水资源利用及 ET 控制方案、控制 ET 的节水方案、水生态修复方案、水环境修复方案进行分析，综合形成备选的规划方案集；④开展情景模拟，即在基于 ET 的水资源和水环境综合规划模型基础上，计算各种备选方案情景下水循环和污染迁移转化的情况，为进行规划方案评价优选提供基础；⑤进行方案评价，即在情景模拟的基础上，根据基于 ET 水资源与水环境综合规划的原则和规划目标，对各种备选方案进行比选，提出各方都满意的推荐方案；⑥制定管理方案，即根据推荐方案提出天津市水资源与水环境综合管理的总体目标和具体指标，并提出相应切实可行的管理措施，支撑天津市经济社会持续发展。在各部分的执行过程中始终将基于 ET 的水资源与水环境综合规划理念贯彻其中。

第4章　天津市水循环与水环境耦合模型平台

本章针对天津市高强度人类活动区域水利工程星罗棋布、河道纵横交错、社会水循环通量大、地表地下水转换复杂、污染来源复杂、污染排放量大等六大特点，基于ET控制理念和"自然–人工"二元水循环理论，构建了天津市基于ET的水资源与水环境综合模型平台（TJ-EWEIP），建立了高强度人类活动地区水资源与水环境综合模拟体系，实现人工水循环与自然水循环耦合模拟、地表水和地下水耦合模拟、水量和水质耦合模拟，为基于ET的水资源与水环境综合规划提供全面支撑。

4.1　平台结构

结合天津水循环和水环境特点研究构建的TJ-EWEIP由分布式水文模型SWAT、分布式地下水模型MODFLOW及水量水质优化配置模型AWB组成。其中AWB模型为本研究组自主开发的水量水质优化配置模型，SWAT模型和MODFLOW模型则是在现有模型的基础上，经部分改进，加入耦合模型平台的，平台基本构架如图4-1所示。

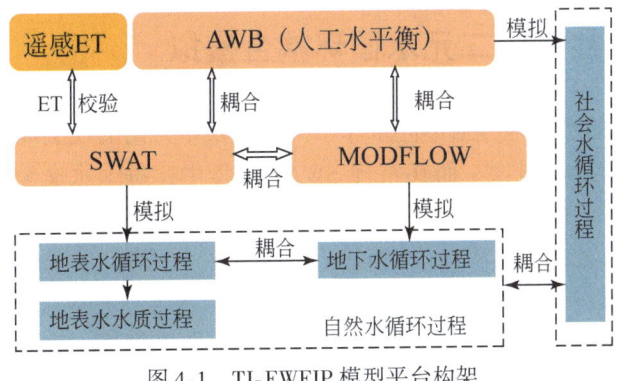

图4-1　TJ-EWEIP模型平台构架

4.2　模拟原理

4.2.1　子模型耦合关系

TJ-EWEIP的三个子模型在运用中相互耦合，输入、输出数据不断反馈、修正，具体请参见图2-3。其中AWB模型在供用水边界条件下对区域水资源优化调度，控制着区域水资源的迁移转化，是人工水循环的描述，也是实现区域水资源高效利用的关键，而其供用水边界条件便来自SWAT模型和MODFLOW模型。SWAT模型和MODFLOW模型是综合模拟模型的基础，刻画"自然-人工"二元水循环过程及各时段水循环转化通量。通过SWAT模型和MODFLOW模型为AWB模型提供实时的水资源边界情况，并对AWB模型调控人工供用耗排情况后的区域水循环和水环境作出响应，从而达到区域水资源的高效及合理利用。在模拟现实情景和模型验证阶段，SWAT模型和MODFLOW模型可以不依赖AWB模型的输出，但在方案模拟中AWB模型给出的水资源及污染控制结果需要通过SWAT模型和MODFLOW模型进一步模拟、分析和评价，并为方案调整及AWB模型模拟提供新的供用水边界条件。

4.2.2 "地表-地下"水循环耦合模拟

由于天津市所在区域地下水开采严重，地下水垂向、侧向交换通量比较大，由于SWAT模型不能模拟地下水侧向运动，本书采用SWAT模型和MODFLOW模型耦合模拟区域水循环变化情况。应用SWAT模型根据DEM划分子流域进行区域产汇流计算，应用MODFLOW模型根据地质资料剖分计算单元。由SWAT模型根据水平衡方程计算各子流域的水资源量，将计算出的各子流域内的地下水入渗量输入MODFLOW模型中，并将AWB模型计算出的地下水开采量输入MODFLOW模型，利用MODFLOW模型计算出区域地下水变化情况，最终完成"地表水-地下水"水循环耦合模拟。

4.2.3 "自然-社会"二元水循环耦合模拟

由于AWB模型的水源地包括不同水库、河道以及单元内的浅层地下水和深层地下水，水源地供水量时间变异性很大。而在常规SWAT模型中，每个水文响应单元（HRU）在全部计算时段只能固定在单一水源地取水，若该水源地在某些时段供水不足，即使流域中其他水源地有盈余水量，也无法保证该HRU的灌溉取水需求。因而采用改进的SWAT模型灌溉取水计算模块，并使得模型中HRU内的多个水源地与相应配置单元内的水源地一致。模型在运行过程中可以在不同时段从不同水源地取水灌溉，避免了某一水源过度利用、其他水源未被利用的局面，适应了配置模型的多种水源和水源地供水量时间变异性大的特征，所配置的各水源得到充分利用。根据实际情况，对SWAT模型中井渠双灌区的单元在不同时段指定来自不同水源的灌溉量，水源地和灌溉量的制订符合配置要求。将AWB模型的结果通过空间和时间展布，输入改进的SWAT模型，利用SWAT模型计算得到在配置结果下不同空间尺度的农业灌溉量和ET以及其他相关结果。

（1）SWAT模型与AWB模型在农业用水方面的耦合

农业用水的合理展布是SWAT模型与AWB模型耦合的关键。由于AWB模型生成的是各区（县）逐月的各行业用水量，而SWAT作为分布式水文模型，是以HRU为基本计算单元，因此需要建立SWAT模型的HRU与AWB模型的各区（县）的空间拓扑关系和时间对应关系，将配置结果的月用水量展布为 SWAT 模型的单日灌溉水量，同时还要符合 AWB 模型中水源类型的变化。

1）灌溉水量的空间展布。根据 SWAT 模型划分的子流域，在 GIS 软件中建立 SWAT 模型的子流域和配置模型的区（县）的空间位置的对应关系，进而得到各子流域中 HRU 所属区（县）。随后根据调查结果确定各 HRU 作物类型，在区（县）内累加相同作物 HRU 的面积计算出各区（县）每种作物的面积，得到各 HRU 在各区（县）内对应作物的面积权重。根据调查取得配置时段每个区（县）各种作物的灌溉定额和区（县）内各作物面积，按照区（县）内各作物缺水率相同的方式，计算得各区（县）各作物的配水权重系数，将配置的水量按权重分配到各 HRU，得到 SWAT 模型各月各 HRU 灌溉水量。根据当月该 HRU 所在区（县）各水源配置的水量，对于存在多水源灌溉的 HRU，按照水资源合理配置和保护地下水的原则，先指定来自地表水源（河道和水库）的灌溉水量。若该月配置的地表水已取完，则开始指定地下水源（浅层和深层地下水）的灌溉水量。其他单水源地区，直接指定相应水源地的灌溉水量。

2）灌溉水量的时间展布。上述空间展布方式可以计算出每个 HRU 各月来自各水源的灌溉水量，随后依据历史灌溉制度中各次灌溉的日期，将空间展布的灌溉水量分配到每次灌溉中，得到各 HRU 每次灌溉的相应水量。通过上述改进，使配置模型输出的区（县）尺度上的月灌溉用水量成为 SWAT 模型 HRU 尺度上的各次农业灌溉用水量，灌溉管理的空间尺度显著缩小，同时满足了灌溉水源的时空变异性。

(2) 耦合模型对非农业用水的处理

重点研究农业用水，但流域内非农业部门（包括二产、三产和生活用水）用水量同样较大，且水源地与农业用水部分重合，这些部门的取用水会对 SWAT 模型中农业灌溉水源地的供水能力产生影响。对于存在这部分用水的区域，将配置的非农业部门用水从模型中的指定的水库和外调水所注入的点源等取水集中区移除，取水量和取水点由配置模型指定。排水过程则以注水点的方式模拟，排水量通过耗水率和所配置的水量计算，排水点由配置模型指定。这样保证了 SWAT 模型的取用水过程与实际取用水过程或者配置过程一致。

4.2.4 水量水质耦合模拟

总体说来，SWAT 模型用于模拟地表水水量、水质，MODFLOW 模型用于模拟不同情景下天津市地下水量的改变及水位的变化，AWB 模型用于模拟不同水平年社会水循环和污染控制。具体步骤如下：

1）以历史的水文系列（1980～2004 年）作为输入，调用 SWAT 和 MODFLOW 模型，得到长系列水资源状态，将该状态参数作为未来水平年水资源调控的边界条件；以现状的污染排放为输入，调用 SWAT 模型，得到现状条件下水环境状态，将该状态参数作为未来水平年污染调控的边界条件。

2）将未来水平年水资源与水环境边界条件输入 AWB 模型，制定 2010 和 2020 水平年的供需水及污染控制方案。

3）将未来水平年配水和污染控制方案输入 SWAT 和 MODFLOW 模型中，得到未来水平年的水循环状态和水环境状态，分析未来水循环状态和水环境状态的合理性和可行性，进而调整方案。

4）根据优选方案提出区域水资源与水环境管理七大总量控制指标。

4.3 平台构建

4.3.1 AWB 模型构建

（1） 模型输入数据

天津市 AWB 模型主要模拟现状情景和规划方案情景下的水平衡过程，模型输入的数据分别来自调查资料、SWAT 输出数据及 MODFLOW 输出数据，主要包括以下几项输入数据。

流域人工侧支水循环包括供水、用水、耗水、排水等方面，涉及的输入数据包括用水方式和用水量、单元水文气象数据、供水工程、单元之间的供水、弃水关系文件、工程参数、非常规水利用量等。由于获取的数据与模型数据的时间尺度和空间尺度的不同，需要采用一定的展布方式将上述数据输入模型。如假设人工侧支单元的生活、工业用水量年内各月保持不变，非常规水用量年内保持不变。

用水数据：各时段单元生活（农村、城市）、生产（工业、农业）及生态（河道内生态、河道外生态）的用水量和用水方式。

水文气象数据：包括水库与河道水库的入流系列、水库与河道水库的水质系列、河道入海总量系列、各计算单元的当地径流系列、各计算单元的水面蒸发系列。

工程参数：包括各大水库的特征参数及时空供水范围、当地中小型水库参数及时空供水范围、渠道过流能力。

工程关系：供水工程之间的供水及弃水关系、供水工程与单元直接的供水及弃水关系、单元与单元之间的弃水关系。

地下水参数：各时段单元地下水降雨入渗、灌溉入渗、浅水蒸发、浅水可利用量系列、渗透系数、给水度、地下水深层水可利用量系列等。

环境及生态参数：河道控制断面目标流量、污水处理率、污水回用率等等。

其他参数：非常规水（雨水、再生水、海水淡化、微咸水）的利用量、各用水部门回归系数。

（2） 模型构建

天津市 AWB 模型，主要模拟社会水循环及污染物控制过程。在水资源系统描述方面，采用了多水源（地表水、地下水、再生水、海水、微咸水、雨水等）、多工程（蓄水工程、引水工程、提水工程、污水处理工程等）、多水传输系统（包括地表水传输系统、弃水污水传输系统等）的系统网络描述法。该方法使水资源系统中的各种水源及污染物在各处的分布情况及来去关系都能够得到客观、清晰的描述。

通过对天津市水资源系统的分析，根据常用的水资源三级区嵌套县市的方法，将天津市分为 15 个人工侧支计算单元，单元属性如表 4-1 所示，各计算单元通过天然或人工河道连接，河道上还包括汇流节点、水库节点以及外调水供水节点和非常规水供水节点。在 AWB 水资源优化配置计算中以人工侧支计算单元作为基本的计算单元，以月为计算时段，其水资源供用排系统网络图见图 4-2。

表 4-1 计算单元属性

单元号	单元名	中文名	乡镇数	面积/km²
1	MAJX	蓟县山区	12	727
2	PAJX	蓟县平原	16	863
3	PABD	宝坻区	22	1 510
4	PANH	宁河县	18	1 431
5	PAHG	汉沽区	5	442
6	PAWQ	武清区	30	1 574
7	PABC	北辰区	3	160
8	PBBC	北辰区	9	319
9	PBXQ	西青区	10	564
10	PBCQ	城区	6	168
11	PBJN	津南区	8	389
12	PBDL	东丽区	13	479
13	PBTG	塘沽区	17	758
14	PBDG	大港区	12	1 056
15	PBJH	静海县	18	1 480

注：前两个字母中，MA 代表北三河山区，PA 代表北四河平原区，PB 代表大清河淀东平原区，后两个字母代表计算单元名称的首写字母。

4.3.2 SWAT 模型构建

SWAT 是由美国农业部（USDA）的农业研究中心开发的，是一个具有很强物理机制的、长时段的流域水文模型，在加拿大和北美具有广泛的应用。它能够利用 GIS 和 RS 提供的空间信息，模拟复杂大流域的多种不同水文物理过程，包括水、沙和化学物质的输移与转化过程。研究选择 SWAT2000 作为模拟程序，根据研究区实际情况适当改进，利用成熟的可视化界面 AVSWAT 进行建模和模型调整。

(1) 模型输入数据

模型地表水水量方面需要的数据包括：模型的空间数据包括 3′分辨率的 DEM、1∶25

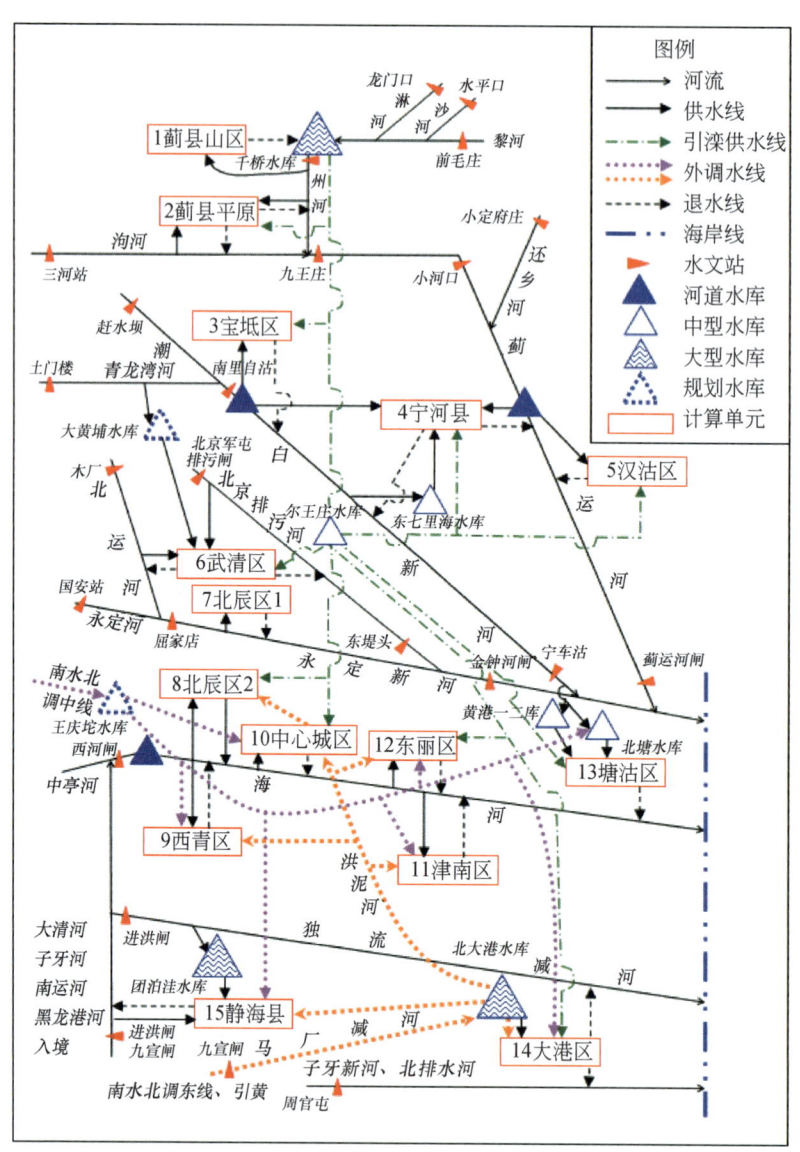

图 4-2 天津市水资源系统网络示意图

万的数字水系、研究区内 1:100 万的土壤图及 17 种土壤属性、1:10 万土地利用图分别见图 4-3、图 4-4、图 4-5、图 4-6，16 种植被参数数据见表 4-2；10 个国家气象站点（承德市、怀来县、保定市、德州市、惠民县、乐亭县、北京市、沧州市、唐山市、天津市）的实测逐日气象数据（包括降水、气温、风速、太阳辐射量和相对湿度），站点分布如图 4-7 所示，26 个雨量站的降水资料，站点分布如图 4-8 所示；7 个水文站的实测流量资料、3 个大型水库、11 个中型水库的参数及调度资料，逐年生活工业地表水、地下水取用水数据；与作物管理措施有关的灌溉制度、灌溉水源、作物种植时间、收割时间等各项参数等。其中，气象数据来源于国家气象部门，雨量、水文、用水数据来自天津市水利局和水文监测中心，DEM 数据来源于 http://srtm.csi.cgiar.org/网站，数字水系图、土壤图、土地利用图来源于中国科学院等部门的研究成果。

模型地表水水质方面资料包括：各县区用水量、污染物排放量及农药化肥的年份统计资料（用水及污染物为有限点分布）。

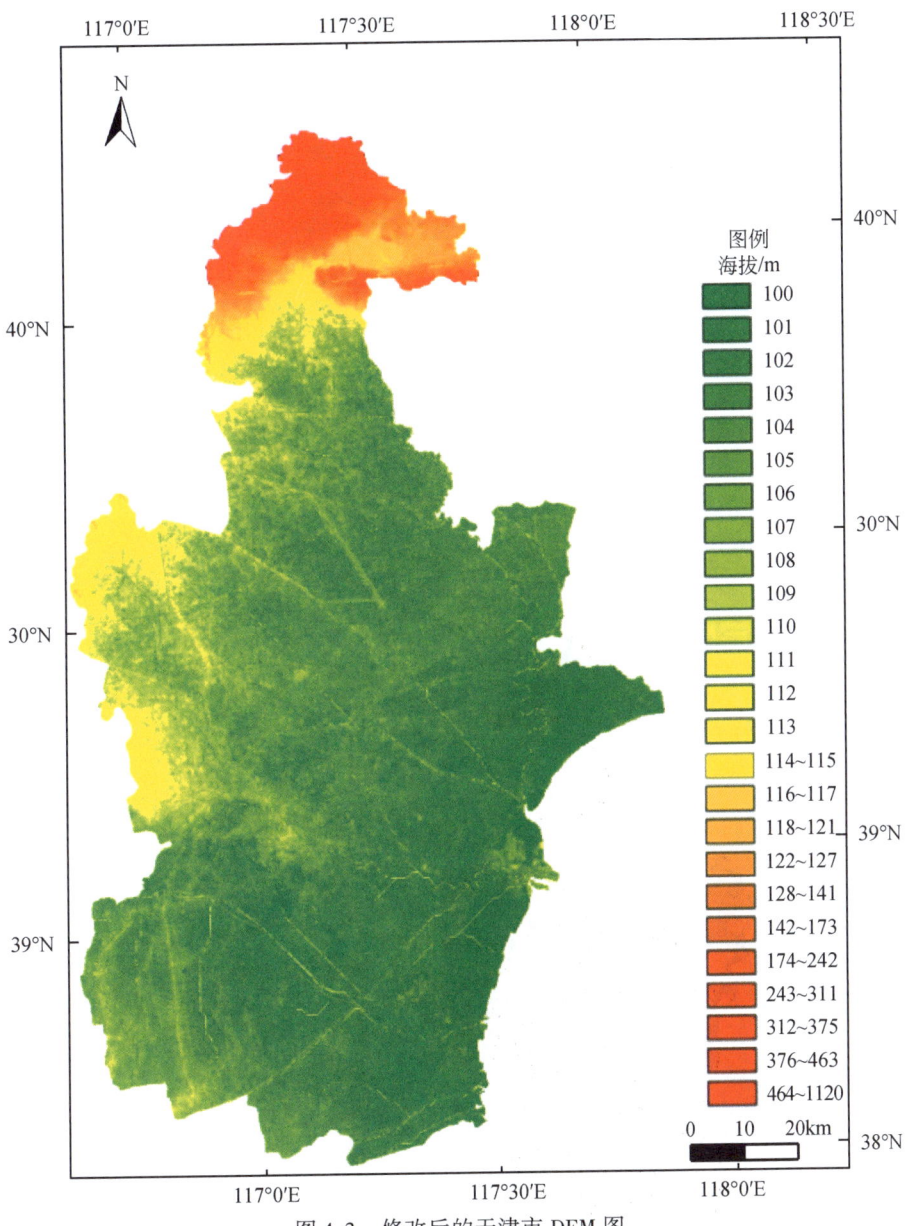

图 4-3 修改后的天津市 DEM 图

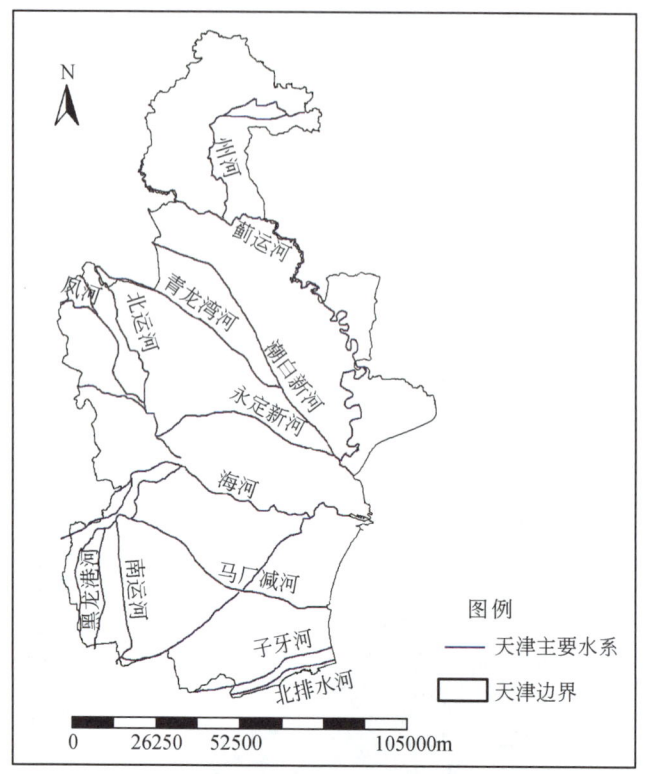

图 4-4　天津市水系图

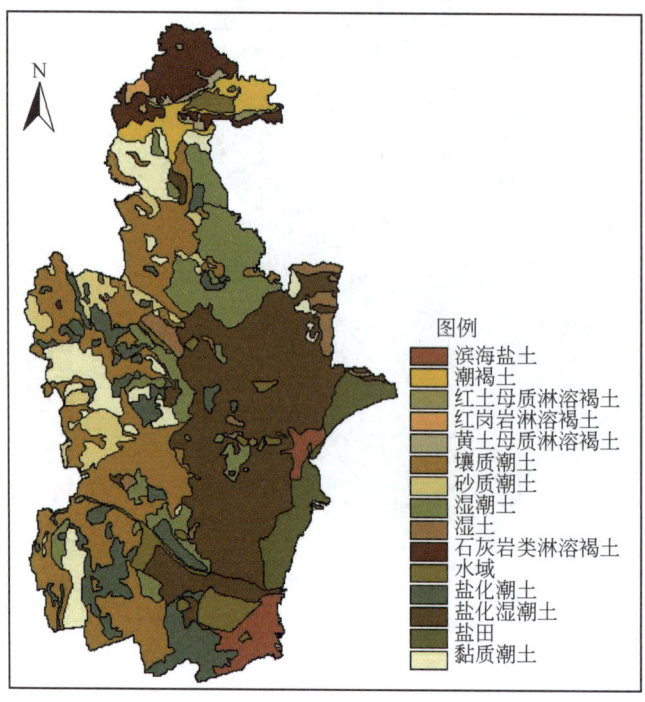

图 4-5　天津市土壤图

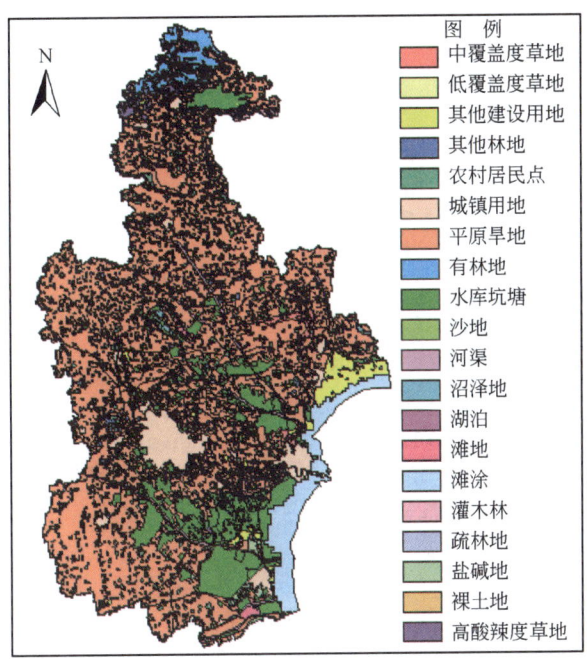

图 4-6　天津市土地利用图

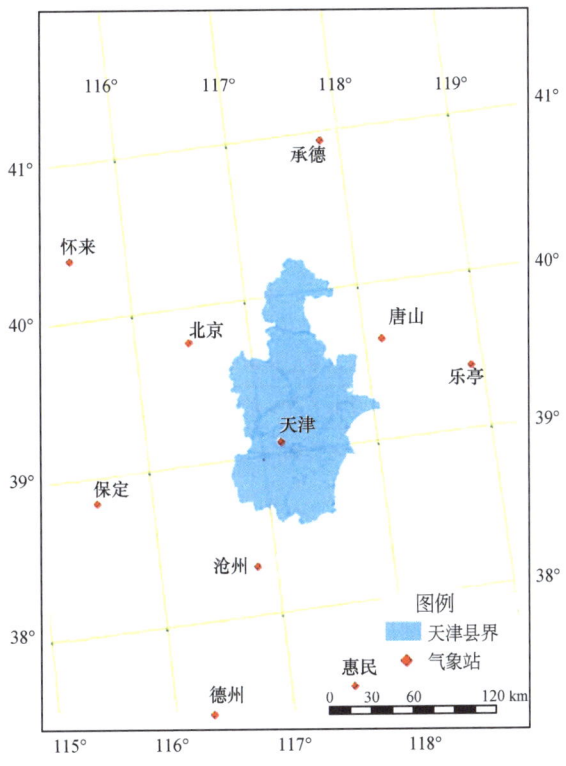

图 4-7　模型气象站点分布

图 4-8 模型雨量站点分布

表 4-2 天津市土地利用类型编码

原分类及编码			重新分类及编码	
编号	名称	含义	编码	代码
21	有林地	指郁闭度>30%的天然林和人工林,包括用材林、经济林、防护林等成片林地	1	FRSE
22	灌木林	指郁闭度>40%且高度在2m以下的矮林地和灌丛林地	2	FRST
23	疏林地	指郁闭度大于或等于10%及小于20%的林地	3	FRSD
24	其他林地（果园）	未造成林地、迹地、园圃及各类园地（果园、桑园、茶园、热作林园等）	4	ORCD
31	高覆盖度草地	指覆盖度>50%的天然草地、改良草地,此类草地一般水分条件较好,草被生长茂密	5	RNGE
32	中覆盖度草地	指覆盖度20%~50%的天然草地、改良草地,此类草地一般水分不足,草被较稀疏	6	RNGB
33	低覆盖度草地	指覆盖度5%~20%天然草地,此类草地水分缺失,草被稀疏,牧业利用条件差	7	SWRN

续表

原分类及编码			重新分类及编码	
编号	名称	含义	编码	代码
41	河渠	指天然形成或人工开挖的河流及主干渠常年水位以下的土地,人工渠包括堤岸	8	WATR
42	湖泊	指天然形成的积水区常年水位以下的土地		
43	水库坑塘	指人工修建的蓄水区常年水位以下的土地		
46	滩地	指河、湖水域平水期水位与洪水期水位之间的土地	9	WATN
52	农村居民点	指不设镇建制的集镇和村庄居民点用地	10	URLD
51	城镇用地	指大、中、小城市及县镇以上建成区用地	11	URHD
53	其他建设用地	指独立于城镇以外的厂矿、大型工业区、油田、盐场、采石场等用地、交通道路、机场及特殊用地	12	UINS
64	沼泽地	指地势平坦低洼,排水不畅,长期潮湿,季节性积水或常积水,表层生长湿生植物的土地	13	WETL
65	裸土地	指地表土质覆盖,植被覆盖度在5%以下的土地	14	LTLD
113	水田(平原)	指有水源保证和灌溉设施,在一般年景能正常灌溉,用以种植水稻、莲藕等水生农作物的耕地,包括实行水稻和农作物论中的耕地	15	RICE
12	旱地	指无灌溉水源及设施,靠天然降水生长作物的耕地;有水源和浇灌设施,在一般年景下能正常灌溉的旱作物耕地;菜地,正常轮作的休闲地和轮歇地	16	WWHT

(2) 模型构建

利用 AVSWAT2000 的可视化操作界面,根据程序指示,逐步输入空间数据、土地数据、气象数据、水库控制数据、河道点源数据等。根据天津市水系、土壤类型及土地利用等情况,将天津市划分成 325 个子流域(图 4-9),1598 个水文响应单元,按照已有的气象资料的时间跨度,将模拟年份定为 1980~2004 年共 25 年。在完成初步建模后,还需要对模型的人工干扰水量数据作进一步展布,包括人工水量的展布和地表水污染物展布。

人工水量包括农业灌溉水量、外调水量、河道排水量、用于城市的河道水库取水量及城区地下水取水量。

SWAT 模型二产、三产及生活水循环的缺陷在于设计的耗水量仅在年内变化(即逐月不同)而年际之间不变,也就是说取水量是一个多年逐月平均值。这在短时期内或者经济社会变化不明显的地区进行水文模拟是可行的,但在在人口变化大和经济高速发展的地区或时期则不可行。为此,本研究对 SWAT 模型内部的耗用水模块进行了改进,增加的 readwuh 模块,读入用户用水数据(池塘、河道、浅层水、深层水每年每月的取用量),参加 watuse 模块的计算,使之可以输入逐年逐月的人工耗用水数据并进行水循环模拟。

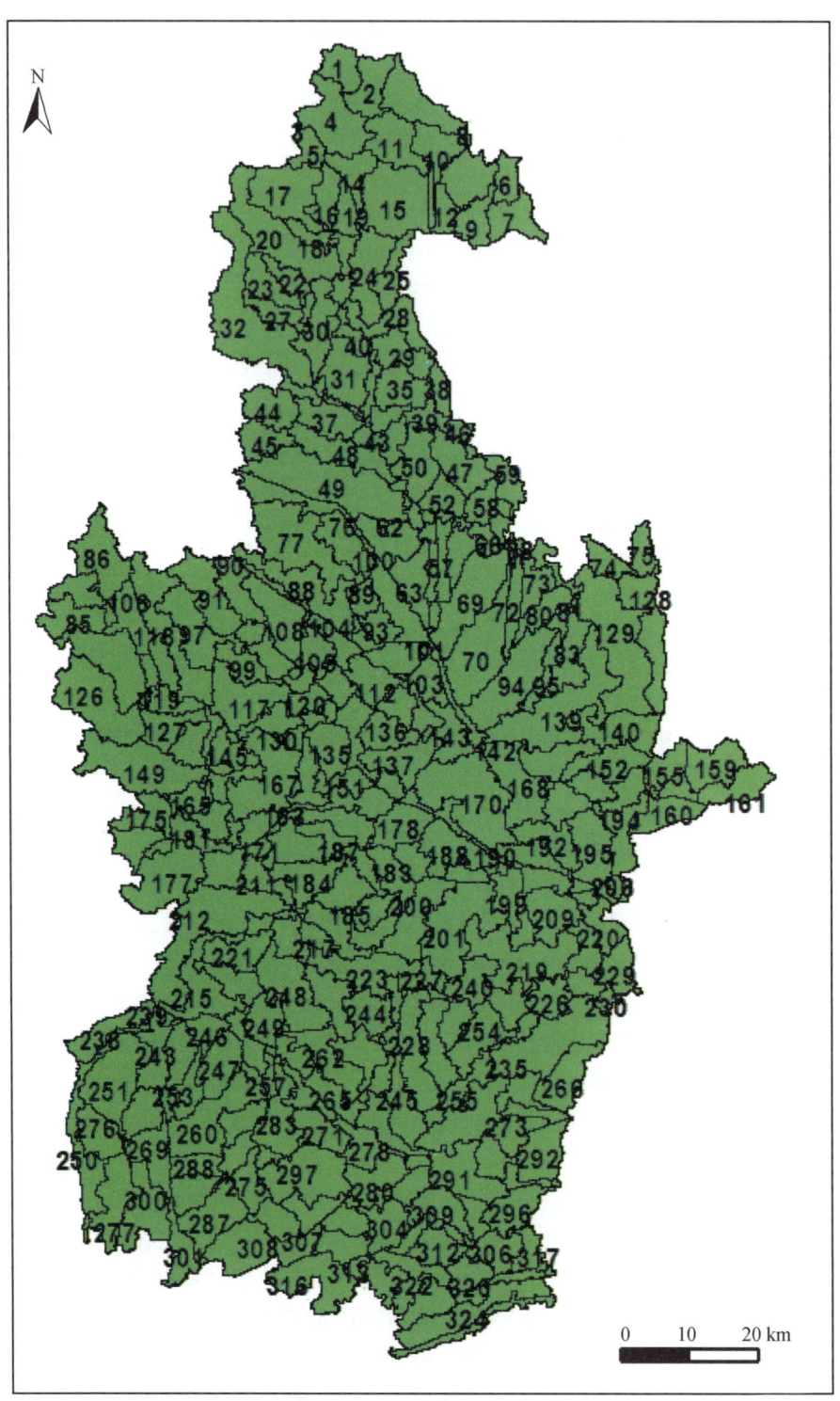

图 4-9　天津市子流域划分示意图

农业灌溉量的确定需要确定单元种植结构和灌溉水量及灌溉过程。农业种植结构与 SWAT 模型自身数据库的土地利用类型并不完全匹配，需要结合实际调查和土地类型统计资料重新指定各单元的土地类型和农业种植结构，对应情况见表 4-3。

农业用水量占总用水量的一半以上，灌溉用水对水循环的影响很大，故灌溉用水分布及水源的确定，对分布式水文模型水循环过程的模拟起到重要的作用。历史上灌溉用水是以行政区划为单元进行统计的，以年为时间尺度，在采用 SWAT 模型进行流域水循环的分布式模拟时，需要输入各个计算单元逐日的灌溉水量，因此存在统计数据和模型输入数据不匹配的问题，所以要求灌溉用水信息在时空上进行科学展布。同时要确定各计算单元水源和用水之间的关系，把农业用水的水源和用水联系起来。因此，在进行农业灌溉用水方面，要考虑以下三个方面：①根据农业种植面积及种植作物类型的空间分布，考虑降雨、气温、地下水情况进行灌溉水量的空间展布；②根据灌溉制度并考虑日降雨过程进行农业灌溉时间及水量在时间上向下细化，即根据灌溉制度进行作物水量的分配时要进行灌溉时段内的降雨统计，避开降雨日期以达到合理的灌溉；③应根据各灌区水源分布和渠系布置以及灌区实际运行情况等统计资料确定每个计算单元上的灌溉水源。

在原 SWAT 分布式水文模型中，农业管理模块具有灌溉模块、管排水模块、蓄放水模块和调水模块。灌溉模块指农业的灌水，需指定水源、取水量、取水时间及受水单元。管排水模块是设置在田间地块中，即土壤层渗入河道中的水量，与地下水的侧向流原理相似。蓄放水模块指种植像水稻那样生长的水田里的作物单元进行灌溉和放水，也需要指定水源、取水量、取水时间及受水单元。调水模块指从流域内一个水体向另一个水体调水，需要指定调水量或调水比例。灌溉模块可以指定详细的水源、取水量、取水时间，在进行农业管理和情景分析中，这是 SWAT 分布式水文模型相对其他分布式水文模型的优势，并在国内外得到了广泛的应用和认可。

SWAT 模型对农业管理方面考虑的比较全面，但在功能上还不能完全满足我国的实际情况，比如水田的蓄放水模块在进行年内多次放水设置时会产生错误、水库模块处理灌溉调水代码不一致问题，在进行农业灌溉的年内或者年际只能为一种水源（水库、河道、浅层水、深层水、外流域水）等。前者只是比较简单程序的代码问题，已经改正，而后者在农业灌溉方面有着重大的不足，在此主要介绍对后者的改进。

在进行水源制定时，应参考当地的实际情况。在水资源相对短缺的地区，农业灌溉由于气象条件的时空变化和水资源的短缺，其灌溉水水源（水库、河道、浅层水、深层水、外流域水）在年内和年际可能经常变化或者同时使用多种水源。为此，在灌溉水水源模块中增加一个多水源灌溉组合模块。如果实际为一种水源则按照原模型进行运算，否则进入多水源子模块，由多水源组合模块进行年际、年内的变化水源调水–供水运算，即在进行多年分布式模拟时可以在不同时段为灌溉指定不同的水源，既提高了水资源和利用效率，又满足了水资源合理配置要求。

表 4-3 天津市 2004 年区县各作物种植面积　　　　　　（单位：km²）

类别	宝坻	北辰	大港	东丽	汉沽	蓟县	津南	静海	宁河	塘沽	武清	西青	市区	全市
水稻	93.4	0	0	3.6	1.1	18.0	31.2	0	43.5	0	0.6	12.7	0	204.1
小麦	245.7	17.1	50.5	0	0	185.1	0	105.1	7.7	0	336.1	47.1	0	994.3
玉米	0	59.9	33.4	23.9	11.6	47.5	20.1	254.3	40.7	7.3	0	0	0	498.7
棉花	91.7	16.1	17.3	46.1	15.8	15.3	49.4	151.7	250.6	40.6	27.1	28.1	0	749.8
大豆	43.3	18.2	65.0	22.7	4.2	30.7	9.6	70.9	37.4	7.4	24.5	17.7	0	351.6
向日葵	0.4	3.5	1.2	0	0	0	0	12.4	4.6	0	10.7	0	0	32.7
蔬菜	108.6	47.2	7.1	35.4	4.1	100.1	32.2	101.2	76.2	13.7	223.5	63.5	0	812.8
果林	8.8	22.4	7.4	5.5	27.5	48.0	2.4	29.0	12.8	2.9	29.9	44.6	0	241.2
合计	591.9	184.4	181.9	137.2	64.3	444.7	144.9	724.6	473.5	71.9	652.4	213.7	0	3885.2

天津市外调水占来水量比例较大，外调水主要用于城市区的生活和工业。模型假设外调水本身不参与水循环，而外调水经过用户使用后，最终排出的水则进入 SWAT 水循环。外调水量和其排水点的空间位置根据调查取得，排水量根据耗水率计算得到。

研究区内的来水进入用水系统后并不完全消耗，要排出一部分水量。排水点主要集中在城市单元，水量直接进入河道，排水量由耗水率计算得到。

用于城市的河道水库和地下水取水量由区县统计资料得到。为简化计算，不考虑用水过程，根据最终耗水率，直接从 SWAT 水循环系统移除这部分耗水量。

对原始资料进行校核后，结合用水及污染物的特性，选取土地利用类型为用水及污染物空间分布的划分依据。将土地利用类型和各县区划分结合起来建立包含行政划分的土地利用类型，并把包含该类型属性的空间图转换为以 90m×90m 为基本单元的栅格图，再转换为 ASCII 码数据库。统计包含行政划分的土地利用类型数据库中每县区不同土地利用类型的栅格数，计算每个空间栅格的用水量和污染物含量，从而得到模型所需要的污染输入量，其分布见图 4-10 和图 4-11。

4.3.3 MODFLOW 模型构建

MODFLOW 是由美国地质调查局（USGS）开发的用来模拟地下水流动和污染物迁移等特性的计算机程序，是全世界范围内模拟地下水流最为流行的应用程序之一。而 Visual MODFLOW 在 MODFLOW 运算程序基础上，加入了可视化操作界面，是三维地下水流动和污染物运移模拟实际应用的最完整、最容易操作的模拟环境。本次研究选用 Visual MODFLOW 4.2 作为模拟程序，该程序具有可视化操作界面，方便建模和模型调整。

（1）模型输入数据

1）边界条件。研究区西部边界为天津市与河北平原的交界线，模拟区在靠近山前一带为单一含水层区，通过该边界第一含水层接受山区侧向径流的补给，定义为流量边界（二类边界）。模拟区南部和北部分别与沧州市和北京市接壤，这些行政边界与模拟区各含

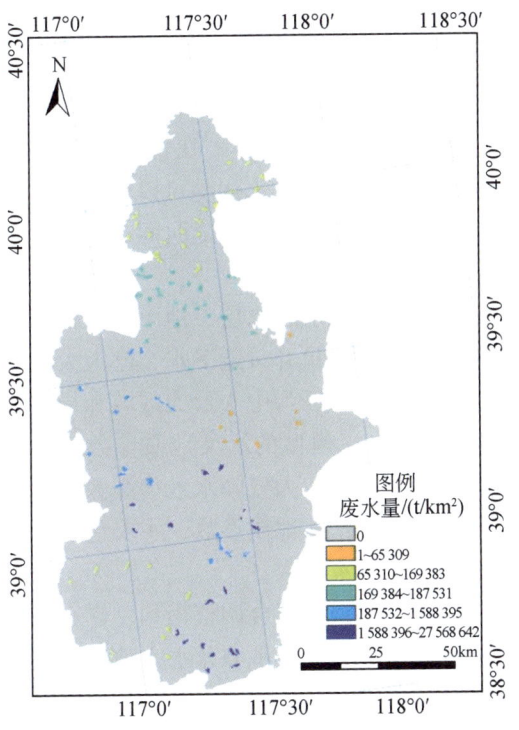

图 4-10 2004 年天津市废水污染分布图

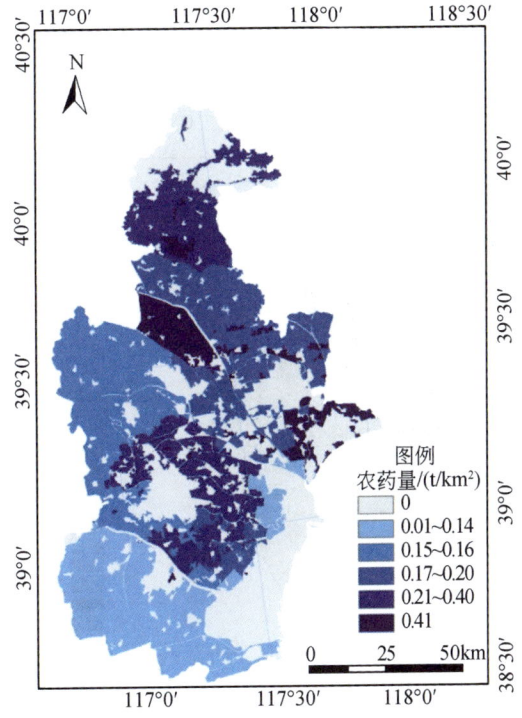

图 4-11 2004 年天津市农药污染分布图

水层或多或少都有水量交换，因而含水层均定义为流量边界。东南部部分地区以渤海海岸线为边界，模型第一层概化为定水头边界，下伏其他各层定为流量边界。

2）水流特征。天津市地下水流从空间上看整体上以水平运动为主、垂向运动为辅。地下水系统符合质量守恒定律和能量守恒定律，在常温、常压下地下水运动符合达西定律。考虑两个含水层之间的流量交换，地下水运动可以概化为空间三维流。地下水的垂向运动是由层间水头差异引起的，地下水补排要素随时间、空间变化造成地下水流动的非稳定流性。

在天然条件下，无论是浅层还是深层含水层，地下水流都是由北部山前向中部平原再向东南部滨海流动，但近四五十年的大量开采地下水，已大大改变了地下水的循环模式和流场，无论是深层还是浅层都以强开采区为中心形成区域和局部的地下水降落漏斗。

3）水文地质参数。用于地下水流模型的水文地质参数主要有两类：一类是用于计算各种地下水补排量的参数和经验系数，如大气降水入渗系数、灌溉入渗系数、河流渗漏系数、蒸发系数等；另一类是含水层的水文地质参数，主要包括潜水含水层的渗透系数、给水度、承压水含水层的渗透系数及释水系数。

补排量的参数主要通过实测与模拟值拟合调整得到，含水层参数主要是根据模拟区的水文地质条件和前人工作成果的确定。天津平原区水文地质结构复杂，在含水层参数上体现出很强的非均质性。潜水含水层的渗透系数和给水度具有山前地带向冲湖积平原、河谷向两侧参数由大变小的总体趋势，渗透系数的变化范围为 3~200m/d，给水度的变化范围为 0.03~0.25。根据水文地质条件，将这两个参数分为 26 个分区。承压水含水层渗透系数的分布范围大致为 5~50m/d，释水系数在 10^{-3}~10^{-5} 数量级，参数分区见图 4-12、图 4-13、图 4-14 和图 4-15。在建模工作中，首先根据水文地质条件和前人工作，按参数分区给定参数初值，通过水位拟合进行参数识别，最后确定各参数分区值。

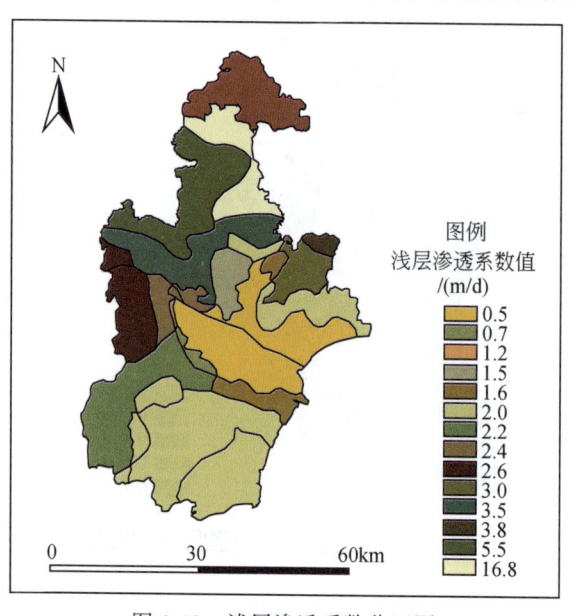

图 4-12　浅层渗透系数分区图

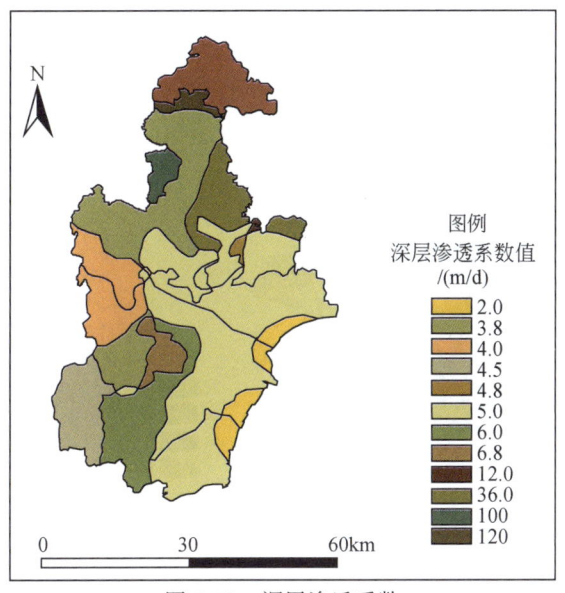

图 4-13 深层渗透系数

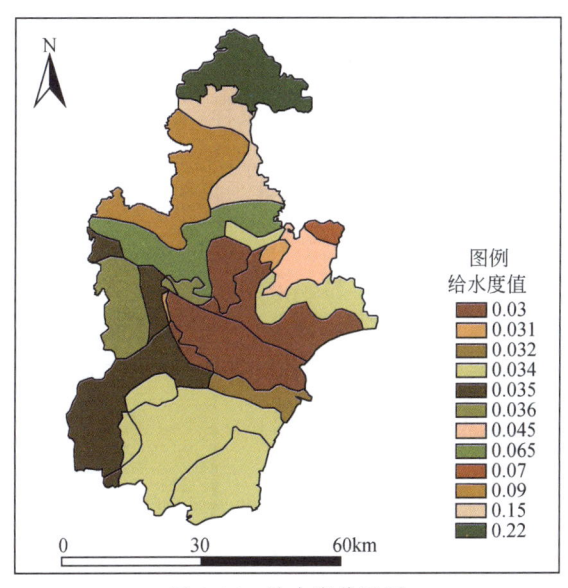

图 4-14 给水度分区图

4）排泄补给项。模型地下水排泄补给项包括大气降雨入渗补给量、地下水侧向径流量、河流渗流补给量、农业灌溉入渗补给量、潜水蒸发量和地下水开采量等。入渗补给是模拟区最主要的补给来源，本研究除了地下水开采量需要由实际调查得到之外，其余排泄补给数据均来自 SWAT 模型的输出数据，即各下垫面的地下水补给量主要包括土壤层对浅层水的补给量、水库、池塘、湿地的下渗量、河道下渗量。采用地表水水质输入类似的方法进行网格离散输入地下水模型。

地下水开采量是将水量水质优化配置模型得到的地表水、地下水取水量折合到模型中，以抽水井的形式作为模型的输入项。

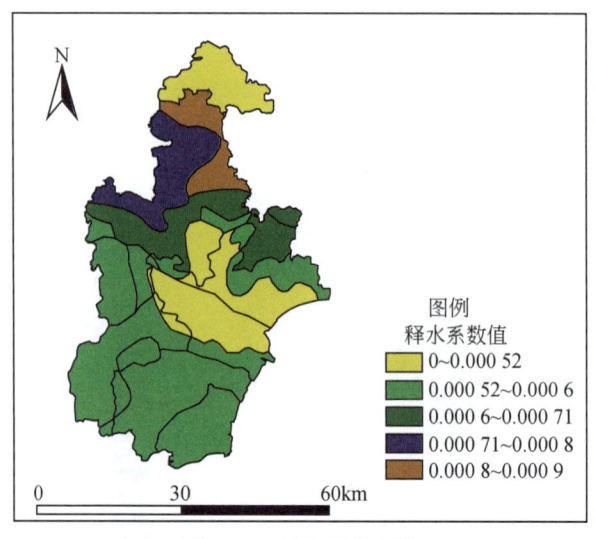

图 4-15 弹性释水系数

（2）模型构建

模型构建包括数据输入、参数设置和可视化输出。根据已获得的输入数据，模型需要的基本输入包括：三维有限差分网格、井位、属性、边界条件、流线的起始点、模型校验的观测点、分析模型内流量的分区以及附加的注释。模型输入部分按照界面操作逐步实现，主要包括：①设置数值计算引擎，本次研究选用 MT3D96 数值引擎；②依次生成模型网络，细化模型网络，添加井位，设置模型属性，设置模型边界条件，设置质点；③调参过程，设置模型运移参数。依据研究区实际情况，本次地下水研究采用以 2000m 作为边长的正方形网格，网格沿东西走向分为 65 行，沿南北走向分为 100 列（图 4-16）。对于中心

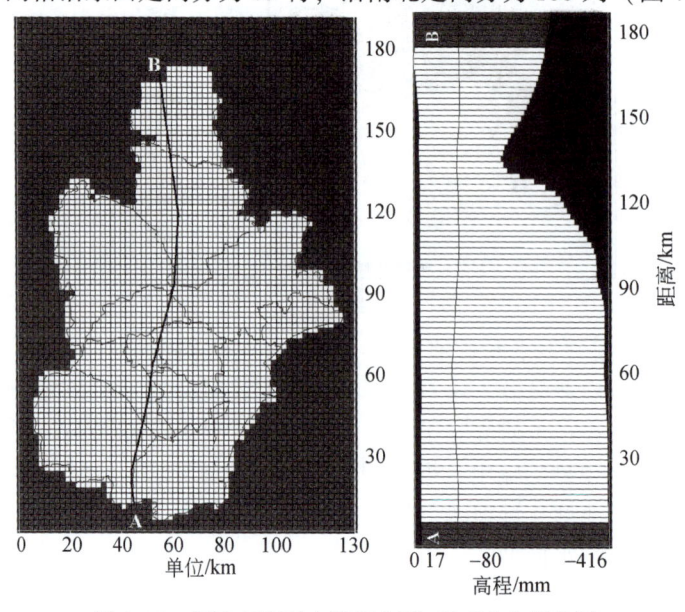

图 4-16 天津市地下水模拟水平-垂直方向剖分图

点位于计算边界外部的单元,设置单元属性为不活动单元,不参与模型计算(图 4-16 中的白色区域为活动单元,灰色为不活动单元)。计算单元沿层方向在综合前人研究成果的基础上,将第四系孔隙水划分为 4 个含水组,第 I 含水组属于浅层地下水系统,第 II~IV 含水组属深层地下水系统。

4.4　模型校验

4.4.1　地表水水量、水质模拟与校验

利用研究区内河道水文站点的实测流量和水质数据,对模型进行校验。地表水的水量和水质校验采用研究区的蓟运河防潮闸、海河闸、工农兵防潮闸、宁车沽防潮闸 4 个流域出口(图 4-17),基本可以覆盖整个研究区域。考虑到校验数据的完整性,SWAT 地表水量校验采用 1985 年 1 月~1999 年 12 月的数据进行调参,采用 2000 年 1 月~2004 年 12 月数据进行模型验证,地表水质校验采用 1995 年 1 月~1999 年 12 月的数据进行调参,采用 2000 年 1 月~2004 年 12 月数据进行模型验证。水量校验选择 4 个出口断面的月流量为校验依据,水质主要校验 4 个出口的氨氮月负荷值。校验过程为:首先确定模型水量模拟灵

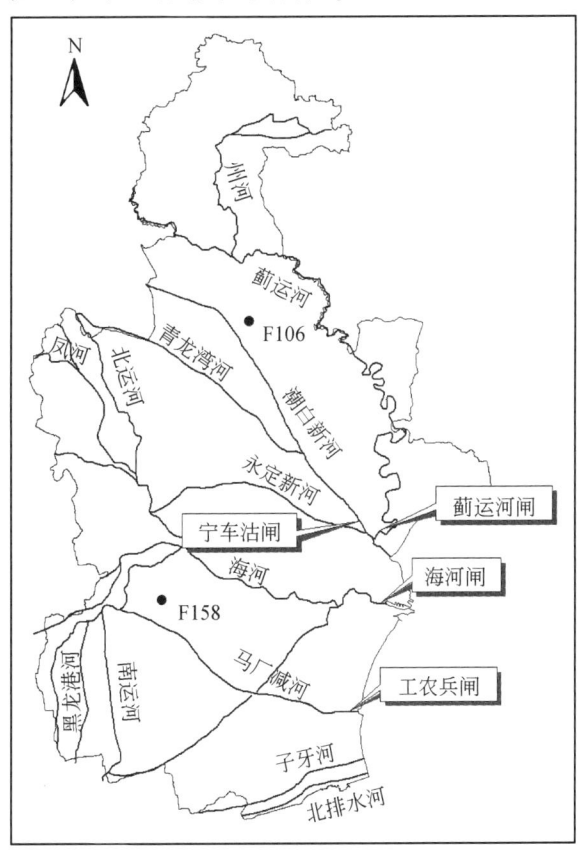

图 4-17　模型控制断面分布

敏性参数，包括 SCS 产流曲线系数（CN_2）、土壤蒸发补偿系数（ESCO）、土壤饱和含水率（SOL-AWC）等；其次对地表水径流的敏感性参数进行相应调整，调整过程需要体现分布式特征。接着确定水质模拟敏感性参数，包括基流 α 系数（ALPHA-BF）、土壤有效含水量（SOL-AWC）、土壤层厚度（SOL-Z）等。

模型模拟效果：地表水水量、水质采用模拟值与控制断面实测值的 NASH 效率系数及相关系数（R^2）进行评价（表4-4）。从水量模拟的校验结果来看，各站的 NASH 效率系数均在 0.61 以上，R^2 在 0.67 以上，整体模拟 NASH 系数平均值为 0.72，R^2 为 0.78。水质模拟的 NASH 效率系数均在 0.53 以上，R^2 在 0.63 以上，整体模拟 NASH 系数平均值为 0.63，R^2 为 0.69，实测和模拟的月流量过程以及氨氮负荷过程如图4-18和图4-19所示。从水循环模拟的角度出发，这个精度的验证结果是比较理想的。

表 4-4 模型地表水量水质校验结果

编号	站点	水量 NASH	水量 R^2	水质 NASH	水质 R^2
1	蓟运河闸	0.80	0.82	0.65	0.69
2	宁车沽闸	0.61	0.67	0.53	0.63
3	海河闸	0.68	0.76	0.71	0.77
4	工农兵闸	0.80	0.88	0.66	0.67
	平均值	0.72	0.78	0.64	0.69

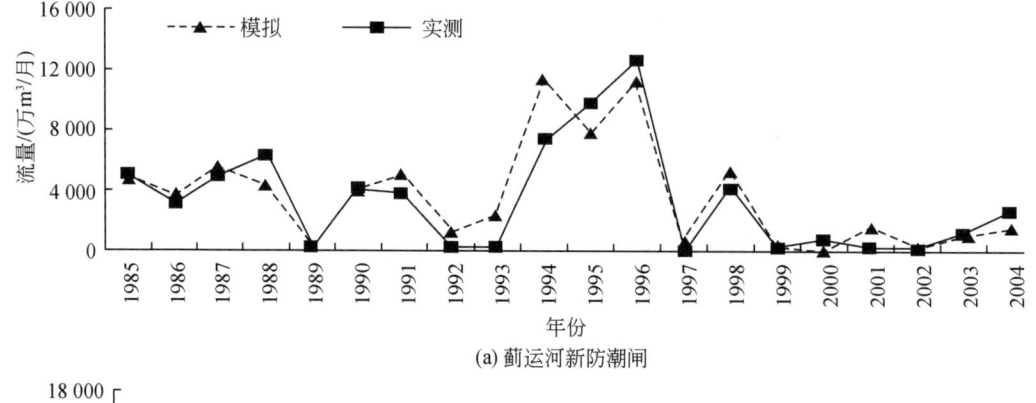

(a) 蓟运河新防潮闸

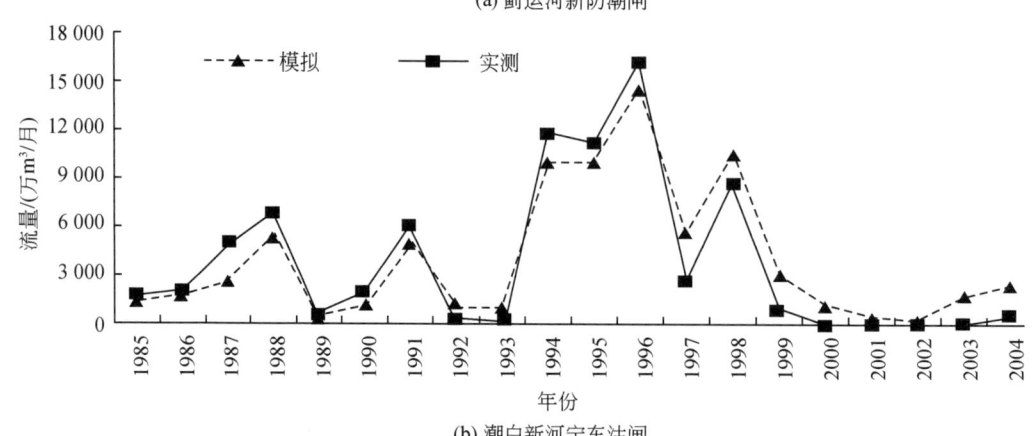

(b) 潮白新河宁车沽闸

第 4 章 | 天津市水循环与水环境耦合模型平台

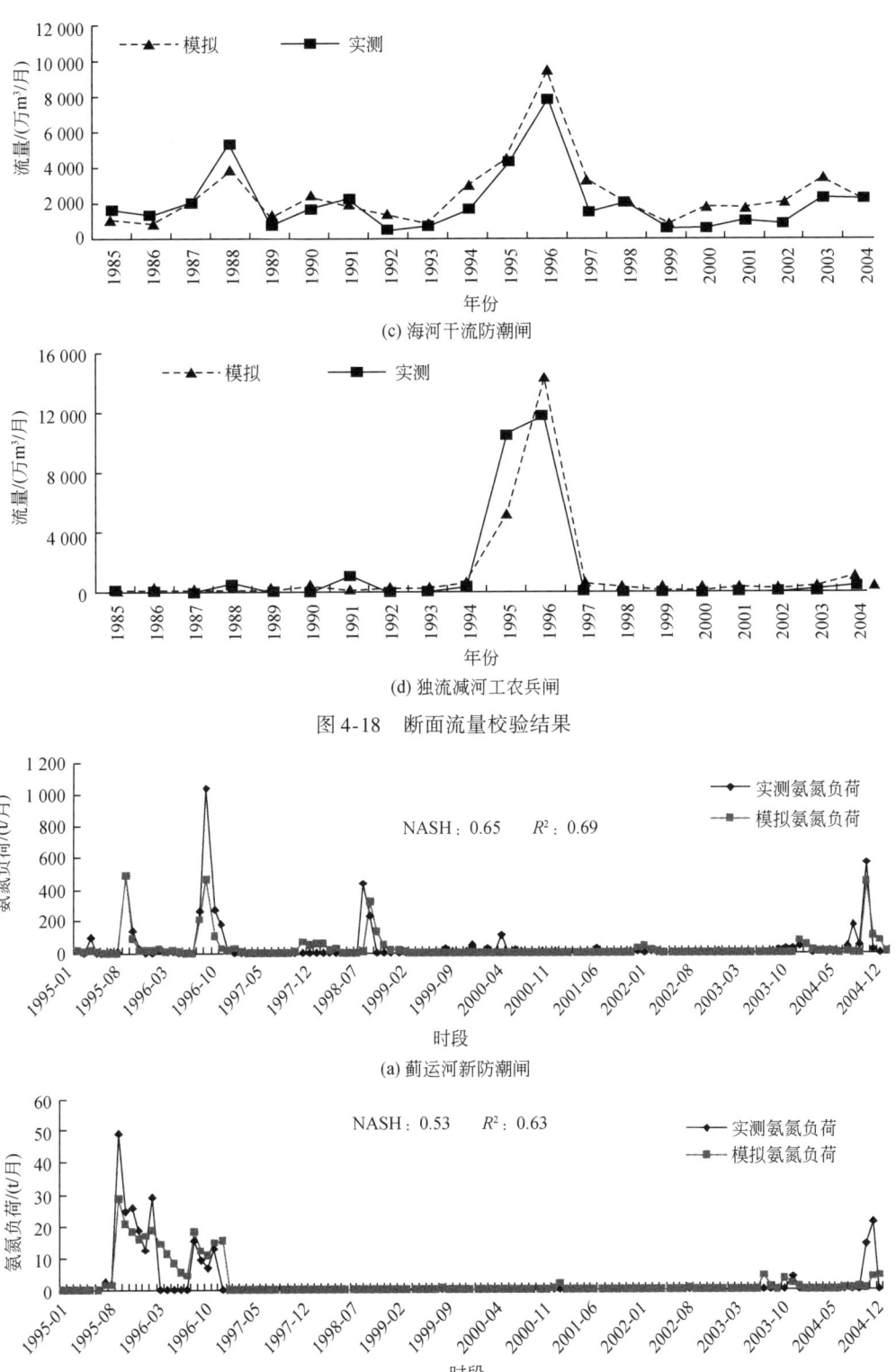

(c) 海河干流防潮闸

(d) 独流减河工农兵闸

图 4-18　断面流量校验结果

(a) 蓟运河新防潮闸

(b) 潮白新河宁车沽闸

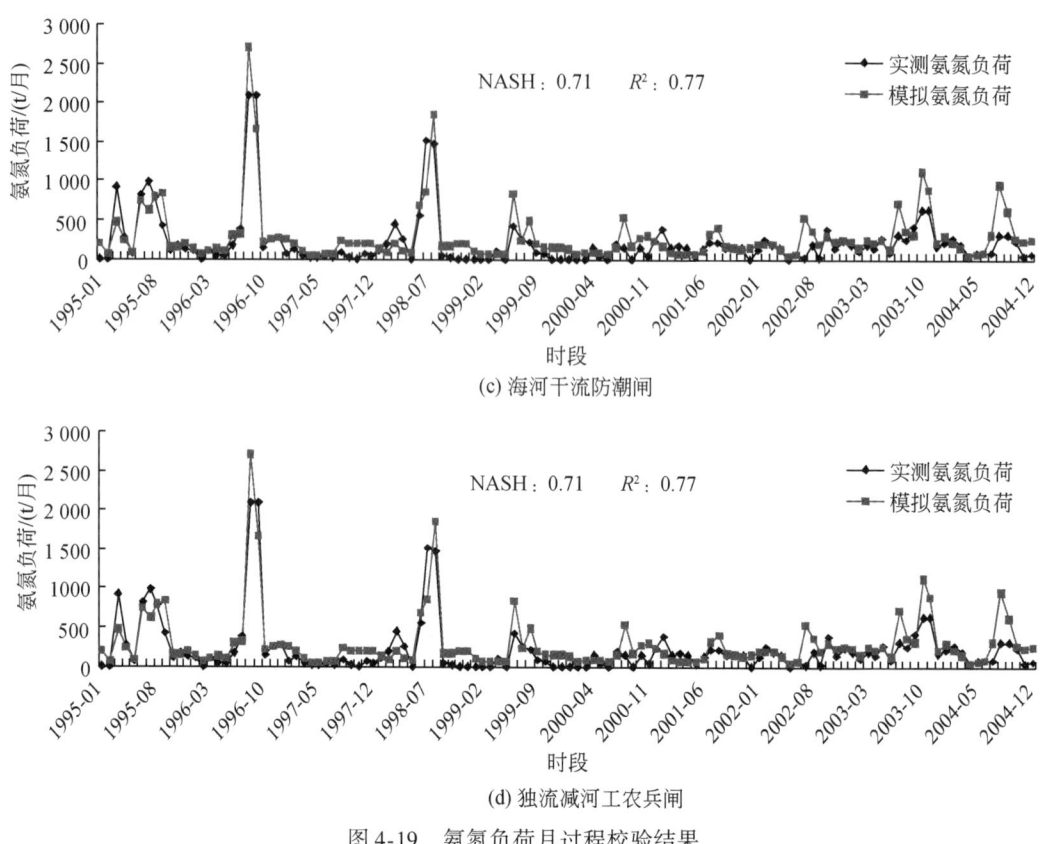

图 4-19 氨氮负荷月过程校验结果

4.4.2 地下水模拟与校验

地下水参数参见《天津市 GEF 水资源水环境综合管理项目——地下水研究专题报告》中天津市地下水流数值模拟模型 MODFLOW 的参数率定校验结果。选定 1997 年 6 月~2000 年 12 月为模拟识别期，2001 年 1 月~2004 年 12 月作为验证期，该时期地下水资料较齐全，具有代表性。

地下水校验指标为：①模拟的地下水流场要与实际地下水流场基本一致，即要求地下水模拟等值线与实测地下水位等值线形状相似；②模拟地下水的动态过程要与实测的动态过程基本相似，即要求模拟与实测地下水位过程线形状相似；③识别的水文地质参数要符合实际水文地质条件。模拟结果见图 4-20、图 4-21 和图 4-22。

根据模型区内水位观测点的分布情况，从流场的拟合情况来看，计算流场基本上反映了地下水流动的趋势和规律（图 4-20）。山前地带流场拟合情况较好，研究区接受山前侧向补给，水力坡度较大。在塘沽等城市集中开采区域，形成了不同规模的降落漏斗。在东部滨海地区，地下水流从西北方向向东南方向流动趋势明显。计算得到的降落漏斗中心水位与实测水位接近，漏斗面积一致。模拟研究区浅层流场与实际流场总体流动方向相同，拟合较好。

根据模型区内水位观测点的分布情况选择典型观测点，我们选择了第一层的典型观测点 F106 和第四层的典型观测点 F158，两观测点位模拟水位和实测水位过程如图 4-21 和图 4-22 所示。拟合情况大致可以分为两类：一类是拟合情况较好，计算水位和实际观测水位相差较小，能够较好地反映出该点水位动态趋势；另一类是计算水位值与实测水位值始终存在一个差值，但变化趋势是一致的，这是由于观测孔本身的观测误差及模型的模拟精度造成的。

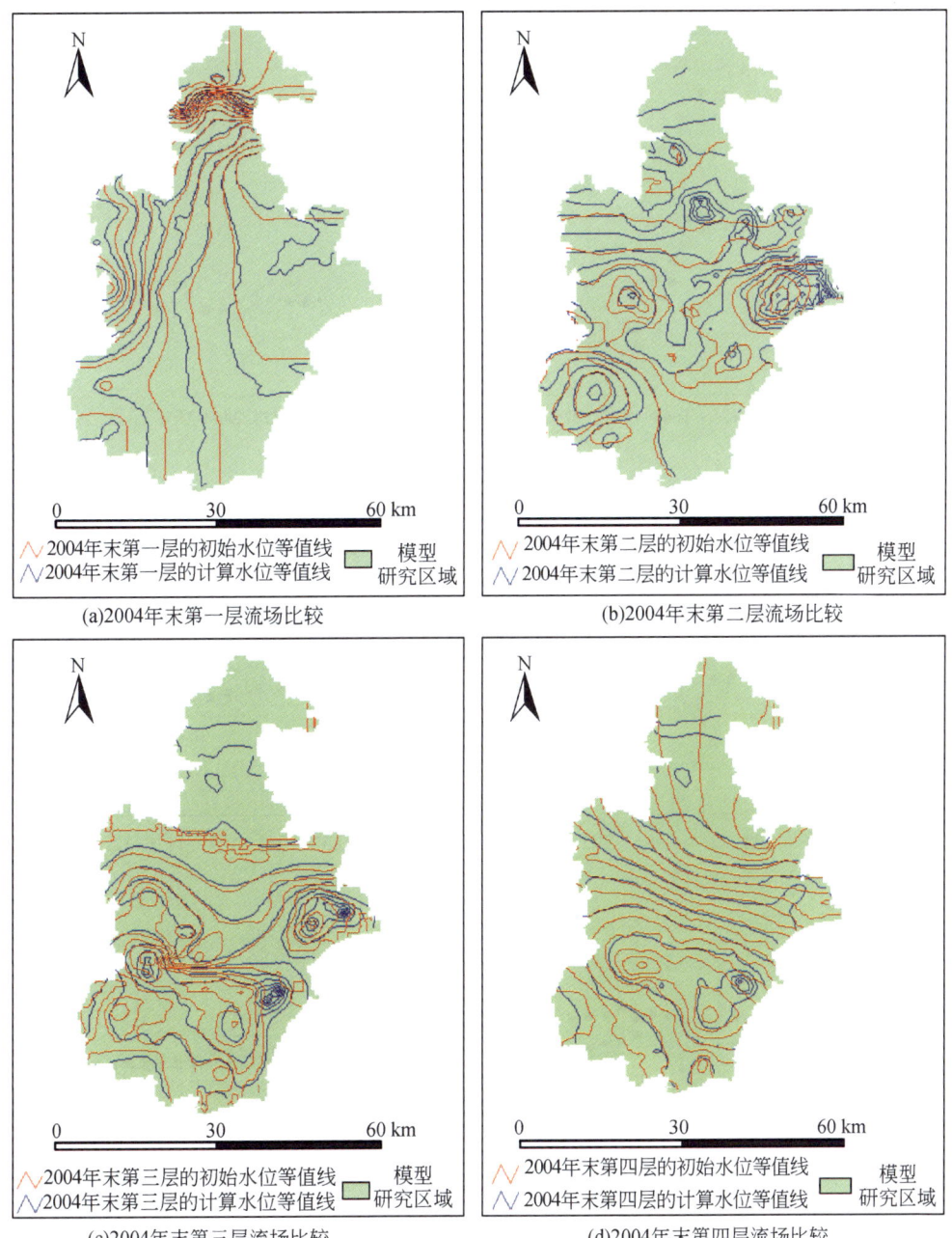

图 4-20　计算时段末各含水层计算水位等值线与实测值对比

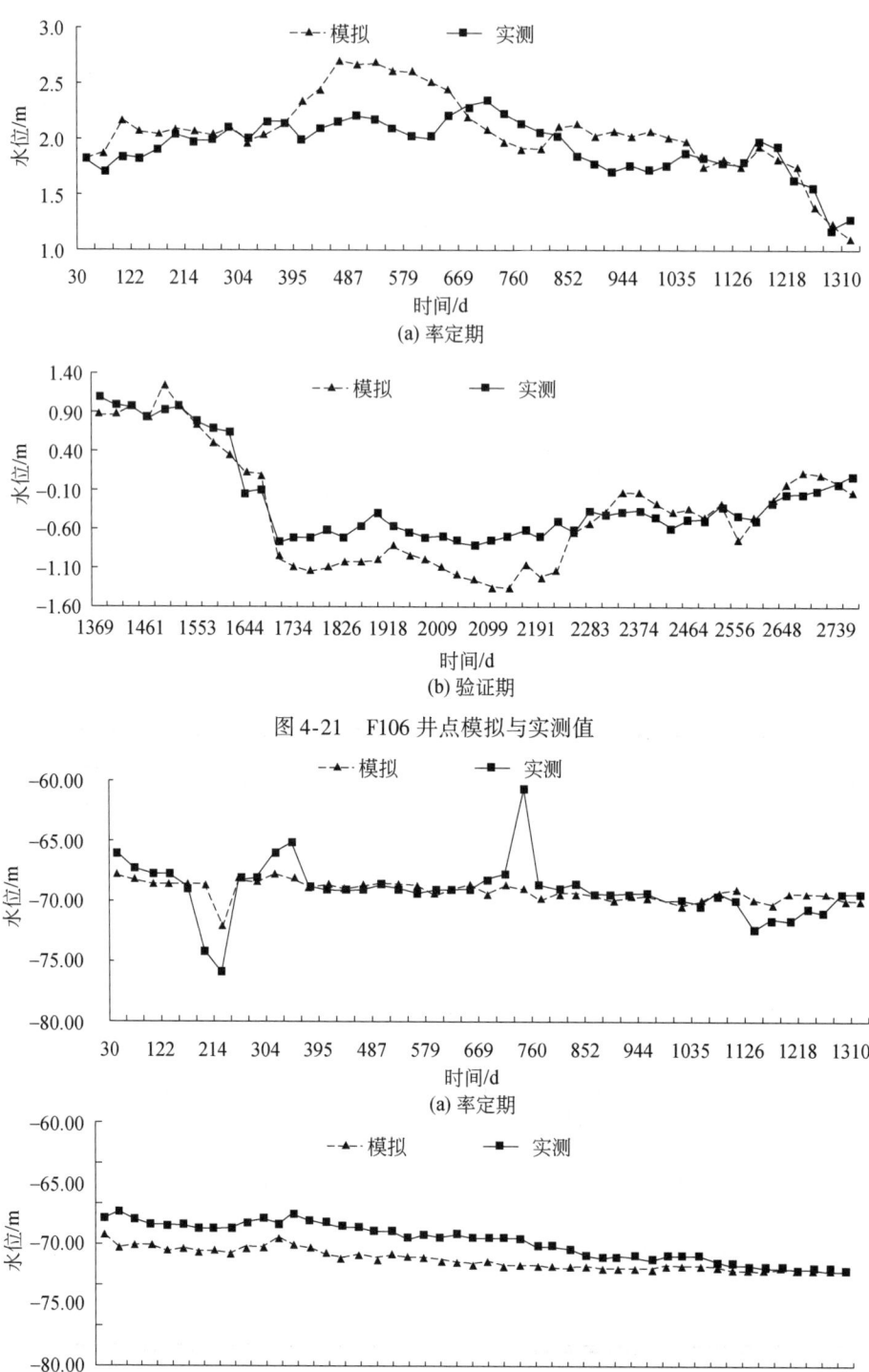

图 4-21　F106 井点模拟与实测值

图 4-22　F158 井点模拟与实测值

统计分析得知，天津平原地下水数值模型模拟的水位降深多年平均值与观测值相差 −1.168m，逐年累积差为 3.361m。所建立的模型能够较好地模拟出地下水流场和动态的变化趋势，能较好地反映水位变化过程。

4.4.3 ET 模拟与校验

为区域水资源与水环境综合规划提供区域综合 ET 及区域各行业 ET 量是 TJ-EWEIP 模型平台的一个重要功能，也是区域 ET 总量控制、定额管理的核心内容之一。因此，ET 校验也是平台校验的一项重要指标。

1）区域综合 ET 验证。区域综合 ET 为各下垫面自然 ET 与人工侧支的生活、一产、二产、三产 ET 之和，其中下垫面的不同土地利用类型（包括农田）的 ET 可由分布式水文模型计算，人工侧支的生活、二产、三产 ET 可由 AWB 模型的人工耗水模块计算，其城镇生活、农村生活和工业的耗水系数根据天津市水资源公报统计分别为 0.19、0.90 和 0.30。而实际的区域综合 ET 可以根据区域的总入境量减去总出境量及地表地下蓄变量水平衡方法计算得到，本研究对 SWAT 模型、AWB 模型得到的区域综合 ET 与水平衡计算得到的区域 ET 进行了长系列对比，结果见图 4-23。从 1985~2004 年模型模拟区域 ET 与水平衡 ET 系列值比较来看，60% 的年份误差在 5% 之内，89% 的年份误差小于 10%。由综合模拟模型得到 1985~2004 年 20 年多年平均区域综合 ET 为 649mm，这与由统计数据水量平衡结果得到的多年平均区域 ET 651mm 仅差 2mm，误差为 0.3%。

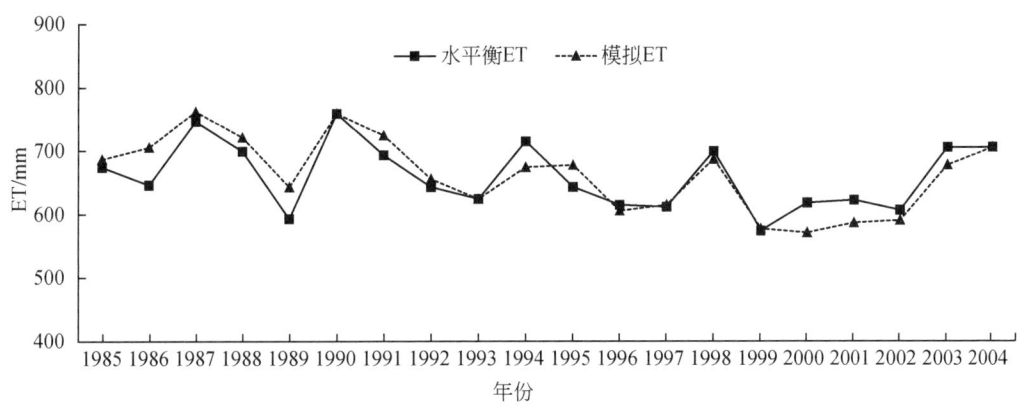

图 4-23 模拟 ET 与水平衡 ET 对比

2）区域 ET 遥感验证。遥感反演 ET 是利用卫星测出地面的热通量、光量等，根据太阳辐射和地面反辐射的能量平衡换算出 ET。通过比较遥感监测 ET 值的变化情况，可以测定区域的真实节水程度。为增加模型的可信度及区域 ET 控制的实用性，由于获得的遥感反演 ET 数据为 2002~2004 年，故将相同这三年模型计算的不同土地类型下垫面的 ET 平均值与遥感 ET 得到的平均值进行对比，结果见图 4-24。模型得到各土地类型的 ET 值基本与遥感反演的结果一致。

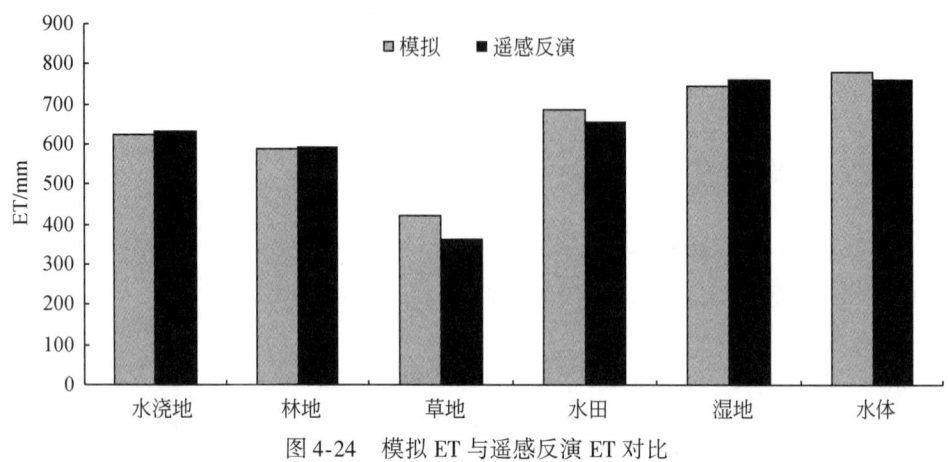

图 4-24 模拟 ET 与遥感反演 ET 对比

对比表明，模型模拟结果较为理想，由计算模拟得到的 ET 结果满足 ET 分析的要求。

总体来看，所建立的天津市水量水质耦合模型平台能够较好地模拟出地表水径流变化及水质情况、地下水流场和水位的动态变化趋势、ET 的时空分布，可支撑不同情景的计算与分析，服务于天津市的水资源水环境综合规划与管理。

第 5 章　规划方案分析与设置

规划方案分析与设置是基于 ET 的水资源与水环境综合规划决策中的关键组成部分，方案分析与设置以翔实的天津市基线调查分析为基础，以规划目标为指导，以实现生态环境与经济社会系统之间的协调发展为准则，采用长系列数据分析计算制定水资源利用、国民经济节水、水生态修复与水环境修复的可能解决方案。本章考虑外调水、地下水、非常规供水、节水、生态和环境六大调控因子，综合考虑现状经济社会发展水平、用水结构和用水水平、供水结构和工程布局、污染排放及治理水平、生态格局，结合相关研究成果与规划，针对 2010 年、2020 年设置规划备选方案，作为方案评价与优选的基础。

5.1　水资源利用方案

5.1.1　地表水

(1) 当地地表水和入境水

根据 1956～2000 年系列资料分析，天津市辖区内产生的地表径流量多年平均值为 10.65 亿 m^3，天然 50%、75%、95% 频率的地表径流量分别为 9.4 亿 m^3、5.7 亿 m^3、2.2 亿 m^3（表 3-7）。

全市 1956～2000 年多年平均年入境水量 61.30 亿 m^3，其中 1956～1959 年最大达到 193.20 亿 m^3。近年来受上游大量用水影响，入境水量大减，1980～2000 年平均仅为 23.78 亿 m^3。由于 1980～2000 年份海河流域属于偏枯年份，因此预测未来年份的来水条件相对于现状来说不会发生大的变化。按照不同时段的水文资料系列统计全市及各水资源分区年平均入境水量见表 3-10。

依据各分区二级河道、小型水库、深渠、塘坝等的调蓄能力，同时综合考虑当地用水特点、区域内兴建水利工程对雨洪水资源的有效挖潜与对本地地表水可供水量的影响，计算分析本地河网的调蓄能力为 2.89 亿 m^3。目前天津市已经形成完备的地表水供水体系，地表水开发格局今后基本不会有大的变化，因此在水资源量不会发生大的变化的情况下地表水开发利用量预计基本与现状持平。

(2) 外调水

1) 引滦入津工程可供水量。引滦入津工程水源为滦河潘家口水库。根据国务院国办发 [1983] 44 号文件规定，引滦潘家口水库分配给天津市的水量（大黑汀分水闸计量）75% 保证率下是 10 亿 m^3，95% 保证率下为 6.6 亿 m^3，扣除输水损失后进入市区的净水量分别为 7.5 亿 m^3 和 4.95 亿 m^3，多年平均情况下为 7.25 亿 m^3。

2）引黄济津工程可供水量。2010 年南水北调东线通水后，引黄与东线使用同条输水线路。因此 2010 年以前可利用引黄水量，2010 年以后可利用南水北调东线水量。引黄作为特殊情况下的应急供水或相机补水水源。

3）南水北调中线工程可供水量。根据"南水北调工程总体规划"，中线一期工程丹江口水库陶岔渠首多年平均分配给天津市的水量为 10.2 亿 m^3，总干线和天津干线输水损失率 15%。天津干线末端以下至水厂，输水管渠损失率和调节水库蒸发渗漏损失率合计 6%，入水厂净水量多年平均 8.16 亿 m^3。

根据《天津市南水北调（中线）与引滦联合运用调节计算分析报告》，研究报告结果显示，南水北调中线、引滦组合供水量系列（1956~1996 年系列），多年平均可调水量为 15.41 亿 m^3，50% 保证率 15.23 亿 m^3，75% 保证率为 14.83 亿 m^3，95% 保证率为 13.14 亿 m^3。

4）南水北调东线工程可供水量。根据"南水北调东线（东平湖—天津）工程规划"显示，南水北调东线和中线工程将同时为天津市供水。考虑到东线工程向天津供水量正在落实过程中，因此 2010 水平年东线工程暂不考虑可供水量。2020 水平年东线工程按九宣闸收水量 5.0 亿 m^3 考虑，扣除输水管渠损失、水库蒸发渗漏损失等情况，多年平均情况下入水厂净水量为 3.0 亿 m^3。

5.1.2 地下水

根据基线调查及天津市 GEF 水资源与水环境综合管理项目地下水研究报告，全市地下水资源量 7.34 亿 m^3，其中矿化度<2g/L 浅层淡水 4.16 亿 m^3，岩溶水 1.3 亿 m^3，深层承压淡水 1.88 亿 m^3。地下水大部分供给农业生活与生产用水，供给城市的地下水量达到 1.36 亿 m^3，主要是岩溶水但部分是第四系浅层地下淡水，其中供蓟县 0.45 亿 m^3、武清区 0.18 亿 m^3、塘沽区 0.36 亿 m^3、大港区 0.37 亿 m^3。各分区浅层地下水可开采资源量以及深层岩溶水、深层承压水控制性可开采量如表 3-9 所示。

（1）地下水压采目标和原则

本次研究以 2010 年和 2020 年作为目标水平年，以 2004 年的开采方案作为压采依据。近期压采目标为：到 2010 年，减少 2004 年地下水超采量的 10%（3200 万 m^3），遏制地下水漏斗的扩展速度。以南水北调中线工程调水、污水处理回用等增加的水量作为替代水源，压缩严重超采区的地下水开采，实现在一定水位条件下的采补平衡，减少一般超采区的地下水开采量，城市周边地下水超采得到有效控制。

远期压采目标为：到 2020 年实现深层地下水的采补平衡。随着南水北调配套工程的逐步完善和供水量的增加、节水治污水平的提高和水资源的优化配置等多方举措的实施，逐步减少地下水开采量，超采区实现地下水采补平衡，地下水资源储备和抗旱能力明显提高，逐步恢复生态环境的健康和地下水系统的良性循环。

（2）地下水控制方案

依据天津市地下水专题报告，经过长系列模拟发现，各月可开采量的年际变化较大，而年总可开采量的变化不大,本次研究以年总量为压采依据。需要说明的是由于天津市深层地下水超采严重,本次地下水控制方案以保证 2020 年地下水采补平衡为前提,同时参见《天津市水生态恢复规划研究报告》等相关成果进一步控制地下水开采,仅保留约 6000 万 m³ 的深层地下水开采量作为天津市农村生活用水量。参照地下水控制原则和压采目标,各目标水平年地下水控制方案见表 5-1。

表 5-1 地下水控制方案 (单位:亿 m³)

区县	浅层水 2004年开采量	可开采量	超采量	2010年控制目标	2020年控制目标	深层水 2004年开采量	可开采量	超采量	2010年控制目标	2020年控制目标
蓟县	1.12	1.46	0	1.46	1.46	0	0	0	0	0
宝坻区	0.76	1.29	0	1.29	1.29	0.19	0.14	0.05	0.19	0.13
武清区	0.13	0.82	0	0.82	0.82	0.95	0.14	0.81	0.87	0.1
宁河县	0.16	0.22	0	0.22	0.22	0.56	0.32	0.24	0.53	0.09
静海县	0.08	0.37	0	0.37	0.37	0.42	0.3	0.12	0.41	0.09
东丽区	0	0	0	0	0	0.22	0.12	0.1	0.21	0
西青区	0	0	0	0	0	0.29	0.11	0.18	0.27	0.05
津南区	0	0	0	0	0	0.34	0.08	0.26	0.32	0.05
北辰区	0	0	0	0	0	0.29	0.09	0.2	0.27	0.05
塘沽区	0	0	0	0	0	0.18	0.19	0	0.19	0
汉沽区	0	0	0	0	0	0.47	0.1	0.37	0.44	0
大港区	0	0	0	0	0	0.16	0.26	0	0.26	0
市区	0	0	0	0	0	0.07	0.03	0.04	0.07	0
合计	2.25	4.16	0	4.16	4.16	4.14	1.88	2.37	4.03	0.61

5.1.3 再生水

再生水是非常规水源的重要来源,可以大大提高水资源的综合利用率、减轻水体污染、缓解水资源紧缺的矛盾,也是实现可持续发展的重要措施之一。再生水可以用于农业灌溉,深度处理再生水可用于工业冷却、景观生态、生活杂用等城市用水。

(1) 污水排放现状

天津市中心城区自 1958 年以来形成了六大污水排水系统,污水分别流经大沽排污河、北塘排污河和永定新河北河最后汇入渤海。其中咸阳路系统、纪庄子系统、双林系统汇入大沽排污河,张贵庄系统、赵沽里系统汇入北塘排污河,北仓系统汇入永定新河北河。

建成区大部分地区排水采用雨水、污水分流制,部分地区为合流制,面积约为 4934hm²,

主要分布在纪庄子、咸阳路、张贵庄、赵沽里4个污水系统中。其中，纪庄子系统和赵沽里系统建有两座污水处理厂。中心城区外围地区排水体制为雨水、污水合流机制，在城区主要道路下铺设有合流管道，仅津南建有一座污水处理厂，其中大部分雨水、污水直接排入相邻河道或农田沟渠。

滨海新区的城市排水目前已基本建成各自的排水系统，服务面积有所增加，污水处理已经起步。新区陆续完成了一些排水工程，建成了开发区、大港环科蓝天等污水处理厂。其他地区雨水管网、污水处理设施及排放体系等尚处于起步阶段，已有的排水设施基本为合流制且以明沟为主，雨水、污水分别就近排入河道和附近明渠。

武清区、宝坻区、蓟县、宁河县和静海县各城区排水体制为雨水、污水合流制，在城区主要道路下铺设合流管道，武清区和宝坻区建有小规模污水处理厂，大部分雨水、污水直接排入相邻河道或农业明渠。

根据天津水资源公报，天津市城市排泄的污水量多年平均值为6.23亿m^3，排水率为0.74，其中综合生活排水率为0.8左右，工业排水率为0.67左右。

(2) 污水处理工程规模

2004年天津市有污水处理厂7座，污水总处理能力为84.3万t/d（表5-2），全年污水处理量为2.72亿m^3，污水处理率为49%，其中生活污水2.25亿m^3、工业污水0.47亿m^3。

全市污水处理厂相关数据的分析汇总是以相关部门现有规划成果为基础的，但是污水处理厂规划情况并不是非常确定，因此根据治污目标提出了调整建议（2010年全市污水处理率90%，2020年全市污水处理率95%）。2010年，全市城镇污水处理厂新增规模207.4万t/d，达到292.7万t/d；2020年，新增规模112万t/d，达到404.7万t/d，具体情况见表5-3。

表5-2 2004年天津市集中污水处理厂现状 （单位：万t/d）

区域	数量	名称	规模	实际处理规模	排放去向
中心城区	2	纪庄子污水处理厂	26	26	大沽排污河
		东郊污水处理厂	40	36	北塘排污河
津南	1	环兴污水处理厂	3.0（一期）	2	大沽排污河
塘沽	1	开发区东区第一污水处理厂	10	7	北排明渠
大港	1	大港区环科蓝天污水处理有限公司	3.0（一期）	2.2	荒地排河
宝坻	1	城南污水处理厂	(1.3)一期	0.8	窝头河
武清	1	第一污水处理厂	1	1	龙凤河
全市	7	总计	84.3	75	

表 5-3　天津市污水处理厂发展规划　　　　　　　　　（单位：万 t/d）

区域	数量	2010 年 新增规模	2010 年 总规模	2020 年 新增规模	2020 年 总规模
中心城区	6	103.0	169.0	30.0	199.0
东丽区	4	8.3	8.3	—	8.3
津南区	7	12.1	15.1	—	15.1
西青区	1	3.0	3.0	3.0	6.0
北辰区	6	17.5	17.5	21.0	38.5
塘沽区	5	20.0	30.0	19.5	49.5
汉沽区	2	11.0	11.0	5.0	16.0
大港区	6	7.1	10.1	9.0	19.1
蓟县	3	3.4	3.4	6.0	9.4
宝坻区	10	7.5	8.8	5.5	14.3
武清区	7	4.8	5.8	5.0	10.8
宁河县	2	4.2	4.2	4.0	8.2
静海县	5	5.5	6.5	4.0	10.5
全市	64	207.4	292.7	112.0	404.7

（3）再生水处理工程规模

2004 年天津市再生水厂规模是 8.5 万 t/d，实际年处理量为 500 万 m³，详见表 5-4。根据《天津市中心城区再生水资源利用规划》，2010 年全市扩建和新建再生水厂 17 座，新增规模 58.65 万 t/d，达到 67.15 万 t/d；2020 年全市扩建和新建再生水厂 9 座，新增规模 51.35 万 t/d，达到 118.5 万 t/d。天津市再生水厂建设发展规划情况见表 5-5。

表 5-4　2004 年天津市再生水厂现状

区域	数量	名称	规模/（万 t/d）	实际处理量/亿 m³	用水户
中心城区	1	纪庄子再生水厂	5	0.02	城市生活、生产、生态
塘沽区	1	新水源一厂	3.5（CMF），1（RO）	0.03（CMF），0.01（RO）	城市生产、生态
全市	2	总计	8.5	0.05	

表 5-5　天津市再生水厂建设发展规划　　　　　　　　　（单位：万 t/d）

区域	数量	2010 年 新增规模	2010 年 总规模	2020 年 新增规模	2020 年 总规模
中心城区	6	41.5	46.5	45.5	92
津南区	2	0.15	0.15	1.35	1.5
塘沽区	4	4.5	8	—	8
汉沽区	1	5（一期）	5	3（二期）	8

续表

区域	数量	2010年		2020年	
		新增规模	总规模	新增规模	总规模
大港区	1	1.5	1.5	—	1.5
蓟县	1	1	1	—	1
武清区	2	2	2	—	2
宁河县	1	3	3	—	3
静海县	1	—	—	1.5	1.5
全市	19	58.65	67.15	51.35	118.5

（4）再生水方案

天津"十一五"水污染防治任务为：进一步提高城市污水处理率，2008年年底，中心城区和其他区县建成区城市污水集中处理率要达到80%，城镇污水处理率要达到50%，污水处理厂的出水再生利用率要达到20%；2010年年底，全市城市（镇）污水处理率要达到85%以上，污水处理厂的出水再生利用率要达到30%。"十一五"国家环境保护模范城市考核指标及其实施细则：城市污水集中处理率80%，城市再生水利用率20%。以此为依据，参考天津GEF水资源与水环境综合管理项目再生水研究专题阶段报告，本次研究采用污水处理厂及再生水厂的处理能力分为高、低方案，具体为污水处理厂：2010年和2020年高方案为原规划方案，2010年低方案包括已建、试运行及在建项目，2020年低方案包括增加开展前期和"十一五"重点项目；再生水厂：2010年和2020年高方案为原规划方案，2010年低方案包括已建、在建项目及"十一五"重点项目，2020年低方案包括原2010年规划可能落实项目（表5-6）。

表5-6 天津市再生水低方案和高方案处理能力 （单位：万t/月）

区县	低方案				高方案			
	2010年		2020年		2010年		2020年	
	污水	再生水	污水	再生水	污水	再生水	污水	再生水
市区	4 470	510	5 070	1 095	5 070	1 395	5 970	1 695
塘沽区	577.5	105	1 027.5	210	1 215	240	1 800	240
汉沽区	300	150	300	150	300	150	450	240
大港区	90	0	90	0	420	45	690	45
东丽区	0	0	0	0	249	0	249	0
西青区	0	0	90	0	90	0	180	0
津南区	99	5	144	5	264	5	264	45
北辰区	0	0	0	0	525	0	1 155	0
宁河县	0	0	120	0	120	90	240	90
武清区	105	0	105	0	225	60	375	60

续表

区县	低方案 2010 年 污水	低方案 2010 年 再生水	低方案 2020 年 污水	低方案 2020 年 再生水	高方案 2010 年 污水	高方案 2010 年 再生水	高方案 2020 年 污水	高方案 2020 年 再生水
静海县	60	0	120	0	150	0	270	45
宝坻区	39	0	165	0	165	0	330	0
蓟县	90	0	90	0	90	30	270	30
全市	5 830.5	770	7 321.5	1 460	8 883	2 015	12 243	2 490

5.1.4 海水

海水利用包括海水淡化利用和海水直接利用两部分。按照建设节水型社会要着力开发非常规水源的要求，天津市正在积极推进海水综合开发利用。由于地理条件的限制，海水利用只能在沿海三区（塘沽区、汉沽区、大港区）实行，根据目前提出的海水利用发展战略，天津市将在"十一五"期间建成全国最大的海水利用基地，为国内沿海地区提供海水综合开发利用的示范。按照"十一五"规划，2010 年海水日淡化能力将达到 50 万 t，年供水量 1.5 亿 m³，海水直接利用量达到 20 亿 m³，年可替代淡水 0.43 亿 m³。2020 年海水日淡化能力将达到 60 万 t，年供水量 1.8 亿 m³。考虑海水净化处理厂或调水配套设施建设滞后的可能情况，高、低方案见表 5-7。2010 年和 2020 年天津市高方案海水利用折合淡水量分别为 1.93 亿 m³ 和 2.44 亿 m³，低方案海水利用折合淡水量分别为 1.18 亿 m³ 和 1.545 亿 m³。海水淡化量和海水直接利用量年内平均分配。

表 5-7 天津市沿海三区海水供水预测结果（折合淡水）　　（单位：亿 m³）

分区	2004 年	高方案 2010 年	高方案 2020 年	低方案 2010 年	低方案 2020 年
汉沽区	0	0.28	0.35	0.14	0.18
塘沽区	0.04	0.66	0.79	0.35	0.415
大港区	0.32	0.99	1.3	0.69	0.95
总计	0.36	1.93	2.44	1.18	1.545

5.1.5 微咸水

根据"天津市咸水资源开发利用规划"，天津市各区县咸水资源储存量、可开采量、浅层咸水可动用储存量，确定天津市微咸水利用规划，2010 年和 2020 年微咸水利用量将分别达到 3781 万 m³ 和 4750 万 m³（表 5-8）。天津市微咸水利用的对象为农业。

表 5-8　天津市各区县微咸水供水预测结果　　　　（单位：万 m³）

分区	2004 年	2010 年	2020 年
蓟县	0	0	0
宝坻区	0	383	657
宁河县	0	350	511
汉沽区	0	292	365
武清区	0	730	584
北辰区	0	219	292
西青区	1 000	365	438
城区	0	0	0
津南区	0	438	584
东丽区	0	307	365
塘沽区	0	183	292
大港区	0	365	438
静海县	0	149	224
总计	1 000	3 781	4 750

5.1.6　雨水

雨水是一种重要的淡水资源。天津市雨水资源丰富，年降水量为 68.5 亿 m³，但这部分资源并没有得到合理使用。天津市现状没有集雨工程而是直接收集雨水进行利用，根据天津市集雨工程的经验，集雨水窖工程有效缓解了山区农村生产、生活缺水的燃眉之急，改善了当地生态环境，促进了区域农村经济发展，城市集雨工程的建设也已初步显示出成效。雨水资源化非常必要，天津市可适当进行集雨工程建设，预计 2010 年和 2020 年雨水利用量分别将达到 469 万 m³ 和 1393 万 m³（表 5-9），并集中在年内 4 月和 10 月两次利用。

表 5-9　天津市各区县雨水供水预测结果　　　　（单位：万 m³）

分区	2010 年	2020 年
蓟县	38	99
宝坻区	65	197
宁河县	56	167
汉沽区	16	47
武清区	68	204
北辰区	21	63
西青区	23	73

续表

分区	2010 年	2020 年
城区	8	23
津南区	17	50
东丽区	21	62
塘沽区	30	90
大港区	42	127
静海县	64	191
总计	469	1 393

5.2　国民经济节水方案

5.2.1　经济社会发展预测

2004 年是天津市实施"三步走"战略第二步目标的起始之年。全市经济持续、快速、协调、健康发展，各项社会事业全面进步，城市面貌发生了新的变化，人民生活水平进一步提高，社会继续保持和谐稳定。技术创新和改革开放的力度进一步增强，产业结构优化升级日见成效，以市场为主导的资源优化配置机制逐步形成，全市经济总量迈上新台阶，人民生活继续改善，实现了国民经济持续快速发展和社会各项事业全面进步。以可比价格计算，天津市 GDP 比上年增加 15.8%，是改革开放以来增长最快的一年，到 2004 年全市实现国内生产总值 3111 亿元，其中一产、二产、三产增加值分别完成 105.28 亿元、1685.93 亿元和 1319.76 亿元，比上年分别增长 5.1%、19.8% 和 11.9%。人均国内生产总值达到 33 478 元，比上年增长 14.9%。产业结构方面，与 2000 年相比，第一产业的比例继续下降，第二产业比例稳步增加，第三产业稍有下降，三大产业结构由 2000 年的 4.5：49.5：46 逐步调整为 2004 年的 3.4：54.2：42.4。

（1）人口指标预测

近年来天津市人口增长相对缓慢，根据天津统计年鉴，1990～2004 年人口年均自然增长速度为 3.72‰，近几年增速均低于 2‰。2004 年年末全市总人口达到 1023.67 万。天津市 2010、2020 年人口指标的预测是采用全国第五次人口普查所规定的统计口径，即：总人口（常住人口）指户籍人口和居住半年以上常住流动人口，城镇人口和农村人口按照国家统计局 1999 年发布的《关于统计上划分城乡的规定（试行）》进行划分。经分析，天津市人口增长正按照地区的人口生育计划和政策有序地发生、发展，人口自然增长率和机械增长率所造成的人口增长在一定范围内变动。人口增长预测的公式：

$$P_t^p = P_{t-1}(1 + q_t^p)^n \qquad (5-1)$$

式中，P_t^p 为预测当年全市人口；P_{t-1} 为基准年的人口数；q_t^p 为人口的综合增长率（即自然增长率与人口机械增长率之和）；n 为预测起止年的年数（$n=1, 2, \cdots, N-1, N$）。

预计全市 2010 年人口综合增长率为 1.86%，2010 年后，滨海新区已具有一定规模，对人口增长拉动有所下降，预计 2020 年人口综合增长率为 1.72%。规划年人口预测结果见表 5-10。

（2）经济指标预测

2004 年天津市地区生产总值（GDP）为 2931.88 亿元，其中第一产业增加值为 105.01 亿元，第二产业增加值为 1560.16 亿元（其中工业增加值为 1436.73 亿元），第三产业增加值为 1266.71 亿元。滨海新区 2004 年实现生产总值 1250.18 亿元，占当年全市生产总值的比例为 42.6%。现在天津市正处于全面工业化阶段，工业发展仍将处于经济的主导地位，预计到 2010 年，天津市三次产业结构为 2:52:46；随着全面工业化进程的推进，第二产业增长速度逐渐放缓，第三产业增长速度将超过第二产业，到 2020 年天津市三次产业比重为 1.5:50:48.5。1990~2004 年 15 年间，天津市 GDP 年平均增长 11.7%，其中第一产业增加值年平均增长 5.2%，第二产业增加值年平均增长 12.1%，第三产业增加值年平均增长 12.8%。天津市各产业增长指数及产业结构状况见表 5-11、图 5-1~图 5-3。

表 5-10　天津市人口发展预测结果　　　　　（单位：万人）

区县	2004 年	2010 年	2020 年
中心城区	387.05	430.00	460.00
塘沽区	66.69	99.20	189.59
汉沽区	17.87	21.40	39.57
大港区	42.83	47.81	58.81
东丽区	47.32	53.86	58.80
西青区	46.13	52.62	59.18
津南区	44.18	48.21	54.75
北辰区	46.57	50.38	62.37
宁河县	36.79	39.36	42.07
武清区	83.94	86.84	94.23
静海县	55.95	59.30	63.75
宝坻区	67.26	70.12	73.29
蓟县	81.10	84.75	89.27
全市	1023.68	1143.85	1345.68

表 5-11　天津市产业结构预测　　　　　　　　　　　　　　（单位：%）

区县	2004年 一产	2004年 二产	2004年 三产	2010年 一产	2010年 二产	2010年 三产	2020年 一产	2020年 二产	2020年 三产
中心城区	0	31.10	68.90	0	30.00	70.00	0	25.00	75.00
塘沽区	0.20	68.70	31.10	0.13	66.29	33.57	0.10	57.81	42.08
汉沽区	11.40	53.80	34.70	4.98	29.08	65.95	3.38	22.68	73.94
大港区	1.00	83.80	15.20	0.81	73.69	25.50	0.63	66.36	33.01
东丽区	2.20	61.20	36.60	1.31	55.84	42.85	1.04	63.49	35.47
西青区	3.40	70.90	25.70	2.07	66.83	31.10	1.58	73.52	24.90
津南区	3.30	61.10	35.60	1.91	56.13	41.96	1.51	63.78	34.71
北辰区	3.70	67.20	29.10	2.23	62.88	34.89	1.72	70.00	28.28
宁河县	23.60	45.50	30.90	15.13	45.36	39.51	12.40	53.61	33.99
武清区	16.90	48.30	34.80	10.46	46.51	43.03	8.52	54.67	36.81
静海县	11.30	60.80	27.90	6.99	58.48	34.53	5.48	66.10	28.42
宝坻区	21.60	29.70	48.70	13.10	27.90	59.00	11.36	34.90	53.73
蓟县	20.30	42.90	36.80	12.69	41.49	45.82	10.51	49.61	39.88
全市	3.40	54.20	42.40	2.00	52.00	46.00	1.50	50.00	48.50

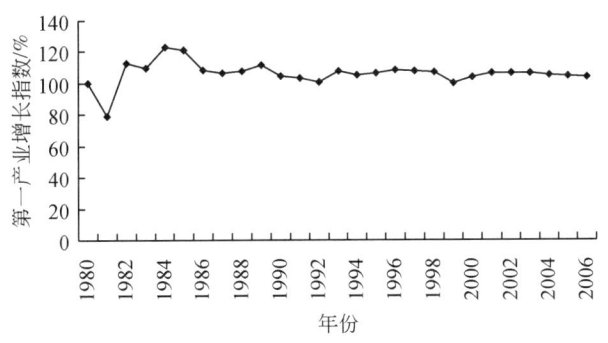

图 5-1　天津市第一产业增长趋势

自 20 世纪 80 年代以来，除 80 年代初这一阶段经济发展较慢外，天津市经济一直保持快速增长，2004 年 GDP 为 3111 亿元，人均 GDP 为 33 478 元，产业结构为第二产业比例大于第三产业，第一产业比例最小。从经济发展规律来看，天津正处于全面工业化发展阶段，伴随着工业化、城市化的进程，区域经济将保持快速发展。同时，由于滨海新区的建设，大量的投资涌入，必然会对天津市近年的经济发展起到强烈的刺激作用。预计 2010 年和 2020 年两个水平年段 GDP 增长指数分别为 12% 和 10.2%，经济总量分别为 6140.5 亿元和 16 218.8 亿元。天津市 GDP 总量和 GDP 增长指数发展趋势分别见表 5-12 和图 5-4。

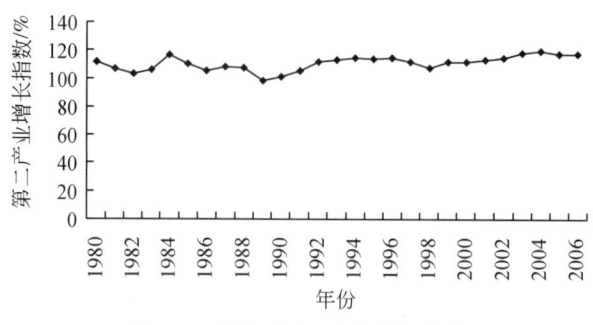

图 5-2 天津市第二产业增长趋势

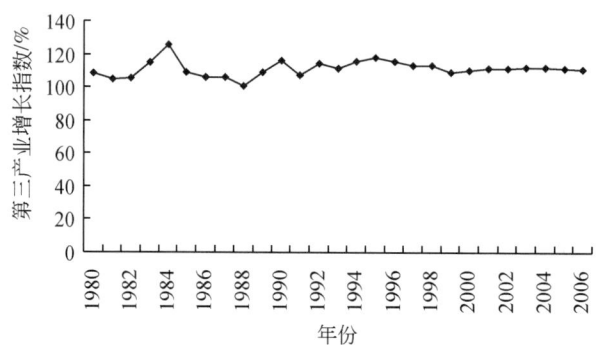

图 5-3 天津市第三产业增长趋势

表 5-12 天津市 GDP 发展预测 （单位：亿元）

区县	2004 年			2010 年			2020 年		
	一产	二产	三产	一产	二产	三产	一产	二产	三产
市区	0	303.6	671.3	0	534.22	1 246.52	0	1 135.32	3 405.96
塘沽区	1.9	580.3	263	2.4	1 192.57	603.99	5.18	2 960.48	2 154.96
汉沽区	3.4	16.2	10.4	5.7	33.29	75.51	12.32	82.65	269.41
大港区	2	172.6	31.4	3.88	354.71	122.76	8.39	880.54	437.99
东丽区	3.4	93.2	55.7	3.85	163.83	125.73	7.56	463.48	258.94
西青区	6.8	141.3	51.2	7.71	248.39	115.58	15.12	702.69	238.02
津南区	2.9	54.8	31.9	3.29	96.33	72.01	6.45	272.52	148.3
北辰区	6.2	112.7	48.7	7.03	198.11	109.93	13.78	560.46	226.4
宁河县	11.9	23	15.6	13.49	40.43	35.21	26.45	114.38	72.52
武清区	21.2	60.8	43.8	24.03	106.88	98.87	47.13	302.36	203.62
静海县	12.7	68.5	31.5	14.39	120.41	71.11	28.23	340.65	146.44
宝坻区	13.4	18.4	30.3	15.19	32.34	68.4	29.79	91.5	140.86
蓟县	19.3	40.7	35	21.87	71.55	79.01	42.9	202.4	162.71
全市	105.1	1 686.1	1 319.8	122.83	3 193.06	2 824.63	243.3	8 109.43	7 866.13

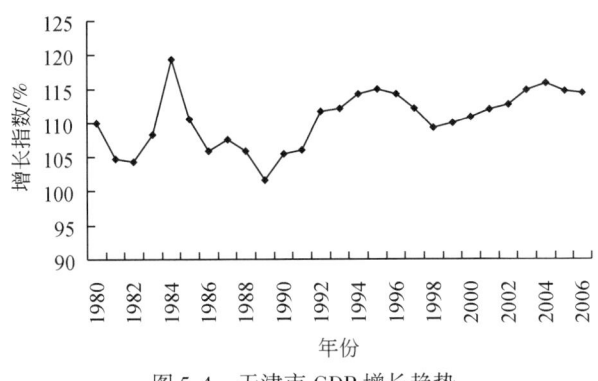

图 5-4 天津市 GDP 增长趋势

(3) 农业指标预测

根据《天津统计年鉴》及《天津郊区统计年鉴》统计数据，2004 年全市有效灌溉面积为 546.03 万亩，灌溉林果地为 35 万亩，淡水养殖面积为 8.02 万亩，大小牲畜共计 353.99 万头。

结合市农业部门的预测，各区县农业发展指标是：总体上是在 2004 年的基础上，保证耕地面积和有效灌溉面积不减少的前提条件下，减少部分水浇地面积，增加菜田播种面积，在蓟县、宝坻区、宁河县、津南区、西青区等区县保证较稳定的水稻播种面积，灌溉林果地面积、淡水养殖面积、大小牲畜存栏数都保持一定的增长趋势。2010 年水平年有效灌溉面积 530.02 万亩，其中水田 20 万亩，水浇地 386.02 万亩、菜田 124 万亩，灌溉林果地 40 万亩、淡水养殖面积 9.89 万亩，大小牲畜共计 424.99 万头；2020 年维持有效灌溉面积 530.02 万亩不变，其中水田维持 20 万亩，水浇地 356.02 万亩、菜田 154 万亩，灌溉林果地 44.99 万亩、淡水养殖面积 10.82 万亩，大小牲畜共计 490 万头。天津市 2004 水平年、2010 水平年和 2020 水平年各区县农业发展指标及其预测数据见表 5-13 ~ 表 5-15。

表 5-13 天津市 2004 年各区县农业指标

区县	有效灌溉面积/万亩				林果地面积/万亩	养殖面积/万亩	大牲畜/万头	小牲畜/万头
	水田	水浇地	菜田	合计				
蓟县	2.03	47.25	14.79	64.07	7.66	0.42	11.91	107.77
宝坻区	12.98	78.22	16.12	107.32	0.68	1.32	6.62	69.58
宁河县	4.58	44.15	10.73	59.46	0.89	0.59	3.72	46.87
汉沽区	0.35	2.18	1.16	3.69	2.51	0.14	0.11	3.85
武清区	0.16	75.25	32.85	108.26	4.7	0.66	10.46	46.06
北辰区	0.09	14.22	7.2	21.51	3.09	0.46	2.09	11.3
西青区	3.48	11.14	9.42	24.04	7.67	1.09	0.29	7.69
津南区	7.56	11.76	5.63	24.95	0.33	0.62	0.63	7.19
东丽区	0.78	12.54	6.74	20.06	0.93	0.65	0.39	10.05

续表

区县	有效灌溉面积/万亩				林果地面积/万亩	养殖面积/万亩	大牲畜/万头	小牲畜/万头
	水田	水浇地	菜田	合计				
塘沽区	0.01	5.51	2.38	7.9	0.74	0.49	0.15	4.36
大港区	0	16.49	1.04	17.53	1.09	0.78	0.25	7.64
静海县	0	75.3	11.94	87.24	4.71	0.8	2.52	31.63
全市	32.02	394.01	120	546.03	35	8.02	39.14	353.99

表 5-14 天津市 2010 水平年各区县农业指标

区县	有效灌溉面积/万亩				林果地面积/万亩	养殖面积/万亩	大牲畜/万头	小牲畜/万头
	水田	水浇地	菜田	合计				
蓟县	1.3	43.97	18.05	63.32	4.81	0.54	12.89	110.39
宝坻区	9.68	61.93	27.99	99.6	1.28	1.18	7.37	80.34
宁河县	4.85	40.26	9.35	54.46	1.12	0.8	4.08	45.27
汉沽区	0.12	3.02	0.43	3.57	3.12	0.26	0.12	2.31
武清区	0.1	76.16	35.57	111.83	6.54	1.7	12.12	54.07
北辰区	0	16.46	6.01	22.47	4.4	0.59	2.75	13.24
西青区	1.6	14.6	7.45	23.65	9.36	1.41	1.16	8.8
津南区	2	14.33	4.33	20.66	0.41	0.8	0.31	6.06
东丽区	0.35	16.7	3.98	21.03	1.18	0.78	0.63	8.83
塘沽区	0	6.09	2.02	8.11	0.51	0.48	0.3	5.83
大港区	0	17.3	0.81	18.11	1.37	0.67	0.48	9.42
静海县	0	75.2	8.01	83.21	5.9	0.68	2.77	35.45
全市	20	386.02	124	530.02	40	9.89	44.98	380.01

表 5-15 天津市 2020 水平年各区县农业指标

区县	有效灌溉面积/万亩				林果地面积/万亩	养殖面积/万亩	大牲畜/万头	小牲畜/万头
	水田	水浇地	菜田	合计				
蓟县	1.3	39.61	22.41	63.32	5.41	0.59	14.4	127.82
宝坻区	9.68	55.16	34.76	99.6	1.4	1.29	8.12	93.02
宁河县	4.85	38	11.61	54.46	1.26	0.88	4.37	52.41
汉沽区	0.12	2.92	0.53	3.57	3.51	0.29	0.13	2.68
武清区	0.1	67.55	44.18	111.83	7.36	1.86	13.55	62.61
北辰区	0	15.01	7.46	22.47	4.99	0.65	3.08	15.33
西青区	1.6	12.79	9.26	23.65	10.53	1.54	1.37	10.19
津南区	2	13.28	5.38	20.66	0.46	0.87	0.34	7.02

续表

区县	有效灌溉面积/万亩				林果地面积/万亩	养殖面积/万亩	大牲畜/万头	小牲畜/万头
	水田	水浇地	菜田	合计				
东丽区	0.35	15.74	4.94	21.03	1.32	0.85	0.74	10.22
塘沽区	0	5.6	2.51	8.11	0.57	0.52	0.36	6.75
大港区	0	17.1	1.01	18.11	1.54	0.74	0.57	10.91
静海县	0	73.26	9.95	83.21	6.64	0.74	2.97	41.04
全市	20	356.02	154	530.02	44.99	10.82	50	440

5.2.2 国民经济节水方案分析

(1) 生活节水方案

根据天津市城镇和农村居民生活用水的不同特点和变化趋势，考虑节水型社会建设的各项措施，城镇生活人均用水量为 80~180L/(人·d)，农村生活用水量为 40~120L/(人·d)，而且随着生活水平的不断提高，人均生活用水量逐步提高。分析实际的生活水平及用水状况，2004 年全区城镇生活和农村生活人均用水定额定为 113L/(人·d) 和 74L/(人·d)。考虑到天津市水资源现状，在水资源短缺未能得到根本改观的情况下，适当考虑节水，预测年份详细分区数据见表 5-16。

表 5-16 天津市人均用水定额预测 [单位：L/(人·d)]

项目	城镇生活定额				农村生活定额			
年份	2010		2020		2010		2020	
节水方案	低节水	高节水	低节水	高节水	低节水	高节水	低节水	高节水
市区	138	130	145	140	—	—	—	—
塘沽区	140	140	145	145	110	105	115	110
汉沽区	130	120	135	130	105	105	110	110
大港区	133	130	140	140	100	95	105	100
东丽区	108	100	120	110	90	80	95	85
西青区	112	105	117	115	95	85	100	95
津南区	120	120	128	125	88	80	93	90
北辰区	115	105	125	115	88	80	93	90
宁河县	115	115	123	125	90	85	95	95
武清区	115	110	121	120	95	90	100	100

续表

项目	城镇生活定额				农村生活定额			
年份	2010		2020		2010		2020	
节水方案	低节水	高节水	低节水	高节水	低节水	高节水	低节水	高节水
静海县	120	120	130	130	85	80	90	85
宝坻区	130	130	140	140	95	95	100	100
蓟县	115	110	125	120	95	85	100	90

(2) 二产、三产节水方案

本次预测规划水平年工业需水量以"天津市'十一五'发展规划"、"天津市节水型社会建设试点规划"对全市工业需水量的预测成果为基础，根据全市工业总体布局规划、滨海新区"十一五"发展规划以及各区县"十一五"发展规划的安排，通过分析各分区现状工业用水水平和未来工业节水的潜力，分别预测了各分区规划水平年的二产、三产用水高低净定额，得到高节水和低节水两个方案，见表5-17。

表5-17 天津市第二、三产业用水定额预测 （单位：m³/万元）

产业类型	第二产业				第三产业			
年份	2010 年		2020 年		2010 年		2020 年	
节水方案	低节水	高节水	低节水	高节水	低节水	高节水	低节水	高节水
市区	23	22.2	6.5	5.9	11.5	11.1	4.3	3.9
塘沽区	23	22.2	6.5	5.9	11.8	11.4	4.3	3.9
汉沽区	23	22.2	6.7	6.1	13.2	12.7	4.5	4
大港区	23	22.2	6.8	6.2	13.2	12.7	4.5	4.1
东丽区	23.4	22.5	7	6.3	12.1	11.7	4.6	4.2
西青区	18.3	17.6	7	6.3	12.1	11.7	4.6	4.2
津南区	16.8	16.2	6.8	6.2	11.1	10.7	4.5	4.1
北辰区	23	22.2	6.7	6.1	11.9	11.5	4.5	4
宁河县	23	22.2	6.7	6.1	11.8	11.4	4.5	4
武清区	18	17.3	6.8	6.2	11.5	11.1	4.5	4.1
静海县	23	22.2	6.8	6.2	12	11.6	4.5	4.1
宝坻区	23	22.2	6.8	6.2	12	11.6	4.5	4.1
蓟县	23	22.2	7	6.3	13	12.5	4.6	4.2

(3) 农业节水方案

1) 作物净灌溉定额。由于作物灌水量的多少不仅与作物的种类有关而且与气候条件、地理位置、当地的水资源状况密切相关，因而灌溉定额具有明显的地域性。综合考虑天津的地理条件，本规划以县（区）行政分区为单位分别确定典型作物的灌溉定额。

典型作物的选择：根据天津市土地利用现状，灌溉土地主要有水田、水浇地、菜田以及林果地。其中，水田的代表性作物为水稻，水浇地以冬小麦、玉米、棉花、大豆、向日葵5类作物为代表，菜田以蔬菜、瓜果为代表并将其归为一类。

在作物灌溉净定额的确定中，根据统计和调查的气象、作物的生育时间、种植结构等相关资料，本规划将实际情况和联合国粮农组织推荐的"修正的彭曼公式"[式（5-2）]相结合，计算出25年（1980~2004年）逐日的作物蒸发蒸腾参考量，将其汇总到25年逐月水平，在此基础上结合当地作物实际的作物系数确定出作物实际的用水量。再利用25年逐月的降水系列确定出典型作物的逐月有效降水，不同种植结构条件下的逐月有效降水量[有效降雨采用式（5-3）]，最后确定出在充分灌溉条件下典型作物的净定额。

$$\mathrm{ET}_0 = \frac{0.408\Delta(R_n - G) + \frac{900}{T + 273}\gamma U_2(e_s - e_d)}{\Delta + \gamma(1 + 0.34 U_2)} \quad (5-2)$$

式中，ET_0 为参考作物腾发量；R_n 冠层表面净辐射；G 土壤热通量；e_s 为饱和水汽压；e_d 实际水汽压；Δ 为饱和水汽压与温度曲线斜率；γ 为湿度计常数；U_2 为2m高处风速；T 为平均温度。

$$P_e = \alpha P_t \quad (5-3)$$

式中，P_e 为逐月有效降雨量；P_t 为月降雨量；α 为降水入渗系数，与一次降水量、降水强度、降水延续时间、土壤性质、地面覆盖及地形等因素有关。系数 α 值的确定较为复杂，不仅与上面提到的因素有关，而且与上一次的降水强度和两次降水之间的时间间隔以及此时段内的作物蒸发蒸腾强度有直接关系。在实际中常利用当地的实验资料确定（表5-18）。规划水平年不同节水水平下典型作物的灌溉净定额见表5-19。

表5-18 降水有效利用系数

月降水量/mm	<5	5~30	30~50	50~100	100~150	>150
有效利用系数	0	0.85	0.80	0.70	0.58	0.48

表5-19 规划水平年多年平均农业灌溉净定额　　　　（单位：mm）

方案设置	水稻	小麦	玉米	棉花	大豆	向日葵	蔬菜	林果	鱼塘
高节水	603	279	169	148	133	129	560	188	605
中节水	645	299	188	167	150	142	604	208	605
低节水	695	323	212	190	171	158	658	232	605

2）灌溉水利用系数。2004年灌溉水利用系数根据天津市多年来农业灌溉地下水和地表水的利用比例关系确定。规划年的灌溉水利用系数确定需要综合考虑天津市在农业灌溉中大力推广工程节水和非工程节水措施相结合的农业节水方式，一方面针对水稻种植，采用旱育秧的种植方式或者是浅显灌、间歇灌等节水灌溉方式使得未来年份水田的灌溉定额将大幅度减小；另一方面针对其他作物采用种植结构调整、新型高产抗旱品种等非工程措施与抗旱保水、膜下滴灌等节水灌溉工程措施。未来天津市将大力提高灌溉水利用率、减少灌溉水损失量，农田灌溉节水仍有潜力可挖。通过分析计算，天津市2004年和规划年

的灌溉水利用系数见表 5-20。

表 5-20　天津市规划年农业水利用系数

年份	水田	水浇地	菜田	林果地	鱼塘
2004	0.63	0.67	0.75	0.67	0.77
2010	0.70	0.71	0.75	0.73	0.81
2020	0.78	0.79	0.83	0.79	0.83

3）作物毛灌溉定额。以计算的灌溉水利用系数为基础确定水平年作物的灌溉毛定额，包括规划水平年的高、中、低节水方案（表 5-21）。

表 5-21　规划水平年多年平均各方案农业毛定额　（单位：mm）

年份	方案	水稻	小麦	玉米	棉花	大豆	向日葵	蔬菜	林果	鱼塘
2010	低节水	993	455	299	268	241	223	877	318	747
	中节水	921	421	265	235	211	200	805	285	747
	高节水	861	393	238	208	187	182	747	258	747
2020	低节水	891	409	268	241	216	200	793	294	729
	中节水	827	378	238	211	190	180	728	263	729
	高节水	773	353	214	187	168	163	675	238	729

4）畜牧业用水定额。根据"天津农业用水定额标准"（DB12/T 159—2003），天津市畜牧业中大牲畜用水定额为 45L/(头·d)，小牲畜用水定额为 15L/(头·d)。

5.3　水生态修复方案

5.3.1　天津市水生态总体规划目标

优良的水生态是天津市实现可持续发展与生态文明建设的重要支撑条件，综合考虑天津市水生态的演化发展，参考示范项目的研究成果和"渤海天津碧海行动计划"及"天津市水污染防治规划"等环境治理规划，遵循自然法则、美学原则和技术适当、经济可行、社会能接受的原则，针对天津市地面水域及近岸海区水生态严重衰退的局面，本次研究在充分论证方案可行性与目标可达性的基础上提出了不同规划水平年可行的水生态修复目标。拟采用实质干涉控制性修复路线，确定人工修复方案，并提出水资源和水环境双目标要求及相应的保证措施，促进良性水生态系统的恢复与重建，以达到水资源与水环境和谐发展，促进水资源可持续利用的目的。

（1）2010 年目标

1）饮用水源水生态功能区水生态不再恶化，水体的富营养化程度不再加剧，遏制高温期藻类突发，降低水处理成本，保证饮用水源保护区长期稳定在地表水Ⅲ类以上水质标准。

2）规划和建设海河干流-市区景观水域水生态功能区，完成主要一级河河道，规范排污口门工程，污染物排放控制在环境容量允许的范围之内。整治黑臭河道，恢复水生态功能，保证功能区水体达到景观用水水质目标，同时满足地表水Ⅴ类水体标准要求，保持河湖沟通满足水体动植物群落的自然生境条件。

3）划定和建设中部七里海-大黄堡湿地水生态功能区和南部团泊洼水库-北大港水库湿地水生态功能区。在满足该区各自然保护区要求和生态廊道要求的同时，满足水生态系统自然生境条件、恢复两湿地功能区水质净化和水量调节功能，使水体水质稳定在农业用水标准以上，同时满足地表水达到Ⅴ类水体标准要求。

4）建立近岸海域海产增值水生态功能区，不断提高入海流量，削减污染物入海排放量。近期保证在4~6月份通过两个湿地水生态功能区入海径流达到2亿m^3，有效遏制近岸海域水生态恶化局面。

5）建立水生态恢复效果监测体系，建立河道、湖泊、水库、湿地水资源、水环境、水生态调控管理机制。

（2）2020年目标

1）饮用水源水生态功能区水生态趋于良性发展，水体保持在中营养以下水平，使水质保持地表水Ⅲ类以上标准，保证自来水厂进水水质全年安全稳定。

2）海河干流-市区景观水域水生态功能区水体水生态系统结构趋于合理，保证功能区水体水质全年达到地表水Ⅳ类，满足饮用水源输水期的地表水Ⅲ类对水生态结构的要求。

3）中部七里海-大黄堡湿地水生态功能区和南部团泊洼-北大港湿地水生态功能区水体水生态系统结构趋于合理，保证功能区水体水质全年达到地表水Ⅳ类对水生态的要求，把两湿地功能区建成水资源、水环境、水生态的陆海生态廊道。

4）近岸海域水生态系统结构趋于合理，满足一、二、三、四海区（水环境功能区）对水生态结构的要求以及维持这一水生态结构和海产增值的淡水入海和污染物削减条件，使海区水生态得到初步修复。

5）满足全市区域水生态需水量包括入海淡水量的海区水生态要求。

6）完成完善的水生态监测体系及管理机制建设。

5.3.2 河道内生态用水方案

河流不但为生产、生活提供用水，为航运、水上娱乐、养殖等提供水域，为水力发电提供能源，而且具有重要的生态环境功能，如为水生生物提供生存环境、水体自净及泥沙等输运功能。天津市河道水生态基流量由中心河道水生态基流量、河流水面蒸发量、河道渗漏耗水量以及河漫滩植物耗水量等部分构成。

（1）中心河道生态基流量

中心河道水生态基流量（即至河口的水生态需水量）采用Tennant法确定。该方法将多年平均流量分成八个等级，分别对应于最小至最大的不同流量状态。其中多年平均流量的10%确定为维持水生生物生存的最小流量,而多年平均流量的30%确定为适宜水生生物的中等流量,多年平均流量的60%则确定为最佳水生态需水量。具体分级参见《天津市水生态恢复规划研究》(以下简称《规划研究》)。

根据海河流域及天津市的实际情况,20世纪80年代以前是流域水利大开发时期,修库治河、打井提水等对河流的生态环境产生了巨大的影响,至20世纪70年代末期,海河流域平原河道已基本形成了河道人工化。因此,本次生态修复规划采用1980年以后的系列数据作为规划依据。在充分考虑天津市水系分布、水功能分区、水文/水质站网的空间布置、监测年限等因素的前提下,结合本次水资源配置中所选取的控制断面,确定了6个断面作为河道内生态需水计算的控制断面,分别为潮白新河宁车沽、蓟运河新防潮闸、北京排污河东堤头、独流减河工农兵闸、海河海河闸、北运河屈家店,控制水量为河流入境与出境断面之间的部分。将Tennant法计算的结果与配置模型进行综合分析计算并加以滚动修正,最后选取1980~2004年天津市各河平均流量的25%作为水生态基流量,全市总生态基流量为3.2亿 m³(表5-22)。

表5-22 各控制断面的生态基流　　　　　　　　　　　(单位:万 m³)

时间	潮白新河宁车沽(闸上)	蓟运河新防潮闸(闸上)	北京排污河东堤头(闸上)	独流减河工农兵闸	海河海河闸(闸上)	北运河屈家店(闸下)
1月	191.0	156.2	62.7	48.2	114.4	93.9
2月	238.8	156.2	75.3	48.2	125.9	101.3
3月	286.6	230.4	117.0	72.3	144.5	121.6
4月	477.6	300.3	170.7	96.4	155.4	152.4
5月	573.1	360.4	239.8	120.5	193.6	162.2
6月	955.2	600.6	297.6	192.8	342.4	265.6
7月	1 528.3	1 441.4	378.2	289.2	787.5	332.9
8月	1 719.4	2 402.4	942.5	891.1	1 290.9	307.0
9月	1 528.3	2 042.0	475.5	653.7	1 138.7	255.7
10月	1 146.2	1 198.3	289.3	309.7	774.5	114.5
11月	477.6	341.5	154.1	196.2	269.5	96.5
12月	238.8	167.1	67.4	48.8	129.3	93.9
全年	9 360.9	9 396.8	3 270.1	2 967.3	5 466.7	2 097.5

(2) 河道蒸发、渗漏损失量

1) 河道水面蒸发。河道水面蒸发是水体水分的消耗量,河流保证补充此部分水分消耗,才能保障河道水量不减少或干枯。其计算公式如下:

$$\begin{cases} F_1 = E - P, & E > P \\ F_1 = 0, & E \leq P \end{cases} \tag{5-4}$$

式中,F_1 为恢复蒸发消耗水量;E 为区域蒸发量;P 为区域降水量。

根据研究区域降水、蒸发水文系列资料,得到区域内蒸发量与降水量差值的系列数据，并按照从小到大的顺序排列得到不同保证率（50%、75%、90%）下的蒸发消耗量。

本次计算河流水面蒸发量采用水面面积与年水面蒸发系数的乘积。对常年过水河道，蒸发损失按以下公式计算：

$$W_{蒸损} = 10(Z - P) \times F \tag{5-5}$$

式中，$W_{蒸损}$ 为水面蒸发损失水量（m³）；Z 为年水面蒸发量（mm）；P 为年降水量（mm）；F 为水面面积（hm²）。

河漫滩植物耗水量考虑直接利用降雨，不需另外补水，忽略不计。对于季节性有水河道，按天数折算。

2）河道渗漏损失量。河流的存在不可避免地伴随着河道输水损失量。从河道输水损失量中扣除河道输水期的水面蒸发量，可得到河道补充两岸浸润带的水量和河道渗漏补给地下水的水量。在河流较短或整条河流上下游河道特征差异不大的情况下，可以选用代表断面来确定相关系数。当河流较长或流经区域的地质、地貌、河宽等因素差异较大时，可以根据河道特征划分出不同计算河段，在不同河段中选择代表断面分段计算河道渗漏水量。河道渗漏生态需水量计算公式为

$$W_{渗} = K \times I \times A \times L \times T \times 10^{-4} \tag{5-6}$$

式中，$W_{渗}$ 为河道渗漏补给量（万 m³）；K 为渗漏系数（m/d）；I 为水力坡度；A 为渗透剖面面积（m²）；L 为计算河道长度（m）；T 为计算时段（d）。

河道渗漏损失量与土质类别和过流状态关系较大，按以下公式计算：

$$Q_S = Q_j \sigma L \tag{5-7}$$

式中，Q_S 为河道生态基流渗漏量（m³）；Q_j 为河道生态基流量（m³）；L 为河道长度（km）；σ 为河道单位长度水量损失率（%/km），$\sigma = K/Q_{dj}^m$，其中 Q_{dj} 为河道生态基流流量（m³/s），K 为土壤透水性系数，m 为土壤透水性指数。K、m 取值见表 5-23。

表 5-23　土壤透水性参数

渠床土质	透水性	K	m
黏土	弱	0.70	0.30
重壤土	中弱	1.30	0.35
中壤土	中	1.90	0.40
轻壤土	中强	2.65	0.45
沙壤土	强	3.40	0.50

考虑河道渗水在地下水顶托的条件下，按不同埋深乘以修正系数。对经常性过水河道，地下水埋深按小于 3m 计算；对季节性过水河道，地下水埋深按大于 3m 计算。经计算，河道蒸发、渗漏损失量见表 5-24。

表 5-24 河道蒸发、渗漏损失量

河道名称	水面积 /km²	蒸发总量 /亿 m³	渗漏量 /亿 m³	总计 /亿 m³	河道水位/m
蓟运河	14.94	0.164	0.3	0.464	1.00（黄海，新防潮闸）
北运河	3.86	0.042	0.585	0.627	5.10（大沽）
永定新河	10.22	0.106	0.111	0.217	2.50（黄海）
潮白新河	17.01	0.187	0.178	0.365	2.50（黄海）
海河	12.14	0.122	0.091	0.213(0.145)*	1.50（大沽，河道最低水深）
子牙河	1.71	0.019	0.122	0.141	2.63（1970 年）
独流减河	29.87	0.329	0.349	0.678	3.00（黄海）
南运河	1.34	0.147	0.138	0.285	7.00（大沽，1963 年）
合计	91.09	1.116	1.874	2.99 (2.99)*	25.23

* 括号内数字为只计海河二道闸上耗水量，河道蒸发总量、渗漏量均按河道相应水位下的年水面蒸发量和河槽渗漏量计算。

5.3.3 河道外生态用水方案

河道外生态用水主要包括城镇生态用水、林草地生态用水和湖泊沼泽湿地生态用水。城镇生态用水量计算主要包括城镇河湖用水量、城镇绿地建设用水量和城镇环境卫生用水量。其中，城镇绿地和环卫生态用水量采用定额法计算，城镇河湖补水量采用水量平衡法计算。林草植被建设用水指为建设、修复和保护生态系统，对林草植被进行灌溉所需要的水量，林草植被主要包括防风固沙林草等，采用面积定额法计算。湖泊沼泽湿地生态环境补水量指为维持一定的湖泊水面面积或沼泽湿地面积需要人工补充的水量。湖泊生态环境补水量可根据湖泊水面蒸发量、渗漏量、入湖径流量等通过水量平衡法估算。沼泽湿地生态环境补水量采用水量平衡法进行估算。

(1) 城镇生态用水方案

1) 城市河湖环境生态用水。主要计算方法有水面生态效益法、定额法、水量损失法、换水法等，或直接采用有关城市规划的规划水量。由于各城市经济社会水平、水源条件及基础情况不同，河湖环境要求也存在一定差别。天津市 2010 年以补充河湖水量损失为主，远期则以实现河湖水功能区划目标来考虑所需换水量。

水面生态效益法：根据水和土的比热特性进行推算，理论上水面面积应占城市面积的 1/6。

定额法：根据不同水平年的"城市规划人口"和"规划市区面积"，按照不同环境要求确定不同定额，以反映城市居民生活水平提高对环境的要求。

水量损失法：河湖损失水量的计算方法一般要考虑蒸发渗漏损失。水面蒸发损失水量计算方法与湿地相同；渗漏系数根据土壤条件确定，一般为 1~3mm/d。中心城区河湖水系水面面积共 3487hm² （具体参见《规划研究》）（表 5-25）。

表 5-25　市中心区河湖水系水面面积　　　　　　　　　　（单位：hm²）

名称	水面面积	名称	水面面积
卫南洼	287	新开河	47.52
侯台子	198	津河	42
南淀	140	卫津河	30.5
天塔湖	20	南运河	37.82
天南大校内水面	13.1	外环河	214.2
迎宾馆	16.4	复兴河	22.2
干部俱乐部	4.9	月牙河	27.6
青少年活动中心	17.6	长泰河	9.6
第二工人文化宫	6.7	双林引水河	9.6
水上公园	89.2	北丰产河	14.8
人民公园	3.3	护仓河	16.2
北宁公园	16.7	东场引河	10.4
西沽公园	6.8	四化河	10
长虹公园	6.9	陈台子排水河	12
程林公园	94.4	张贵庄排水河	11.2
其他	1470	西丰产河	7.2
海河（仅至外环线）	289.5	津港运河	7.6
子牙河（天津段）	82	其他	60.06
北运河（天津段）	134	总计	3 487

本书以水量损失法模式计算，中心城区河湖水系水生态用水量：2004 年和 2010 水平年为 3487 万 m³，2010 年以后考虑水质改善及市区扩大因素，2020 规划水平年为 6652 万 m³。

天津市城区河湖水生态用水量即城镇河湖、水库水生态用水量，依据上述模式或计算最小用水量为 2010 年 14 893 万 m³，2020 年 22 521 万 m³。其中海河市区段—市区河湖水系用水量 2010 年为 3489 万 m³，2020 年为 6652 万 m³（表 5-26）。

表 5-26　天津市城区河湖最小生态环境用水量　　　　　　　（单位：万 m³）

所在区	2010 年 河道、水面	2010 年 水库	2020 年 河道、水面	2020 年 水库
中心城区	3 489	—	6 652	—
东丽区	661	799	2 086	799
津南区	322	777	959	777

续表

所在区	2010 年 河道、水面	2010 年 水库	2020 年 河道、水面	2020 年 水库
西青区	46	1 210	131	1 210
北辰区	152	257	470	336
大港区	172	1 870	476	1 870
塘沽区	203	2 883	579	2 891
汉沽区	—	770	—	770
武清区	173	650	514	650
宁河县	149	—	498	—
宝坻区	215	—	597	—
蓟县	21	—	56	—
静海县	74	—	200	—
小计	5 677	9 216	13 218	9 303
总计	14 893		22 521	

2）城市绿地生态用水方案。城市绿地是流域旱地生态系统的重要组成部分，是城市生态系统中具有负反馈调节功能的重要组成，具有改善局部小气候、净化空气、降低噪声、提供生物栖息地以及景观娱乐等生态功能。城市绿地生态系统生态环境用水是指在一定的时空条件下，维持城市绿地系统健康存在与生态功能顺畅发挥所需的一定水质标准下的水量，属于流域旱地生态环境用水类型。

城市绿地生态用水包括植物用水和土壤用水两部分。植物用水是绿地系统用水的主体，为消耗性用水，作为动态水资源长期循环流动。土壤用水的实质是土壤含水量，其为绿地植被的生长发育提供必要的土壤水分环境，是绿地植被生长所需占用的水量。

城市绿地生态用水的计算模型如下：

$$W_{cg} = W_p + W_s \tag{5-8}$$

式中，W_{cg} 是城市绿地生态环境用水（m³）；W_p 是城市绿地植物用水（m³）；W_s 是城市绿地土壤用水（m³）。

植被蒸散消耗用水计算公式如下：

$$W_p = (1 + 1/99) \times k \times \sum_{i=1}^{n} \beta_{li} \times ET_{0i} \times A_{pi} \tag{5-9}$$

式中，k 为单位换算系数；β_{li} 为不同类型植被的实际蒸散量与潜在蒸散量的比例；ET_{0i} 为不同类型植被的潜在蒸散量；A_{pi} 为不同类型植被的覆盖面积（km²）；n 为植被类型数；下标 i 为第 i 种植被类型。

土壤用水的计算可选取某一区域城市土壤水分常数的平均值，采用以下方法计算：

$$W_s = k \times \alpha_s \times \sum_{i=1}^{n} H_{si} \times A_{si} \tag{5-10}$$

式中，α_s 为不同等级下的土壤实际含水量与田间持水量的比例（%）；H_{si} 为不同类型植被的有效土厚度（m）；A_{si} 为第 i 类土壤分布面积（km²）。

3）环卫生态用水量采用定额法计算。综合以上计算结果，得出不同水平年城镇生态环境用水量（表5-27）。其中，2010水平年城镇最低生态用水量为8567万 m³，2020水平年城镇生态最小用水量为17 468万 m³。

表5-27 城镇生态环境用水量方案　　　　　　　　（单位：万 m³）

分区	水平年	城镇生态环境用水量			
		绿化	河湖需水	环境卫生	小计
中心城区	2004	1 290	3 489	350	5 129
	2010	1 290	3 489	350	5 129
	2020	1 920	6 652	480	9 052
东丽区	2004	83	661	20	764
	2010	90	661	20	771
	2020	130	2 086	30	2 246
津南区	2004	20	260	10	290
	2010	20	322	10	352
	2020	30	959	10	999
西青区	2004	30	46	15	91
	2010	70	46	20	136
	2020	100	131	20	251
北辰区	2004	0	152	15	167
	2010	160	152	50	362
	2020	250	470	60	780
塘沽区	2004	120	159	30	309
	2010	120	203	30	353
	2020	180	579	40	799
汉沽区	2004	—		20	20
	2010	50	—	10	60
	2020	70	—	20	90
大港区	2004	30	172	20	222
	2010	260	172	70	502
	2020	390	476	100	966

续表

分区	水平年	城镇生态环境用水量			
		绿化	河湖需水	环境卫生	小计
武清区	2004	20	130	0	150
	2010	50	173	10	233
	2020	80	514	20	614
宝坻区	2004	78	175	20	273
	2010	60	215	20	295
	2020	100	597	20	717
宁河县	2004	0	149	0	149
	2010	30	149	10	189
	2020	40	498	10	548
静海县	2004	0	74	0	74
	2010	50	74	10	134
	2020	80	200	20	300
蓟县	2004	0	0	0	0
	2010	20	21	10	51
	2020	40	56	10	106
全市	2004	1 671	5 467	500	7 638
	2010	2 270	5 677	620	8 567
	2020	3 410	13 218	840	17 468

(2) 农村生态用水方案

1) 湿地生态用水。健康良好的湿地具有维持生物多样性和栖息地的功能，具有养殖、航运、景观、娱乐等功能。为了维护该功能，需要维持湿地的最小生态水位和生态水面。根据水量平衡的原理，在无取水自然条件下，对北方河流而言，由于蒸发大于降水，必须有相当一部分的入湖水量消耗于湿地的水面蒸发和渗漏过程中。

湿地生态补水主要是用以湿地维持水量平衡而消耗于蒸发和渗漏的净水量。根据湖泊洼淀的多种功能，特别是现状生态功能和当地水源条件，确定湖泊洼淀的生态水位。通常选取满足各种生态功能最小水位的最大值。根据生态水位选择或计算对应的水面和蓄水量，按照以下公式计算蒸发、渗漏损失所需的补水量：

$$W_i = 10A_i(E_i - P_i) + L_i \tag{5-11}$$

式中，W_i 为某一地区湿地的生态环境用水量（m³）；A_i 为某一湿地的水面面积（hm²）；E_i 为相应的水面蒸发能力（mm）；P_i 为湿地上的降水量（mm）；L_i 为渗漏水量（m³），可采用多年实测数据或根据经验公式计算。

湿地范围包括水域面积、周边苇地面积及湿地区域范围内的水稻面积和鱼塘面积。其中，水稻、鱼塘用水已计入农业用水水量，因此不再计入湿地水生态用水量。

根据不同水平年的来水情况，同时满足生态修复目标的要求，考虑到 2010 年南水北调东线尚不能通水，故方案暂不考虑北大港水库生态用水，湿地生态用水量为 17 630 万 m³。考虑到 2020 年南水北调东线工程存在供水量到达设计能力和不供水两种可能，分别选择恢复和不恢复北大港湿地两种方案，湿地生态用水量分别为 26 380 万 m³ 和 45 880 万 m³。

2）林草地生态用水。林地土壤含水量（SMC）和林地蒸散量（ETQ）可根据公式计算。首先确定林草地生态环境需水定额，包括林地土壤含水定额和林地蒸散定额，以此为基础根据相应面积计算相应用水量。林草地生态环境用水量为上述土壤含水量与蒸散量之和，其计算公式如下：

$$EWQ = SMC + \sum_{j=1}^{12} ETQ_j \quad (5\text{-}12)$$

式中，EWQ 为林草地年生态环境用水量（m³）；SMC 为林草地土壤含水量（m³）；ETQ_j 为第 j 月的林地蒸散定额（mm）。

3）农村生态用水方案。计算最终得出的农村生态环境用水量方案见表 5-28。其中，2004 年农村生态环境无用水补给；2010 年一定程度上补充农村生态的需水量，考虑到 2010 年南水北调东线尚不能通水及水资源的紧缺程度，北大港湿地蒸发渗漏需水暂不补充，维持其天然水文过程，总用水为 27 906 万 m³；2020 年考虑南水北调东线工程供水量到达设计能力和不供水两种情景，设高、低两种方案，体现为北大港湿地补水和不补水两种情景，用水量分别为 36 973 万 m³ 和 56 473 万 m³。

表 5-28　农村生态环境用水量方案　　　　　　　　（单位：万 m³）

分区	水平年	湖泊生态补水量	沼泽湿地生态补水量	林草植被补水量	小计
中心城区	2010	—	—	—	—
	2020	—	—	—	—
东丽区	2010	799	—	50	849
	2020	799	—	50	849
津南区	2010	777	—	20	797
	2020	777	—	50	827
西青区	2010	1 210	—	40	1 250
	2020	1 210	—	40	1 250
北辰区	2010	257	—	80	337
	2020	336	—	80	416
塘沽区	2010	2 883	—	30	2 913
	2020	2 891	—	30	2 921

续表

分区	水平年	农村生态环境用水量			
		湖泊生态补水量	沼泽湿地生态补水量	林草植被补水量	小计
汉沽区	2010	770	—	20	790
	2020	770	—	30	800
武清区	2010	650	3 590	90	4 330
	2020	650	3 590	110	4 350
宝坻区	2010	—	1 260	90	1 350
	2020	—	4 860	120	4 980
宁河县	2010	—	5 680	80	5 760
	2020	—	7 930	90	8 020
静海县	2010	—	7 100	260	7 360
	2020	—	7 100	330	7 430
蓟县	2010	—	—	250	250
	2020	—	2 900	310	3 210
大港	2010	1870	—	50	1 920
	2020（低）	1 870	—	50	1 920
	2020（高）	1 870	19 500	50	21 420
全市	2010	9 216	17 630	1 060	27 906
	2020（低）	9 303	26 380	1 290	36 973
	2020（高）	9 303	45 880	1 290	56 473

（3）河道外生态用水方案汇总

通过对城镇与农村生态用水的计算，得到河道外生态用水（表5-29）。2010年河道外生态用水量为36 473万 m^3。2020年考虑南水北调东线工程供水量到达设计能力和不供水两种情景设高、低两种方案，主要体现为北大港湿地补水和不补水两种情景，相应河道外生态用水量分别为73 941万 m^3 和54 441万 m^3。

表5-29　河道外生态用水方案汇总表　　　　　　（单位：万 m^3）

分区	2004年		2010年		2020年（低）		2020年（高）	
	城镇生态环境用水量	农村生态环境用水量	城镇生态环境用水量	农村生态环境用水量	城镇生态环境用水量	农村生态环境用水量	城镇生态环境用水量	农村生态环境用水量
市区	5 129	0	5 129	0	9 052	0	9 052	0
东丽区	764	849	771	849	2 246	849	2 246	849
津南区	290	797	352	797	999	827	999	827
西青区	91	1 250	136	1 250	251	1 250	251	1 250

续表

分区	2004 年 城镇生态环境用水量	2004 年 农村生态环境用水量	2010 年 城镇生态环境用水量	2010 年 农村生态环境用水量	2020 年（低）城镇生态环境用水量	2020 年（低）农村生态环境用水量	2020 年（高）城镇生态环境用水量	2020 年（高）农村生态环境用水量
北辰区	167	337	362	337	780	416	780	416
塘沽区	309	2 913	353	2 913	799	2 921	799	2 921
汉沽区	20	770	60	790	90	800	90	800
大港区	222	1 920	502	1 920	966	1 920	966	21 420
武清区	150	4 330	233	4 330	614	4 350	614	4 350
宝坻区	273	1 350	295	1 350	717	4 980	717	4 980
宁河县	149	5 760	189	5 760	548	8 020	548	8 020
静海县	74	7 270	134	7 360	300	7 430	300	7 430
蓟县	0	250	51	250	106	3 210	106	3 210
全市	7 638	27 796	8 567	27 906	17 468	36 973	17 468	56 473

5.3.4 入海水量控制方案

保持一定的入海水量对于维持河口和渤海湾的水沙、水盐、水热和生态平衡都是必需的和重要的。最小入海水量的计算可从以下三个方面考虑：

(1) 河口冲淤水量

河口冲淤所需水资源量很大，鉴于天津市现状，本研究中采用淡水冲淤、青淤、导流堤与河口建闸等综合性措施。

(2) 防止盐碱入侵水量

对于感潮河流，为计算防止海水入侵所需维持的河道最小流量，需要设置一个海水入侵河道的最小距离作为临界距离，然后根据河口区盐度分布和水流循环特征选用相应的公式计算。海河流域的入海河流建有多座闸门，故可不计算海水入侵所需最小生态流量。

(3) 维持河口生态平衡用水量

主要考虑河口区域有适宜的咸淡水比例（盐度）、水温、水质等为河口区域提供良好的生物生存环境。盐度是近岸海域生境最敏感的环境因子，盐度超标对河口淡水生物和半咸水生物有致命的影响。这种影响在时间上基本是瞬时的。河口区盐度的变化受控于河道淡水的补给，因此可以利用生物对盐度的适应能力作为控制条件得到河口淡水的需求量。

由于缺乏海洋生物对环境适应能力方面的资料，本书采用以生境为主的简单相关分析方法。利用河口的年入海水量与相应的盐度做回归分析，建立二者的相关关系，根据盐度测站地理位置的生物类型及其适应盐度能力，计算出相应的水量为生态用水量。

海表盐度数据采用塘沽站 1965～1997 年的长系列观测资料。由于冬季结冰，本书使用的盐度资料年均值是 4～11 月 8 个月的平均值。

利用入海水量与盐度的关系建立线性回归方程：

$$Y = -1.3861\ln X + 32.494 \tag{5-13}$$

式中，Y 为入海水量；X 为盐度。

相关系数 $r=0.823$，相关程度较高。

为了进一步验证入海水量对近岸盐度的影响，考虑降水对盐度的作用。用不同面积降水量试算。当加入各年 500km² 范围内的降水量时，相关性相对最好，比其大或小的面积范围内的降水都将使得相关性下降，但是不加降水时相关系数为 0.828，与只考虑入海水量时几乎相等。该分析说明近岸海域的盐度主要决定于入海水量。

半咸水生物的盐度适应范围为 5‰~30‰，但是盐度的年内季节变化很大，一般冬季 2 月份达到全年最高值，8 月份落回到全年最低值。考虑到塘沽测站 20 世纪 80 年代的盐度最高，我们把 1985~1990 年（入海偏枯年份）4~11 月份的盐度均值 28.92‰ 作为最小入海水量的盐度控制标准，把 1988~1997 年的均值（接近多年平均）看作可接受的适宜入海水量标准，取该阶段的 4~11 月份的均值 28.62‰ 作为适宜入海水量的盐度控制标准。根据流域内水资源紧缺状况，本次研究不计算河口冲淤及防止盐碱入侵水量，只考虑近海生物用水量，即最低入海水量，将其作为河口最小生态用水量。

根据回归方程和盐度控制标准，计算得出最小年入海水量为 13.6 亿 m³，将其作为 2010 年的控制目标，适宜入海水量 16.4 亿 m³ 作为 2020 年的控制目标。另外由于每年的 4~6 月是鱼类的洄游期，入渤海湾天津海区产卵孵化和幼鱼生长、肥育期，需保证最低 2 亿 m³ 的入海淡水量，提高水生生物多样性，促进海区水生态恢复。

5.4 水污染控制方案

5.4.1 天津市水功能区划及其环境规划目标

(1) 天津市水功能区划

地表水体按功能区划进行管理是目前世界上比较先进可行的水资源管理办法。按照对水体不同使用功能的要求划分水域区段，制定相应的水质保护目标，在水域的上、下游协调使用、保护和管理水资源，使有限的水资源发挥最大的效益。水功能区是依照流域水资源条件和水域环境状况以及经济社会发展需要，考虑水资源开发利用现状和经济社会发展对水量及水质的需求，按照流域综合规划、水资源保护规划的要求，在相应水域划定的具有特定功能并执行相应水环境质量标准的区域。

根据"海河流域天津市水功能区划"，海河流域在天津市市境内部分共划分了 73 个一级分区。其中包括保护区 4 个、开发利用区 47 个、缓冲区 22 个，无保留区。

在进行一级区划时，突出了优先保护饮用水源地的原则，将最重要的地表水供水水源地划为保护区；将跨省界河流、省界河段之间的衔接河段划为缓冲区；其余大部分市境内的河段、水域均划为开发利用区。

二级水功能区划是在一级水功能区划的开发利用区中进行划分的，结合天津市境内的相关河道，在 47 个开发利用区内共划分出 76 个二级区划功能区段，其中包括饮用水源区 12 个、工业用水区 12 个、农业用水区 35 个、景观娱乐用水区 13 个、渔业用水区 1 个、过渡区 1 个和排污控制区 2 个。

(2) 环境规划目标

从天津市污染源排放的污染物来划分，未来水平年天津市的主要污染源为市政生活污水，其次为工业废水，城市和农村非点源造成污染的影响相对来说比较小。天津市主要污染物为 COD，其次为氨氮。2010 水平年天津市污染物削减方向为重点削减市政生活源污染，其次削减工业污染源和非点源污染。具体目标为：①总量控制与排污口达标相结合；②全市所有新建、改建和扩建城镇污水处理厂排水要达到国家《城镇污水处理厂污染物排放标准》(GB 18918—2002)，在建和已建成运行的城镇污水处理厂到 2008 年底前完成脱氮设施建设，2010 年底前排水要达到一级标准；③全市 2010 年氨氮排放总量控制在 2004 年排放总量的 90% 左右，加大污染物综合治理力度，实现污染源稳排放达标；④2020 年污染物排放量要达到"海河流域天津市水功能区规划"中对控制断面的水质要求。

2010 年天津市各区县污染物具体削减计算方法如下：

$$\sum_{i=1}^{n} E_{i2010} = \sum_{i=1}^{n} (F_{i2010} - \partial_i N_{2004} \times 0.9) \tag{5-14}$$

式中，E_{i2010} 为预测的 2010 年天津市第 i 县的污染物削减量；F_{i2010} 为预测的 2010 年天津市第 i 县的污染物排放量；N_{2004} 为 2004 年天津全市的污染物排放总量；i 为天津市的区县数；∂_i 为各区县排放比例，$\sum \partial_i = 1$。

2020 年天津市各县市区污染物排放量则根据 TJ-EWEIP 模型平台演算，保证各个主要控制断面在长系列模拟期中 80% 的月份水质都达到水功能区的要求。

5.4.2 污染物预测

(1) 点源污染预测

工业污染物预测：采用定额产值法。定额指单位产值的 GDP 所产生污染物的量。基于 2001~2005 年全市单位产值 GDP 所产生的氨氮和 COD 量的变化趋势进行预测未来水平年该定额的变化，同时结合国民经济的发展预测与天津市的发展规划，计算未来工业污染物的产生及排放情况。根据计算预测 2010 水平年工业废水中 COD、氨氮的排放量分别为 8.6 万 t、0.7 万 t，2020 水平年则分别为 9.79 万 t、0.99 万 t，其他县区未来水平年工业源污染物排放情况详细见表 5-30。

城镇生活污染预测：采用人均产污系数法。人均产污系数指每人每天因生存所产生的污染物量，如洗澡污水、冲便污水等。依据污染物的发展趋势和天津市发展目标，预测城镇生活污染物的产生量：2010 水平年 COD、氨氮产生量分别约为 19.3 万 t、1.90 万 t，2020 水平年 COD、氨氮产生量则分别约为 27.2 万 t、2.67 万 t。天津市各区县城镇生活氨氮、COD 的人均产污系数、污染物排放量的预测结果详细见表 5-31。

(2) 非点源污染预测

依据《天津市国民经济和社会发展第十一个五年规划纲要》、《天津市城市总体规划（2004—2020 年）》、《天津市统计年鉴》（2001~2005 年），考虑人口增长、经济增长等，

表 5-30 未来水平年工业污染物排放量预测

指标 区县	2004 水平年 COD排放量/t	2004 氨氮排放量/t	2004 GDP/亿元	2004 单位GDP的COD排放量/(kg/万元)	2004 单位GDP的氨氮排放量/(kg/万元)	2010 COD排放量/t	2010 氨氮排放量/t	2010 GDP/亿元	2010 单位GDP的COD排放量/(kg/万元)	2010 单位GDP的氨氮排放量/(kg/万元)	2020 COD排放量/t	2020 氨氮排放量/t	2020 GDP/亿元	2020 单位GDP的COD排放量/(kg/万元)	2020 单位GDP的氨氮排放量/(kg/万元)
市区	13 744	615	975	1.41	0.06	16 974	1 418	1 781	0.95	0.08	15 668	2 250	4 541	0.35	0.05
塘沽区	5 004	464	843	0.59	0.05	32 583	2 723	1 797	1.81	0.15	25 412	2 170	5 115	0.50	0.04
汉沽区	1 520	163	27	5.71	0.61	1 164	97	109	1.07	0.09	1 207	112	352	0.34	0.03
大港区	3 472	453	204	1.70	0.22	5 353	447	477	1.12	0.09	3 714	459	1 319	0.28	0.03
东丽区	3 558	1 625	149	2.39	1.09	2 386	199	290	0.82	0.07	2 068	502	722	0.29	0.07
西青区	1 681	143	193	0.87	0.07	4 026	336	364	1.11	0.09	5 902	499	941	0.63	0.05
津南区	1 577	236	87	1.82	0.27	2 771	232	168	1.65	0.14	4 544	195	421	1.08	0.05
北辰区	3 134	466	161	1.94	0.29	4 073	340	308	1.32	0.11	5 303	536	787	0.67	0.07
武清区	820	43	105	0.78	0.04	3 840	321	206	1.86	0.16	9 960	832	506	1.97	0.16
宝坻区	1 500	65	49	3.08	0.13	3 258	272	101	3.23	0.27	4 869	706	232	2.10	0.30
宁河县	2 715	221	39	7.03	0.57	2 990	250	76	3.93	0.33	7 973	648	187	4.26	0.35
静海县	290	21	100	0.29	0.02	3 142	262	192	1.64	0.14	8 149	681	487	1.67	0.14
蓟县	621	14	76	0.82	0.02	3 375	282	151	2.24	0.19	3 134	269	365	0.86	0.07
全市	39 636	4 529	3 008	1.32	0.15	85 935	7 179	6 020	1.43	0.12	97 903	9 859	15 975	0.61	0.06

注：考虑到今后的发展需要增加一部分高污染行业，全市单位 GDP 的污染物产生量稍低于 2005 年；市区最低，其次是新四区，再次是滨海新区，三区两县也要留出一定的发展空间。

表 5-31 各水平年城镇生活污染物产生量预测

指标 区县	2004 水平年 COD产生量/t	氨氮产生量/t	城镇人口/万人	人均COD产生量/(kg/人)	人均氨氮产生量/(kg/人)	2010 水平年 COD产生量/t	氨氮产生量/t	城镇人口/万人	人均COD产生量/(kg/人)	人均氨氮产生量/(kg/人)	2020 水平年 COD产生量/t	氨氮产生量/t	城镇人口/万人	人均COD产生量/(kg/人)	人均氨氮产生量/(kg/人)
市区	37 663	6 164	385	9.78	1.60	44 827	7 337	430	10.42	1.71	49 937	7 848	460	10.86	1.71
塘沽区	12 336	1 225	61	18.78	2.01	16 181	1 574	92	17.59	1.71	36 621	3 618	186	19.69	1.95
汉沽区	3 132	337	14	22.37	2.41	5 594	559	19	29.44	2.94	8 149	815	38	21.44	2.14
大港区	5 326	387	33	16.14	1.17	6 686	692	44	15.20	1.57	14 376	1 461	56	25.67	2.61
东丽区	1 669	246	29	5.75	0.85	2 503	369	32	7.82	1.15	10 475	1 166	47	22.29	2.48
西青区	2 178	218	25	8.71	0.87	12 459	1 246	37	33.67	3.37	14 069	1 407	47	29.93	2.99
津南区	1 465	105	19	7.71	0.55	1 972	80	31	6.36	0.26	6 496	532	44	14.76	1.21
北辰区	3 533	353	29	12.18	1.22	2 122	212	30	7.07	0.71	4 600	460	50	9.20	0.92
武清区	2 918	297	21	13.90	1.42	8 863	904	51	17.38	1.77	18 317	1 849	73	25.09	2.53
宝坻区	2 472	266	17	14.54	1.56	7 797	948	41	19.02	2.31	16 101	1 779	57	28.25	3.12
宁河县	2 116	218	12	17.63	1.82	3 887	406	23	16.90	1.77	7 745	792	33	23.47	2.40
静海县	1 821	213	17	10.71	1.25	5 258	614	35	15.02	1.75	10 112	1 099	50	20.22	2.20
蓟县	3 229	323	18	17.94	1.79	5 772	577	30	19.24	1.92	10 468	1 047	68	15.39	1.54
全市	79 858	10 352	680	11.60	1.53	123 921	15 518	895	13.85	1.73	207 466	23 873	1 209	17.16	1.97

结合天津市及各区规划，进行非点源污染负荷预测。各种形式非点源污染负荷预测方法见表 5-32。

表 5-32 非点源污染负荷计算方法

指标 非点源类型	选用方法	方法来源
城镇径流	修正的单位负荷法	《中国湖泊富营养化》，金相灿，1990
农田径流	标准农田法	《全国饮用水水源地环境保护规划》，国家环境保护总局，2006
农村生活	人均产污系数法	国家环境保护总局在太湖流域进行非点源污染调查时采用的系数，上海环境卫生局提供的人粪尿中污染物流失率，上海农学院提供农村生活污染物流失率（2006）
畜禽养殖	排泄系数法	国家环境保护总局推荐系数（2001） 江苏省农林厅提供流失系数（2004）

综合考虑未来水平年土地利用类型、种植结构、化肥施用的变化，预测出 2010、2020 水平年非点源氨氮入河量分别约为 5425t、6310t，未来水平年非点源 COD 入河量分别为 4.03 万 t、5.19 万 t。各县区非点源污染物的入河量见表 5-33。

表 5-33 未来各水平年非点源入河量预测结果 （单位：t）

指标 区县	2004 年 氨氮	2004 年 COD	2010 年 氨氮	2010 年 COD	2020 年 氨氮	2020 年 COD
市区	1 022	8 846	1 456	11 315	1 373	13 950
塘沽区	349	2 990	464	4 087	662	6 960
汉沽区	93	741	109	794	111	1 254
大港区	180	1 436	217	1 468	457	1 902
东丽区	151	1 151	230	1 722	280	2 305
西青区	128	809	220	1 387	233	1 831
津南区	95	614	145	1 076	197	1 362
北辰区	169	1 235	234	1 479	287	2 099
武清区	453	2 742	576	4 007	717	4 882
宝坻区	508	3 114	522	3 442	635	4 374
宁河县	241	1 665	247	2 197	276	2 512
静海县	352	2 148	488	3 163	472	3 262
蓟县	453	3 124	517	4 201	610	5 244
全市	4 194	30 615	5 425	40 338	6 310	51 937

5.4.3 水污染控制方案

（1）天津市 2010 年和 2020 年污染削减措施

依据《天津市城市总体规划（2005—2020 年）》、《天津市生态建设和环境保护第十一个五年规划》，对工业、城镇生活和非点源污染需要制定一系列具体的污染物削减措施。参照天津市环境保护局编写的《GEF水质研究报告》，工业污水、城镇生活污水和非点源污染在近期（2010年）和远期（2020年）将会被实施如下的削减措施：

1）源头治理。①工业废水：进行产业结构调整，关停并转移部分高污染、高能耗、低产出的企业，利用此部分企业的污染物指标新增一批低污染、高产出企业，达到增产不增污的目的；同时对企业进行清洁生产审核，改进生产工艺。②城市非点源：减少或降低大气污染物的沉积，严禁生产和使用有毒有害化学用品，提高城市生活垃圾袋的收集率和城市道路的清扫频率。③农村非点源：制定合理的灌溉和施肥时间，减少化肥施用量，降低农田径流带来的污染物；畜禽养殖加强规模化比例，推广环境安全型饲料添加剂和兽药，综合降低畜产品有害物质残留和粪尿中污染物的排放。④城镇生活污水和农村生活：生活中减少化学洗涤用品的使用，农村生活中的农家肥实行集中收集，减少流失造成的污染。

2）2010年末端治理措施。①工业废水。建设工业废水集中式污水处理厂及工业园区污水处理厂，降低工业污染对环境的污染。天津市各区县的削减工程见表5-34。②城镇生活污水。天津市生活污水集中治理工程：根据天津市"十一五"总体目标及天津市各区县2010年生活污染物预测结果和污染物消减量的空间分配结果，参考天津市碧水工程实施方案、天津市碧海行动计划等已有工程规划方案，得到天津市生活污水集中治理工程方案（表5-35）；配套再生水厂建设工程：综合考虑新建污水处理厂收水范围内的经济、人口情况、污水处理厂污水处理能力以及"十一五"规划目标，制定了配套再生水厂建设工程（表5-36）。

表5-34 各区县工业污染源减排工程 （单位：t）

区县	工程内容	化学需氧量削减量	氨氮削减量
市区	关停企业、清洁生产、中水回用和企业污水处理设施改造	729.4	81.1
塘沽区	新建、改建污水处理厂，中水回用，污水处理设施改造	23 149.3	2 572.1
汉沽区	新建污水处理厂，中水回用，污水处理设施改造	934	71.8
大港区	新建污水处理厂，中水回用，污水处理设施改造	3 419.7	380
东丽区	新建污水处理厂，中水回用，污水处理设施改造，企业关停	2 046.7	168.3
西青区	新建污水处理厂，企业关停	2 910.4	323.4
津南区	新建污水处理厂，中水回用	1 700	188.9
北辰区	新建污水处理厂，新建、改建污水处理设施	2 753.4	305.9
武清区	新建污水处理厂，改建污水处理设施	1 451.8	161.3
宝坻区	新建污水处理厂，企业停产	979.4	108.8
宁河县	新建污水处理厂，新建、改建污水处理设施	1 469.2	163.2
静海县	新建污水处理厂，企业停产	1 527.5	169.7
蓟县	新建污水处理厂，企业停产	613	68.1
全市		43 683.8	4 762.6

表 5-35　天津市生活污水处理能力

区县	新增污水处理能力/（万 t/d）	COD 削减量/t	氨氮削减量/t
塘沽区	25.0	4 836.1	322.4
汉沽区	5.0	2 475.8	225.1
大港区	9.0	2 820.0	256.4
东丽区	4.0	2 130.7	106.5
西青区	11.0	11 280.0	752.1
津南区	8.0	1 108.6	35.6
北辰区	2.0	1 441.9	47.1
武清区	10.0	7 830.3	813.0
宝坻区	10.0	6 784.7	825.8
宁河县	3.7	3 396.8	296.5
静海县	7.0	4 502.4	454.7
蓟县	6.0	5 034.9	485.7
合计	100.7	53 642.2	4 620.9

表 5-36　配套再生水厂处理能力

区县	2010 年中水产生量/万 t	COD 削减量/t	氨氮削减量/t
市区	2 895	5 041.87	840.3
塘沽区	2 250	2 256.2	36.3
汉沽区	450	451.2	15.2
大港区	810	812.2	18.8
东丽区	360	361	18.6
西青区	990	992.7	60.2
津南区	720	722	26.2
北辰区	180	180.5	9.3
武清区	900	902.4	56.5
宝坻区	900	902.4	64.4
宁河县	333	333.8	32.1
静海县	630	631.7	62.5
蓟县	540	541.4	47.9
全市	11 958	14 129.37	1 288.3

③非点源污染。城市非点源削减工程：依据规划，结合滨海新区城区、环城四区及三县城区城市配套基础设施建设，制定城市非点源污染控制工程（表 5-37）；农村非点源削减工程：综合考虑农田径流污染、农村生活污染控制、畜禽养殖污染控制等方面因素，制定农村非点源削减工程（表 5-38）。

表5-37 城市非点源削减工程

项目名称	地点	执行期	目标
城市生活垃圾资源化利用工程、编制和实施城市绿地规划	全市	2005~2010年	城市生活垃圾无害化处理率达到90%；减少城市地表径流、消纳径流污染物
垃圾管理清运工程、中心城区排水系统建设改造	市中心区	2005~2010年	城市生活垃圾袋收集率达到80%以上，城市道路机械化清扫率达到60%以上；管网改造，雨水管网收集率达到80%以上，基本实现雨污分流
城市绿地工程	中心城区（外环线以内）和环外建成区	2005~2010年	城市绿地率达到35%、人均公共绿地面积达到12m²

表5-38 农村非点源削减工程

区县	工程	目标
武清区、蓟县	雨洪利用工程	有效拦蓄北运河汛期的下泄洪水，雨水收集利用
宝坻区、武清区宁河县、静海县	农业节水灌溉工程	灌溉用水量减少31%~36%，从而减少地表排水量
全市	测土配方工程 优质粮增产工程 农村城市化进程工程 编制全市小城镇及新农村布局规划 宅基地换房工程 农村环保设施建设工程 农村小康环保行动计划 农业废弃物综合利用工程 畜禽粪污资源化利用工程 农业非点源污染监测点	减少化肥用量，2010年郊区城市化率达到60%，农村污水处理率达到60%以上，完善农村硬件和软件设施，增加绿化面积

（2）2020年末端治理措施

2020年天津市增加部分区县的污水处理厂的规模见表5-39。

表5-39 各区县需增污水处理能力　　　　　（单位：万t/d）

区县	需要增加的污水处理能力	区县	需要增加的污水处理能力
西青区	8.8	静海县	5.5
武清区	9.1	蓟县	1.4

续表

区县	需要增加的污水处理能力	区县	需要增加的污水处理能力
宝坻区	9.2	总计	37.1
宁河县	3.1		

(3) 水环境修复方案

结合天津市环境规划保护目标，2010 年的污染排放量为 2004 年污染物排放量的 90% 左右，氨氮的控制量为点源 1.25 万 t，非点源 0.45 万 t，削减方案为点源 1.02 万 t，非点源 892t。COD 的控制量为点源 9.82 万 t，非点源 3.38 万 t，削减方案为点源 11.16 万 t，非点源削减 0.65 万 t。各区县污染物的削减方案见表 5-40 和表 5-41。

依照天津市的发展规划和水环境规划目标，2020 年污染物的排放要满足主要控制断面的水功能区的水质要求，同时以天津市实施的污染削减措施作为基础，得到氨氮和 COD 的削减方案。各区县污染物的削减方案见表 5-42 和表 5-43。

表 5-40　2010 年氨氮削减方案　　　　　　　　　　　　（单位：t）

区县	氨氮预测量			氨氮削减量			氨氮控制量		
	点源	非点源	总和	点源	非点源	总和	点源	非点源	总和
市区	8 755	1 456	10 211	986	329	1 315	7 769	1 127	8 896
塘沽区	4 296	464	4 761	2 113	29	2 142	2 184	435	2 619
汉沽区	657	109	766	323	7	330	334	102	436
大港区	1 139	217	1 356	560	14	574	579	204	782
东丽区	568	230	798	375	15	389	193	216	409
西青区	1 582	220	1 802	1 044	14	1 058	538	206	744
津南区	311	145	456	205	9	215	106	136	242
北辰区	553	234	786	365	15	380	188	219	407
武清区	1 224	576	1 800	1 069	113	1 182	156	463	619
宝坻区	1 220	522	1 743	1 065	103	1 168	155	420	575
宁河县	656	247	903	572	49	621	84	199	282
静海县	876	488	1 364	765	96	860	112	392	503
蓟县	859	517	1 376	750	102	851	109	415	525
合计	22 696	5 425	28 122	10 192	895	11 085	12 507	4 534	17 039

表 5-41　2010 年 COD 削减方案　　　　　　　　　　（单位：t）

区县	COD 预测量 点源	非点源	总和	COD 削减量 点源	非点源	总和	COD 控制量 点源	非点源	总和
市区	61 801	11 315	73 116	5 771	524	6 296	56 029	10 791	66 820
塘沽区	48 764	4 088	52 852	26 204	410	26 614	22 560	3 678	26 238
汉沽区	6 757	794	7 551	3 631	80	3 711	3 126	715	3 841
大港区	12 039	1 468	13 507	6 469	147	6 616	5 570	1 321	6 891
东丽区	4 889	1 722	6 611	4 106	40	4 146	783	1 681	2 465
西青区	16 485	1 387	17 872	13 844	33	13 877	2 641	1 354	3 995
津南区	4 743	1 076	5 819	3 983	25	4 008	760	1 051	1 811
北辰区	6 194	1 479	7 673	5 202	35	5 237	992	1 444	2 437
武清区	12 704	4 007	16 711	11 190	1 236	12 426	1 513	2 772	4 285
宝坻区	11 055	3 442	14 497	9 738	1 061	10 800	1 317	2 381	3 697
宁河县	6 877	2 197	9 073	6 058	677	6 735	819	1 519	2 339
静海县	8 400	3 163	11 562	7 399	975	8 375	1 000	2 188	3 188
蓟县	9 147	4 201	13 348	8 057	1 295	9 352	1 089	2 906	3 995
合计	209 855	40 339	250 192	111 652	6 538	118 193	98 199	33 801	132 002

表 5-42　2020 年氨氮削减方案　　　　　　　　　　（单位：t）

区县	氨氮预测量 点源	非点源	总和	氨氮削减量 点源	非点源	总和	氨氮控制量 点源	非点源	总和
市区	10 098	1 373	11 471	7 498	687	8 185	2 600	686	3 286
塘沽区	5 788	662	6 450	5 013	400	5 413	775	262	1 037
汉沽区	927	111	1 038	779	56	835	148	55	203
大港区	1 920	457	2 377	1 426	311	1 737	494	146	640
东丽区	1 668	280	1 948	455	175	630	1 213	105	1 318
西青区	1 906	233	2 139	1 635	155	1 790	271	78	349
津南区	727	197	924	604	108	712	123	89	212
北辰区	996	287	1 283	351	166	517	645	121	766
武清区	2 681	717	3 398	2 385	294	2 679	296	423	719
宝坻区	2 485	635	3 120	2 237	338	2 575	248	297	545
宁河县	1 440	276	1 716	1 233	133	1 366	207	143	350
静海县	1 780	472	2 252	1 602	198	1 800	178	274	452
蓟县	1 316	610	1 926	1 149	374	1 523	167	236	403
合计	33 732	6 310	40 042	26 367	3 395	29 762	7 365	2 915	10 280

表 5-43　2020 年 COD 削减方案　　　　　　　　　　　　（单位：t）

区县	COD 预测量 点源	COD 预测量 非点源	COD 预测量 总和	COD 削减量 点源	COD 削减量 非点源	COD 削减量 总和	COD 控制量 点源	COD 控制量 非点源	COD 控制量 总和
市区	65 605	13 950	79 555	46 857	7 389	54 246	18 748	6 561	25 309
塘沽区	62 033	6 960	68 993	54 029	4 751	58 780	8 004	2 209	10 213
汉沽区	9 356	1 254	1 0610	7 970	864	8 834	1 386	390	1 776
大港区	18 090	1 902	19 992	13 159	951	14 110	4 931	951	5 882
东丽区	12 543	2 305	14 848	7 623	1 489	9 112	4 920	816	5 736
西青区	19 971	1 831	21 802	18 617	1 314	19 931	1 354	517	1 871
津南区	11 040	1 362	12 402	10 155	674	10 829	885	688	1 573
北辰区	9 903	2 099	12 002	6 496	1 300	7 796	3 407	799	4 206
武清区	28 277	4 882	33 159	25 164	2 353	27 517	3 113	2 529	5 642
宝坻区	20 970	4 374	25 344	19 072	2 694	21 766	1 898	1 680	3 578
宁河县	15 718	2 512	18 230	13 689	1 421	15 110	2 029	1 091	3 120
静海县	18 261	3 262	21 523	16 878	1 733	18 611	1 383	1 529	2 912
蓟县	13 602	5 244	18 846	11 941	3 593	15 534	1 661	1 651	3 312
合计	305 369	51 937	357 306	251 650	30 526	282 176	53 719	21 411	75 130

5.5　方案设置

在设置方案时，应考虑以下两个方面的基本内容。首先是以现状为基础，包括现状的用水结构和用水水平、供水结构和工程布局、现状生态格局等；其次要参照各种规划，包括区域经济社会发展、生态环境保护、产业结构调整、水利工程及节水治污等方面的规划。

5.5.1　主要因子

方案需要考虑的因子为外调水因子、地下水因子、非常规供水因子、节水因子、生态因子和环境因子。根据前述章节对水资源利用、国民经济节水、水生态修复、水污染控制、入海水量等方面的分析，各因子具体情况分述如下：

(1) 外调水因子

1）引滦引黄水。引滦水 1980~2004 年平均供水 7.25 亿 m³；在特枯年份引滦水得不到保障的时候，引黄水作为特殊情况时的应急供水或相机补水水源。

2）南水北调供水。根据"南水北调工程总体规划"，天津市 2010 年实现中线一期工程供水，但从工程进度及相关配套工程建设情况分析，2010 年通水的可能性较小，因此，2010 年南水北调中线工程设定不供水和供水量达到设计能力的 50% 两种情景；2020 年南水北调中线工程供水量达到设计能力的前提下，对东线工程供水设定供水量达到设计能力和不供水两种情景。

（2）地下水因子

2010年地下水超采量比2004年减少10%，2020年实现地下水采补平衡。

（3）非常规水因子

考虑工程配套措施、工程成本、用水户落实情况等因素，对规划水平年的非常规水利用设定高、低两种方案。

2004年海水和微咸水供水能力分别为0.36亿m^3、0.1亿m^3，雨水利用暂不考虑，再生水的处理能力为3.03亿m^3；2010年高方案海水、微咸水和雨水供水能力分别为1.93亿m^3、0.38亿m^3和0.05亿m^3，低方案海水、微咸水和雨水供水能力分别为1.18亿m^3、0.38亿m^3和0.05亿m^3，再生水的高方案处理能力为10.66亿m^3，低方案处理能力为7.0亿m^3；2020年高方案海水、微咸水和雨水供水能力分别为2.44亿m^3、0.48亿m^3和0.15亿m^3，低方案海水、微咸水和雨水供水能力分别为1.54亿m^3、0.48亿m^3和0.15亿m^3，再生水的高方案处理能力为14.69亿m^3，低方案处理能力为8.79亿m^3。

（4）节水因子

1）农业种植结构调整：考虑天津市水资源条件和农业发展规划等因素，初步设定调整与不调整农业种植结构两种情景。其中，农业种植结构调整方案是将小麦和玉米套种面积的1/4改种棉花。

2）农业节水：考虑先进农业技术发展、灌溉制度改革、田间配套设施完善等因素影响，初步设定农业高节水、中节水和低节水三个方案。2010年种植结构不调整情景下高、中、低节水方案多年平均农业灌溉毛定额分别为345.7mm、375.1mm、416.8mm，种植结构调整情景下高、中、低节水方案多年平均农业灌溉毛定额分别为342mm、372mm、413.7mm；2020年对应的种植结构不调整情景下高、中、低节水方案多年平均农业灌溉毛定额为328.6mm、356.4mm、395.7mm，种植结构调整情景下高、中、低节水方案多年平均农业灌溉毛定额分别为330.6mm、358mm、397.2mm。

3）二产、三产和生活节水：考虑二产、三产和生活节水改造、管网改造、工艺水平发展等因素，设置二产、三产、生活高节水和低节水两种方案。2010年高节水方案二产、三产用水为8.8亿m^3，生活用水为5.05亿m^3；低节水方案二产、三产用水为9.3亿m^3，生活用水为5.32亿m^3。2020年高节水方案二产、三产用水为12.9亿m^3，生活用水为6.5亿m^3；低节水方案二产、三产用水为13.9亿m^3，生活用水为6.8亿m^3。

（5）生态因子

1）河道内最小用水量：本次研究河道内最小用水量指中心河道生态基流量，为3.2亿m^3。

2）河道外生态用水：考虑生态修复目标、生态系统的可恢复性、生物对水分的适应性以及供水状况等因素，设定河道外生态用水方案。

2010年由于南水北调东线工程没有通水，不考虑北大港湿地的修复，河道外生态用水为3.65亿m^3；2020年考虑南水北调东线工程供水量到达设计能力和不供水两种情景，设高、低两种方案，主要是体现在北大港湿地补水和不补水两种情景，相应的河道外生态用水量分别为7.39亿m^3和5.44亿m^3。

3）入海水量控制。考虑到节水水平的逐步提高和近岸海域生态的逐步改善，2010年入海水量采用最小年入海水量 13.6 亿 m³ 作为控制方案，2020 年采用适宜入海水量 16.4 亿 m³ 作为控制方案。

（6）环境因子

2010 年入河污染物比 2004 年减少 10%，2020 年污染物减排完全达到水功能区要求。2010 年氨氮点源控制量为 1.25 万 t，非点源控制量为 0.45 万 t；COD 点源控制量为点源 9.82 万 t，非点源 3.38 万 t。2020 年氨氮点源控制量为 0.74 万 t，非点源控制量为 0.29 万 t；COD 点源控制量为 5.4 万 t，非点源控制量为 2.14 万 t。

5.5.2 方案设置说明

将上述因子进行组合，得到规划方案的初始集。进一步考虑合理配置方案的非劣特性，采用人机交互的方式排除初始方案集中代表性不够或明显较差的方案，得到水资源与水环境综合规划方案集。其中 2004 水平年方案主要是以现状供用水模式为基础，2010 水平年和 2020 规划水平年分别选取 8 套方案。各方案的设置情况见表 5-44，具体说明如下：

1）2004 水平年方案：用水模式与 2004 年基本相同，供水方面考虑扣除现状供水量中不合理的部分，如控制地下水超采、考虑入海水量要求等。

2）方案 2010A：在 2004 年方案基础上，供水方面外调水增加南水北调中线工程供水量到达设计能力 50% 的情景，非常规水再生水采用高方案，海水淡化考虑低方案，考虑微咸水和雨水利用。用水方面保持外延式增长，农业采用种植结构不调整、中节水方案，二产、三产和生活采用低节水方案，河道外生态用水采用高用水方案。地下水超采控制比 2004 年减少 10%，入河污染物排放量比 2004 年减少 10%，入海水量控制为 13.6 亿 m³。

3）方案 2010B：相比方案 2010A，海水淡化采用高利用方案，农业采用种植结构调整方案，农业节水采取低节水方案，河道外生态用水采用低用水方案。

4）方案 2010C：相比方案 2010A，再生水回用采用低方案，农业采用种植结构调整方案，农业节水采取高节水方案，二产、三产和生活采用高节水方案。

5）方案 2010D：相比方案 2010A，再生水回用采用低方案，农业节水采取高节水方案，二产、三产和生活采用高节水方案，河道外生态用水采用低用水方案。

6）方案 2010E：在 2004 年方案基础上，供水方面外调水考虑南水北调中线工程不供水的情景，非常规水再生水采用高方案，海水淡化考虑高方案，考虑微咸水和雨水利用；用水方面保持外延式增长，农业采用种植结构调整、中节水方案，二产、三产和生活采用低节水方案，河道外生态用水采用高方案；地下水超采控制比 2004 年减少 10%，入河污染物排放量比 2004 年减少 10%，入海水量控制为 13.6 亿 m³。

7）方案 2010F：相比方案 2010E，海水淡化采用低利用方案，农业节水采取高节水方案，二产、三产和生活采用高节水方案。

8）方案 2010G：相比方案 2010E，海水淡化采用低利用方案，农业采用种植结构不调整方案，农业节水采取高节水方案，二产、三产和生活采用高节水方案。

表5-44 水资源水环境综合规划方案设置

影响因子	方案代码	2004年	2010年 A	2010年 B	2010年 C	2010年 D	2010年 E	2010年 F	2010年 G	2010年 H	2020年 A	2020年 B	2020年 C	2020年 D	2020年 E	2020年 F	2020年 G	2020年 H
1. 外调水因子	1.1 引滦引黄水	√	√	√	√	√	√	√	√	√	√	√	√	√	√	√	√	√
	1.2 南水北调中线	×	50%	50%	50%	50%	×	×	×	×	100%	100%	100%	100%	100%	100%	100%	100%
	1.3 南水北调东线	×	×	×	×	×	×	×	×	×	50%	50%	50%	50%	×	×	×	×
2. 地下水因子	2.1 地下水超采控制	×	10%	10%	10%	10%	10%	10%	10%	10%	100%	100%	100%	100%	100%	100%	100%	100%
3. 非常规水因子	3.1 再生水回用	√	高	高	低	低	高	高	低	低	高	高	高	低	高	高	低	低
	3.2 海水利用	√	低	高	低	低	高	低	低	低	低	高	高	低	高	高	低	低
	3.3 微咸水利用	√	√	√	√	√	√	√	√	√	√	√	√	√	√	√	√	√
	3.4 雨水利用	×	√	√	√	×	√	√	×	×	√	×	√	高	√	×	√	×
4. 节水因子	4.1 种植结构调整	低	中	低	高	高	中	中	高	低	低	中	低	高	中	中	高	高
	4.2 农业节水措施	低	低	低	高	高	低	低	低	低	低	低	低	高	低	低	低	低
	4.3 二三产与生活节水	×	√	√	√	√	√	√	√	√	√	√	√	√	√	√	√	√
5. 生态因子	5.1 河道内最小蓄水量	低	高	低	高	低	低	低	低	低	高	高	高	高	低	低	低	低
	5.2 河道外生态用水	低	低	低	低	低	低	低	低	低	√	√	√	√	√	√	√	√
	5.3 人海水量控制	×	√	√	√	√	√	√	√	√	√	√	√	√	√	√	√	√
6. 环境因子	6.1 污染控制	×	10%	10%	10%	10%	10%	10%	10%	10%	100%	100%	100%	100%	100%	100%	100%	100%

注:"√"表示生效的因子,"×"表示未生效的因子;对于常规水供水因子,高、低分别指高用水和低用水水平;对于节水因子高、中、低分别指高节水、中节水和低节水水平;对于生态因子高、低分别指高供水和低供水水平;对于节水因子,高、中、低分别指供水工程供水量达到设计能力50%和100%情况;地下水超采因子10%指地下水超采比2004年减少10%,100%指达到采补平衡10%指人河污染物比2004年减少10%,100%指达到功能区要求。

9）方案 2010H：相比方案 2010E，海水淡化采用低利用方案，农业采用种植结构不调整方案，农业节水采取低节水方案。

10）方案 2020A：供水方面外调水考虑南水北调中线工程供水量到达设计能力，且东线工程供水量到达设计能力 50%的情景，非常规水再生水采用高方案，海水淡化考虑高方案，考虑微咸水和雨水利用。用水方面保持外延式增长，农业采用种植结构调整、中节水方案，二产、三产和生活采用低节水方案，河道外生态用水采用高方案。地下水开采达到采补平衡，入河污染物排放量达到水功能区要求，入海水量控制为 16.4 亿 m^3。

11）方案 2020B：相比方案 2020A，农业采用种植结构不调整方案。

12）方案 2020C：相比方案 2020A，农业节水采取中节水方案。

13）方案 2020D：相比方案 2020A，非常规水再生水采用低方案，海水淡化考虑低方案，农业采用种植结构不调整方案，农业节水采取高节水方案，二产、三产和生活采用高节水方案。

14）方案 2020E：供水方面外调水考虑南水北调中线工程供水量到达设计能力，且东线水工程不供水的情景，非常规水再生水采用高方案，海水淡化考虑高方案，考虑微咸水和雨水利用。用水方面保持外延式增长，农业采用种植结构调整、中节水方案，二产、三产和生活采用低节水方案，河道外生态用水采用低用水方案。地下水超采控制达到采补平衡，入河污染物排放量达到水功能区要求，入海水量控制为 16.4 亿 m^3。

15）方案 2020F：相比方案 2020E，农业种植结构不调整、节水采取中节水方案。

16）方案 2020G：相比方案 2020E，非常规水再生水采用低利用方案，海水淡化考虑低方案，农业采用高节水方案，二产、三产和生活采用高节水方案。

17）方案 2020H：相比方案 2020E，非常规水再生水采用低方案，海水淡化考虑低方案，农业采用种植结构不调整方案，农业节水采取高节水方案，二产、三产和生活采用高节水方案。

第6章 规划方案评价与优选

基于 ET 的水资源与水环境综合规划方案优选与评价是一个复杂的多目标决策问题,它涉及水资源的自然、生态、环境、社会和经济五大属性。本书以水资源的五大属性为基础,建立了基于 ET 的水资源与水环境综合规划方案评价指标体系和评价方法,基于天津市 TJ-EWEIP 模型平台,在对各水平年的不同情景方案进行科学模拟的基础上开展规划方案优选,进而从供水、用水、ET 控制、水生态、水环境等方面进行了优选方案不同水平年的评价,以检验成果的科学性和合理性。

6.1 指标评价

根据水资源的五大属性,采用资源、环境、生态、社会、经济五大指标体系对水资源与水环境规划方案进行评价。

6.1.1 资源指标评价

(1) 区域 ET 评价

1) 区域目标 ET。根据水资源评价中 1980~2004 年降水量、入境水量系列资料以及外调水、海水利用、满足近岸海域最小要求的入海水量研究成果,采用式(2-1),参考 GEF 海河流域水资源与水环境综合管理项目战略四《海河流域节水和高效用水战略研究》成果,提出天津市不同水平年的目标 ET 值(表 6-1)。

表 6-1 天津市各水平年目标 ET （单位: mm）

水平年		目标 ET
2004		605
2010	南水北中线工程供水量达到设计能力的 50%	626
	南水北中线工程不供水	611
2020	南水北中线工程供水量达到设计能力,东线工程供水量达到设计能力的 50%	655
	南水北中线工程供水量达到设计能力,东线工程不供水	635

2) 区域 ET 评价。从天津各方案对应的 ET 分析(表 6-2,图 6-1),2004 年的综合 ET 为 608mm,大于目标 ET,说明现状用水管理还要进一步加强。

2010 水平年的 8 个方案中前 4 个方案的供水一致，比后 4 个方案增加了南水北调中线供水量。前 4 个方案的目标 ET 为 626mm，后 4 个方案的目标 ET 为 611mm。虽然前后 4 个方案的综合 ET 均在对应目标 ET 的控制范围之内，但各方案的 ET 控制效果仍有优劣之分。2010 水平年前 4 个方案综合 ET 大小顺序为 ET_{2010B}、ET_{2010A}、ET_{2010D}、ET_{2010C}，其主要原因为农业种植结构和节水水平的不同；后 4 个方案综合 ET 大小顺序为 ET_{2010H}、ET_{2010E}、ET_{2010G}、ET_{2010F}，其主要原因为农业种植结构、节水水平及河道外生态面积不同。

2020 水平年 8 个方案中前 4 个方案的供水一致，比后 4 个方案多了南水北调东线供水量。前 4 个方案的目标 ET 为 655 mm，后 4 个方案目标 ET 为 635mm。根据计算，8 个方案的综合 ET 均在对应的目标 ET 控制范围之内。其综合 ET 大小顺序为 ET_{2020C}、ET_{2020A}、ET_{2020B}、ET_{2020D}、ET_{2020F}、ET_{2020E}、ET_{2020H}、ET_{2020G}，原因同 2010 年。

表 6-2 天津市不同水平年方案对应的 ET

水平年	方案	综合 ET /亿 m³	综合 ET /mm	目标 ET /mm	水平年	方案	综合 ET /亿 m³	综合 ET /mm	目标 ET /mm
2004	2004	72.48	608	605	2020	2020A	75.42	633	655
2010	2010A	74.10	622	626		2020B	75.23	631	655
	2010B	74.22	623	626		2020C	75.55	634	655
	2010C	72.59	609	626		2020D	75.08	630	655
	2010D	73.29	615	626		2020E	74.28	623	635
	2010E	72.55	609	611		2020F	74.98	629	635
	2010F	71.79	602	611		2020G	73.75	619	635
	2010G	72.01	604	611		2020H	74.16	622	635
	2010H	72.83	611	611					

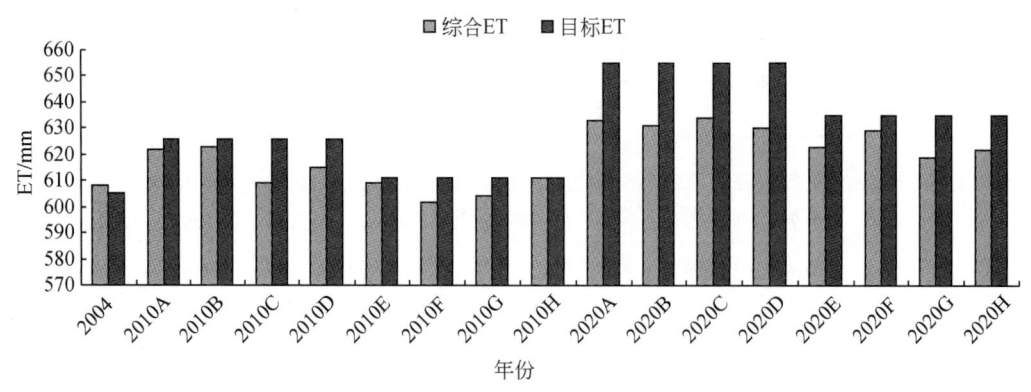

图 6-1 天津市各方案 ET 情况

从天津市不同水平年行业 ET 分布来看（表 6-3，图 6-2），二产、三产耗水量逐步增加，占全市 ET 的比例从 3%提高到了 4%，但从定额上分析，二产、三产 2004 年、2010 年、2020 年的单位产值耗水量分别为 20.5m³/万元、15.0 m³/万元、8.3 m³/万元，其水用效率得到很大提高，造成二产、三产耗水量增加的原因是二产、三产增加值大幅增长。农业耗水量及所占比例有所降低，从 38%降到了 36%，其原因是灌溉定额得到了控制，减少了无效 ET 消耗。生态耗水有所增加，从 57%增加到了 58%，其原因是扩大了湿地、湖泊等河道外生态环境的面积。分析表明，三个水平的总体趋势是降低无效或低效 ET，提高水资源利用效率，改善生态环境用水状况。

表 6-3　天津市不同水平年各行业 ET 分布　（单位：%）

水平年	二产、三产耗水	生活耗水	农业耗水量	生态耗水量	综合耗水量
2004 年	3	2	38	57	100
2010 年平均	4	2	36	58	100
2020 年平均	4	2	36	58	100

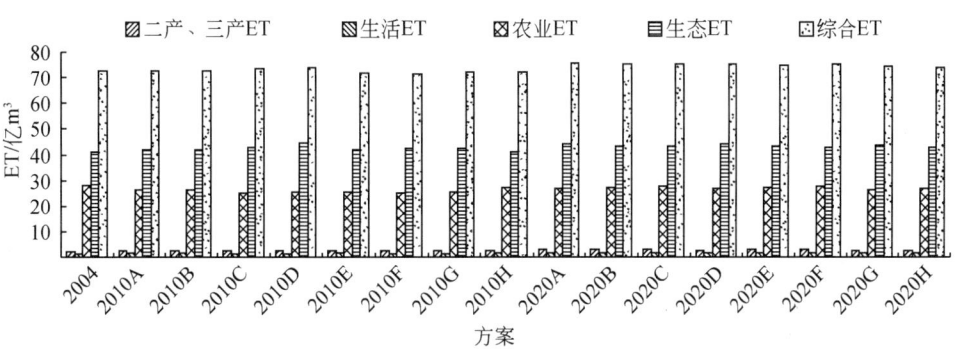

图 6-2　天津市各方案不同行业 ET 对比

（2）地下水开采情况

2004 年浅层地下水允许开采量为 4.16 亿 m³，实际开采量为 2.81 亿 m³；深层水允许开采量为 1.88 亿 m³，实际开采量为 4.14 亿 m³，大大超过了可开采量。地下水超采存在空间分布不均的现象，天津市浅层水多分布在北部宝坻区、蓟县、武清区等区县，存在大量剩余，而南部浅层水多为咸水、微咸水，基本不能被利用，造成南部地区大量超采深层地下水。2010 年地下水超采控制目标为 2004 年开采量的 90%，2020 年地下水超采得到完全控制，实现地下水采补平衡。从表 6-4 可以看出，2010 及 2020 水平年各方案均达到控制目标，地下水开采的减少主要通过增加外调水、提高再生水的利用率及各产业节水、定额管理等措施实现。

表 6-4 区域地下水开采控制情况　　　　　　　　　（单位：亿 m³）

水平年	方案	浅层水开采	浅层水开采限制	开采达标	深层水开采	深层水开采限制	开采达标
2004	2004	2.81	4.16	达标	4.14	1.88	不达标
2010	2010A	2.69	4.16	达标	2.47	3.92	达标
	2010B	2.90	4.16	达标	2.56	3.92	达标
	2010C	2.40	4.16	达标	2.21	3.92	达标
	2010D	2.59	4.16	达标	2.45	3.92	达标
	2010E	2.48	4.16	达标	3.14	3.92	达标
	2010F	2.29	4.16	达标	2.92	3.92	达标
	2010G	2.48	4.16	达标	3.17	3.92	达标
	2010H	2.83	4.16	达标	3.69	3.92	达标
2020	2020A	2.88	4.16	达标	0.50	0.60	达标
	2020B	3.02	4.16	达标	0.50	0.60	达标
	2020C	3.07	4.16	达标	0.50	0.60	达标
	2020D	2.83	4.16	达标	0.49	0.60	达标
	2020E	2.98	4.16	达标	0.55	0.60	达标
	2020F	3.25	4.16	达标	0.55	0.60	达标
	2020G	2.77	4.16	达标	0.54	0.60	达标
	2020H	2.98	4.16	达标	0.54	0.60	达标

注：深层水开采目标由水平年地下水控制目标得到，2010 水平年深层水开采为 2004 年的 90%，2020 水平年开采限制采用《天津市节水型社会规划》数据 6000 万 m³，此数值比采补平衡 1.88 亿 m³ 更严格。

6.1.2 生态指标评价

（1）河道外生态

河道外生态分为城镇生态和农村生态。城镇生态用水包括城镇河湖、城镇绿地、城镇环卫生态用水，农村生态用水包括湿地、林草、湖泊生态用水。从表 6-5、图 6-3 可以看出，2004、2010 及 2020 水平年的城镇生态用水、农村生态用水都呈增大趋势。

表 6-5 河道外生态缺水程度

水平年	方案	城镇生态 需水/亿 m³	城镇生态 供给/亿 m³	城镇生态 缺水率/%	农村生态 需水/亿 m³	农村生态 供给/亿 m³	农村生态 缺水率/%
2004	2004	0.76	0.76	0	0.00	0.00	0
2010	2010A	0.86	0.86	0	2.80	2.20	21.3
	2010B	0.86	0.86	0	2.80	2.18	22
	2010C	0.86	0.86	0	2.80	2.24	20.1
	2010D	0.86	0.86	0	2.80	2.23	20.5
	2010E	0.86	0.85	1.3	2.80	2.22	20.7
	2010F	0.86	0.85	1.3	2.80	2.24	20
	2010G	0.86	0.85	1.5	2.80	2.23	20.5
	2010H	0.86	0.84	1.9	2.80	2.14	23.7

续表

水平年	方案	城镇生态 需水/亿 m³	城镇生态 供给/亿 m³	城镇生态 缺水率/%	农村生态 需水/亿 m³	农村生态 供给/亿 m³	农村生态 缺水率/%
2020	2020A	1.75	1.75	0.1	5.73	3.64	36.4
	2020B	1.75	1.75	0.1	5.73	3.64	36.4
	2020C	1.75	1.75	0	5.73	3.59	37.3
	2020D	1.75	1.75	0	5.73	3.69	35.6
	2020E	1.75	1.74	0.7	3.70	2.91	21.2
	2020F	1.75	1.74	0.7	3.70	2.89	21.9
	2020G	1.75	1.74	0.7	3.70	2.96	19.9
	2020H	1.75	1.74	0.8	3.70	2.92	21

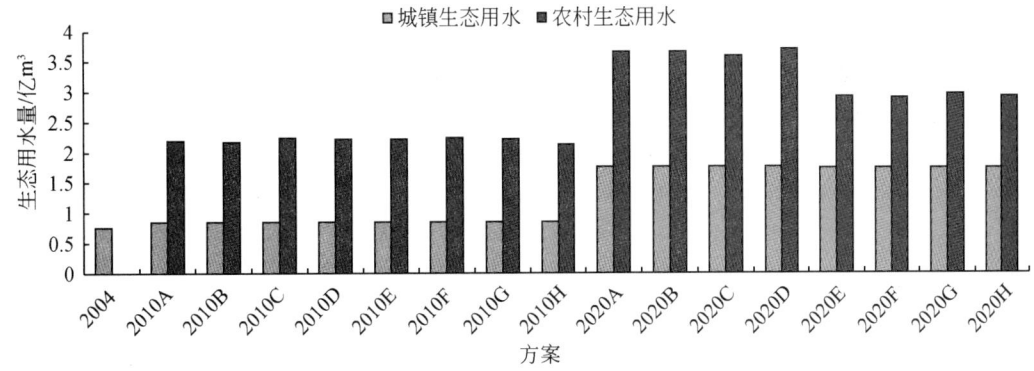

图 6-3 天津市各方案河道外生态用水情况

由于各方案城镇生态和农村生态供水对象一致，2010 水平年城镇生态和农村生态需水量一致。相比后 4 个方案，虽然 2010 水平年前 4 个方案的供水水源增加了南水北调中线供水，但中线工程的供水对象为城镇生活及二产、三产，所以各方案对应的农村生态用水大致相同。由于城镇生态需水量较小，各个方案均能满足其需水要求，因此各方案对应的城镇生态用水大致相同。

2020 水平年由于各方案城镇生态供水对象一致，所以各方案需水量一致。2020 水平年前 4 个方案中农村生态供水对象比后 4 个方案增加了北大港湿地，因此前 4 个方案的农村生态需水量比后 4 个方案大。虽然前 4 个方案南水北调东线水供给农村生态用水，但由于前 4 个方案农村生态需水量远远大于后 4 个方案，因此其缺水率远大于后 4 个方案农村生态需水量缺水率。

(2) 河道内生态

本研究河道内生态用水包括中心河道生态基流和河道蒸发渗漏，将河道蒸发渗漏量作为水循环模拟的基础数据条件输入模型中，中心河道生态基流作为模型的强约束指标。根据模拟结果，各方案均满足河道内生态用水要求，河道生态基流见表 6-6，多年平均蒸发渗漏量见表 6-7。

表 6-6　天津市河道生态基流　　　　　　　　　　　　　　　（单位：万 m³）

河道断面	潮白新河宁车沽闸	蓟运河新防潮闸	北京排污河东堤头	独流减河工农兵闸	海河海河闸	北运河屈家店
全年	9 360.9	9 396.7	3 269.9	2 964.7	5 292.7	2 094.1

表 6-7　天津市河道多年平均蒸发、渗漏量　　　　　　　　　（单位：亿 m³）

河道	蓟运河	北运河	永定新河	潮白新河	海河	子牙河	独流减河	南运河	总计
蒸发量	0.164	0.042	0.106	0.187	0.122	0.019	0.329	0.147	
渗漏量	0.3	0.585	0.111	0.178	0.091	0.122	0.349	0.138	2.99
合计	0.464	0.627	0.217	0.365	0.213	0.141	0.678	0.285	

(3) 入海水量

根据渤海湾入海口的生态恢复要求，2010 水平年的多年平均目标入海水量为 13.6 亿 m³，2020 水平年的多年平均目标入海水量为 16.4 亿 m³，根据各方案的模拟计算结果，可以看出在 2010 和 2020 水平年各方案均达到了要求（表 6-8）。

表 6-8　总入海水量　　　　　　　　　　　　　　　　　　　（单位：亿 m³）

水平年	方案	入海水量	目标	是否满足	水平年	方案	入海水量	目标	是否满足
2004	2004	11.7	13.6	不满足		2020A	16.4	16.4	满足
2010	2010A	13.7	13.6	满足		2020B	16.5	16.4	满足
	2010B	13.6	13.6	满足		2020C	16.6	16.4	满足
	2010C	13.9	13.6	满足	2020	2020D	16.5	16.4	满足
	2010D	13.7	13.6	满足		2020E	16.4	16.4	满足
	2010E	13.7	13.6	满足		2020F	16.4	16.4	满足
	2010F	13.8	13.6	满足		2020G	16.5	16.4	满足
	2010G	13.6	13.6	满足		2020H	16.5	16.4	满足
	2010H	13.6	13.6	满足					

从年内入海量分布来看，4~6 月为鱼类的洄游期，为保证渤海湾天津海区亲鱼产卵孵化和幼鱼生长、肥育期的最小生态水量，考虑天津市实际情况，本研究在多年平均入海水量的基础上，设立了 4~6 月入海水量达到 2 亿 m³ 的强约束指标，模拟计算表明各方案均能满足这一指标（表 6-9）。

表 6-9　各方案 4~6 月入海水量　　　　　　　　（单位：亿 m³）

水平年	方案	入海水量	目标	是否满足	水平年	方案	入海水量	目标	是否满足
2004	2004	1.8	2.0	不满足	2020	2020A	3.5	2.0	满足
2010	2010A	2.7	2.0	满足		2020B	3.3	2.0	满足
	2010B	2.5	2.0	满足		2020C	3.4	2.0	满足
	2010C	3.1	2.0	满足		2020D	3.7	2.0	满足
	2010D	2.9	2.0	满足		2020E	3.9	2.0	满足
	2010E	2.7	2.0	满足		2020F	4.0	2.0	满足
	2010F	2.8	2.0	满足		2020G	3.9	2.0	满足
	2010G	2.7	2.0	满足		2020H	3.8	2.0	满足
	2010H	2.7	2.0	满足					

6.1.3　环境指标评价

依照水污染物控制目标，2010 年污染物控制排放量为 2004 年的 90%，2020 年的污染物排放要满足水功能区的水质要求。基于 TJ-EWEIP 模型平台，模拟出各污染物控制方案下的主要断面月平均水质情况，其中方案 2010G 和 2020H 的模拟结果见表 6-10 和表 6-11。

表 6-10　2010 水平年断面水质情况　　　　　　　　（单位：mg/L）

月份	蓟运河防潮闸 水质浓度	等级	宁车沽闸 水质浓度	等级	海河闸 水质浓度	等级	工农兵闸 水质浓度	等级
1	4.65	劣Ⅴ	2.27	劣Ⅴ	10.72	劣Ⅴ	1.84	Ⅴ
2	8.64	劣Ⅴ	2.12	劣Ⅴ	30.45	劣Ⅴ	3.71	劣Ⅴ
3	15.68	劣Ⅴ	2.35	劣Ⅴ	31.18	劣Ⅴ	3.38	劣Ⅴ
4	11.18	劣Ⅴ	2.36	劣Ⅴ	12.78	劣Ⅴ	3.43	劣Ⅴ
5	8.79	劣Ⅴ	2.84	劣Ⅴ	13.87	劣Ⅴ	3.52	劣Ⅴ
6	12.41	劣Ⅴ	1.69	Ⅴ	17.82	劣Ⅴ	2.78	劣Ⅴ
7	6.73	劣Ⅴ	2.42	劣Ⅴ	12.11	劣Ⅴ	1.15	Ⅳ
8	3.36	劣Ⅴ	2.34	劣Ⅴ	8.12	劣Ⅴ	0.67	Ⅲ
9	10.82	劣Ⅴ	2.01	劣Ⅴ	5.98	劣Ⅴ	0.87	Ⅲ
10	11.14	劣Ⅴ	2.14	劣Ⅴ	7.19	劣Ⅴ	1.49	Ⅳ
11	4.92	劣Ⅴ	2.16	劣Ⅴ	6.98	劣Ⅴ	2.86	劣Ⅴ
12	8.61	劣Ⅴ	2.29	劣Ⅴ	7.94	劣Ⅴ	2.05	劣Ⅴ

表 6-11　2020 水平年断面水质情况　　　　　　　　（单位：mg/L）

月份	蓟运河防潮闸				宁车沽闸			
	水质浓度	等级	水质目标	是否满足	水质浓度	等级	水质目标	是否满足
1	0.48	Ⅱ	Ⅳ	满足	0.47	Ⅱ	Ⅲ~Ⅳ	满足
2	0.56	Ⅲ	Ⅳ	满足	0.44	Ⅱ	Ⅲ~Ⅳ	满足
3	1.26	Ⅳ	Ⅳ	满足	0.50	Ⅲ	Ⅲ~Ⅳ	满足
4	0.82	Ⅲ	Ⅳ	满足	0.52	Ⅲ	Ⅲ~Ⅳ	满足
5	0.91	Ⅲ	Ⅳ	满足	0.63	Ⅲ	Ⅲ~Ⅳ	满足
6	1.46	Ⅳ	Ⅳ	满足	0.29	Ⅱ	Ⅲ~Ⅳ	满足
7	0.64	Ⅲ	Ⅳ	满足	0.56	Ⅲ	Ⅲ~Ⅳ	满足
8	0.38	Ⅱ	Ⅳ	满足	0.51	Ⅲ	Ⅲ~Ⅳ	满足
9	1.11	Ⅳ	Ⅳ	满足	0.43	Ⅱ	Ⅲ~Ⅳ	满足
10	1.28	Ⅳ	Ⅳ	满足	0.44	Ⅱ	Ⅲ~Ⅳ	满足
11	0.87	Ⅲ	Ⅳ	满足	0.44	Ⅱ	Ⅲ~Ⅳ	满足
12	0.91	Ⅲ	Ⅳ	满足	0.48	Ⅱ	Ⅲ~Ⅳ	满足

月份	海河闸				工农兵闸			
	水质浓度	等级	水质目标	是否满足	水质浓度	等级	水质目标	是否满足
1	0.63	Ⅲ	Ⅴ	满足	0.250	Ⅱ	Ⅲ~Ⅴ	满足
2	1.40	Ⅳ	Ⅴ	满足	0.73	Ⅲ	Ⅲ~Ⅴ	满足
3	1.31	Ⅳ	Ⅴ	满足	0.50	Ⅱ	Ⅲ~Ⅴ	满足
4	0.84	Ⅲ	Ⅴ	满足	0.50	Ⅱ	Ⅲ~Ⅴ	满足
5	0.80	Ⅲ	Ⅴ	满足	0.51	Ⅲ	Ⅲ~Ⅴ	满足
6	1.41	Ⅳ	Ⅴ	满足	0.94	Ⅲ	Ⅲ~Ⅴ	满足
7	2.00	Ⅴ	Ⅴ	满足	1.02	Ⅳ	Ⅲ~Ⅴ	满足
8	2.00	Ⅴ	Ⅴ	满足	0.32	Ⅱ	Ⅲ~Ⅴ	满足
9	1.44	Ⅳ	Ⅴ	满足	0.26	Ⅱ	Ⅲ~Ⅴ	满足
10	1.46	Ⅳ	Ⅴ	满足	0.32	Ⅱ	Ⅲ~Ⅴ	满足
11	0.69	Ⅲ	Ⅴ	满足	0.22	Ⅱ	Ⅲ~Ⅴ	满足
12	0.55	Ⅲ	Ⅴ	满足	0.24	Ⅱ	Ⅲ~Ⅴ	满足

从表 6-10 中可以看出，按照 2004 年污染物排放量的 90% 控制，2010 年河道内绝大部分仍为劣Ⅴ类水，水环境问题仍然突出，亟待进一步的污水治理和污染物的排放控制。通过 TJ-EWEIP 模型平台反复演算，确定 2020 年满足水功能区要求的污染物排放量。从表 6-11 中可以看出，各断面水质浓度符合相应水功能区水质标准。

6.1.4　社会指标评价

从社会发展和安全平等的角度出发，保障饮水安全、维系生命健康是支撑建设和谐社会的基础，也是维护社会稳定的必要条件。为使农村在飞速发展的经济浪潮中迎头赶上，按照"工业反哺农业，城市反哺农村"的理念，实现城乡和谐共建。

从表6-12中可以看出，各方案对应的城市和农村生活用水均满足要求，饮水安全得到保障。公平性指标采用各区县各行业用水定额均方差表示，其值越小代表各区县本行业公平程度越高。由表6-13可见，在实现ET、地下水开采控制等约束条件下，2004、2010及2020水平年方案的各区县各行业用水定额公平程度依次提高。

表6-12 多年平均生活供水情况　　　　　　　　（单位：亿 m³）

水平年	方案	城市生活 需水	城市生活 供给	农村生活 需水	农村生活 供给
2004	2004	2.78	2.78	0.93	0.93
2010	2010A	4.48	4.48	0.83	0.83
	2010B	4.48	4.48	0.83	0.83
	2010C	4.28	4.28	0.77	0.77
	2010D	4.28	4.28	0.77	0.77
	2010E	4.48	4.48	0.83	0.83
	2010F	4.28	4.28	0.77	0.77
	2010G	4.28	4.28	0.77	0.77
	2010H	4.48	4.48	0.83	0.83
2020	2020A	6.29	6.29	0.48	0.48
	2020B	6.29	6.29	0.48	0.48
	2020C	6.29	6.29	0.48	0.48
	2020D	6.00	6.00	0.46	0.46
	2020E	6.29	6.29	0.48	0.48
	2020F	6.29	6.29	0.48	0.48
	2020G	6.00	6.00	0.46	0.46
	2020H	6.00	6.00	0.46	0.46

表6-13 全市各行业公平性指标

水平年	方案	城市生活 /[L/(人·d)]	农村生活 /[L/(人·d)]	二产、三产 /(m³/万元)	农业 /(m³/亩)
2004	2004	17.3	25.1	9.6	77.8
2010	2010A	10.1	7.1	2.3	61.8
	2010B	10.1	7.1	2.3	71.8
	2010C	11.5	8.9	2.2	51.0
	2010D	11.5	8.9	2.2	51.7
	2010E	10.1	7.1	2.3	61.8
	2010F	11.5	8.9	2.2	54.5
	2010G	11.5	8.9	2.2	57.6
	2010H	10.1	7.1	2.3	73.7

续表

水平年	方案	城市生活 /[L/(人·d)]	农村生活 /[L/(人·d)]	二产、三产 /(m³/万元)	农业 /(m³/亩)
2020	2020A	9.3	7.1	0.2	53.9
	2020B	9.3	7.1	0.2	56.5
	2020C	10.9	8.1	0.1	62.5
	2020D	10.9	8.1	0.1	47.7
	2020E	9.3	7.1	0.2	57.2
	2020F	9.3	7.1	0.2	58.8
	2020G	10.9	8.1	0.1	53.5
	2020H	10.9	7.1	0.2	56.3

6.1.5 经济指标评价

根据天津市二产、三产用水量及其万元产值耗水量、农业用水量及其水分生产函数和农产品价格，计算得到各方案的经济效益，结果见表6-14。2010水平年方案经济效益高低顺序为 F_{2010B}、F_{2010A}、F_{2010E}、F_{2010H}、F_{2010D}、F_{2010C}、F_{2010G}、F_{2010F}；2020水平年方案经济效益高低顺序为 F_{2020C}、F_{2020B}、F_{2020A}、F_{2020F}、F_{2020E}、F_{2020D}、F_{2020H}、F_{2020G}。

表6-14 经济效益 （单位：亿元）

水平年	方案	一产效益	二产、三产效益	总效益
2004	2004	101	2 905	3 006
2010	2010A	118	6 135	6 253
	2010B	123	6 135	6 258
	2010C	110	5 681	5 791
	2010D	113	5 804	5 917
	2010E	114	6 021	6 135
	2010F	107	5 604	5 711
	2010G	110	5 602	5 712
	2010H	126	5 802	5 928
2020	2020A	86	17 626	17 712
	2020B	89	17 624	17 713
	2020C	93	17 632	17 725
	2020D	84	16 123	16 207
	2020E	89	17 436	17 525
	2020F	92	17 433	17 525
	2020G	84	15 858	15 942
	2020H	87	15 858	15 945

从方案效益构成来看，2010 年、2020 年二产、三产效益占总效益的 98% 以上，反映出二产、三产成为天津市今后经济发展的主要驱动力。从不同水平年来看，2004 年、2010 年、2020 年的效益逐步提高，主要是由于天津市作为国家新的经济增长极，二产、三产高速发展。

6.2 方案优选

根据方案评价方法体系，将区域综合 ET、地下水开采控制、污染物控制、生活用水作为区域水资源与水环境规划的强约束指标。如果方案达不到上述某一指标，则表示该方案失效。本书根据各方案的评价结果，结合专家经验法对方案进行筛选寻优，从而确定推荐方案。2010 水平年和 2020 水平年各方案的综合评价结果见图 6-4 和图 6-5。

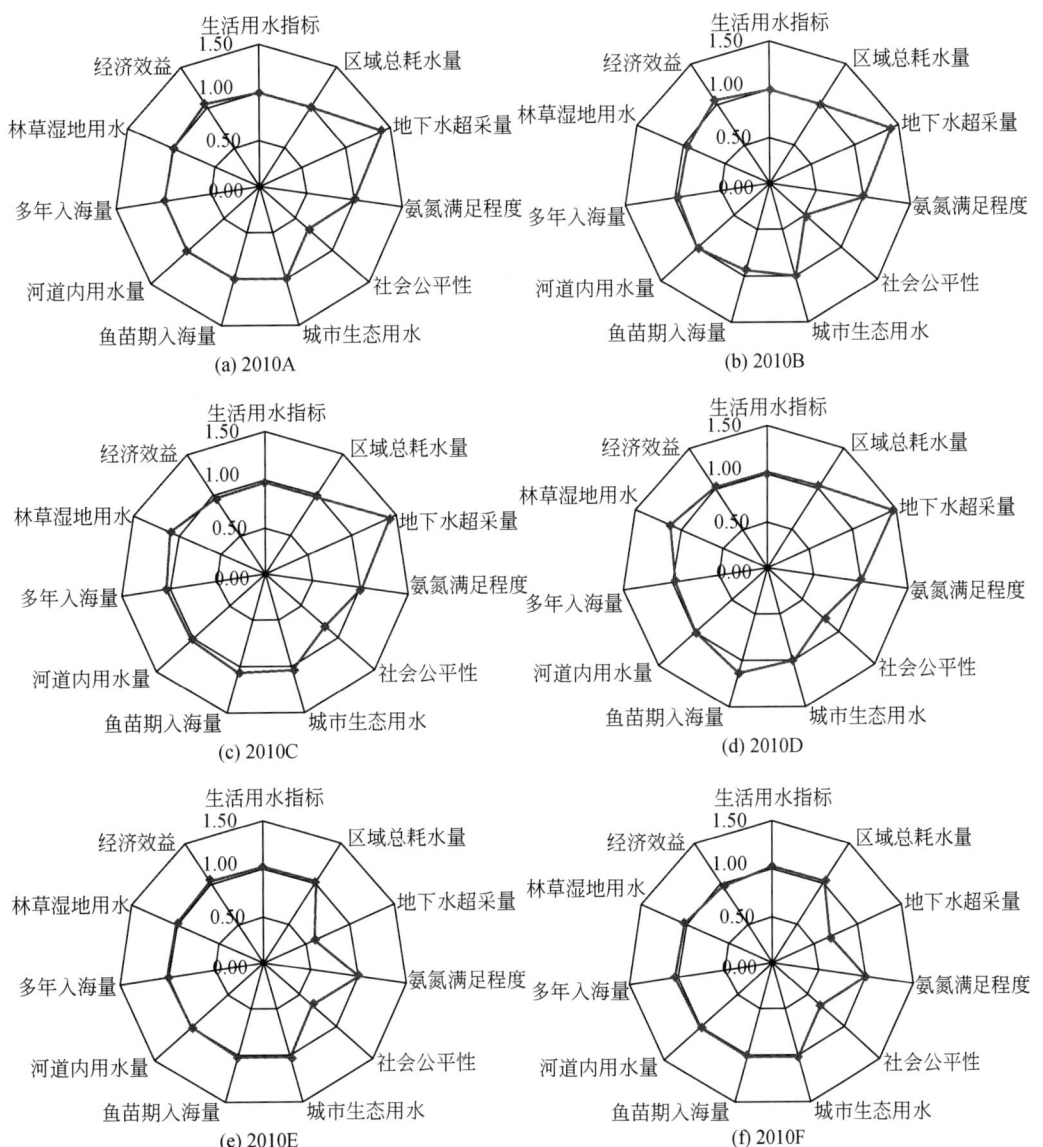

(g) 2010G

(h) 2010H

图 6-4 2010 水平年各情景方案雷达图

(a) 2020A

(b) 2020B

(c) 2020C

(d) 2020D

(e) 2020E

(f) 2020F

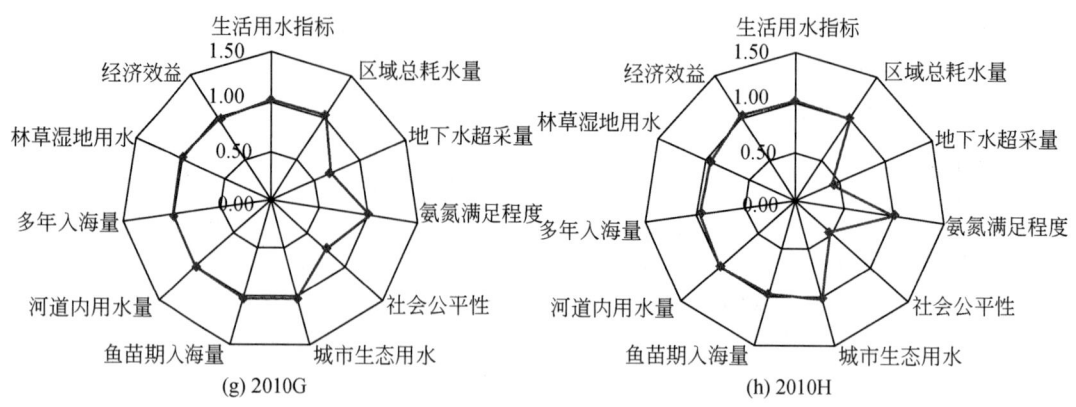

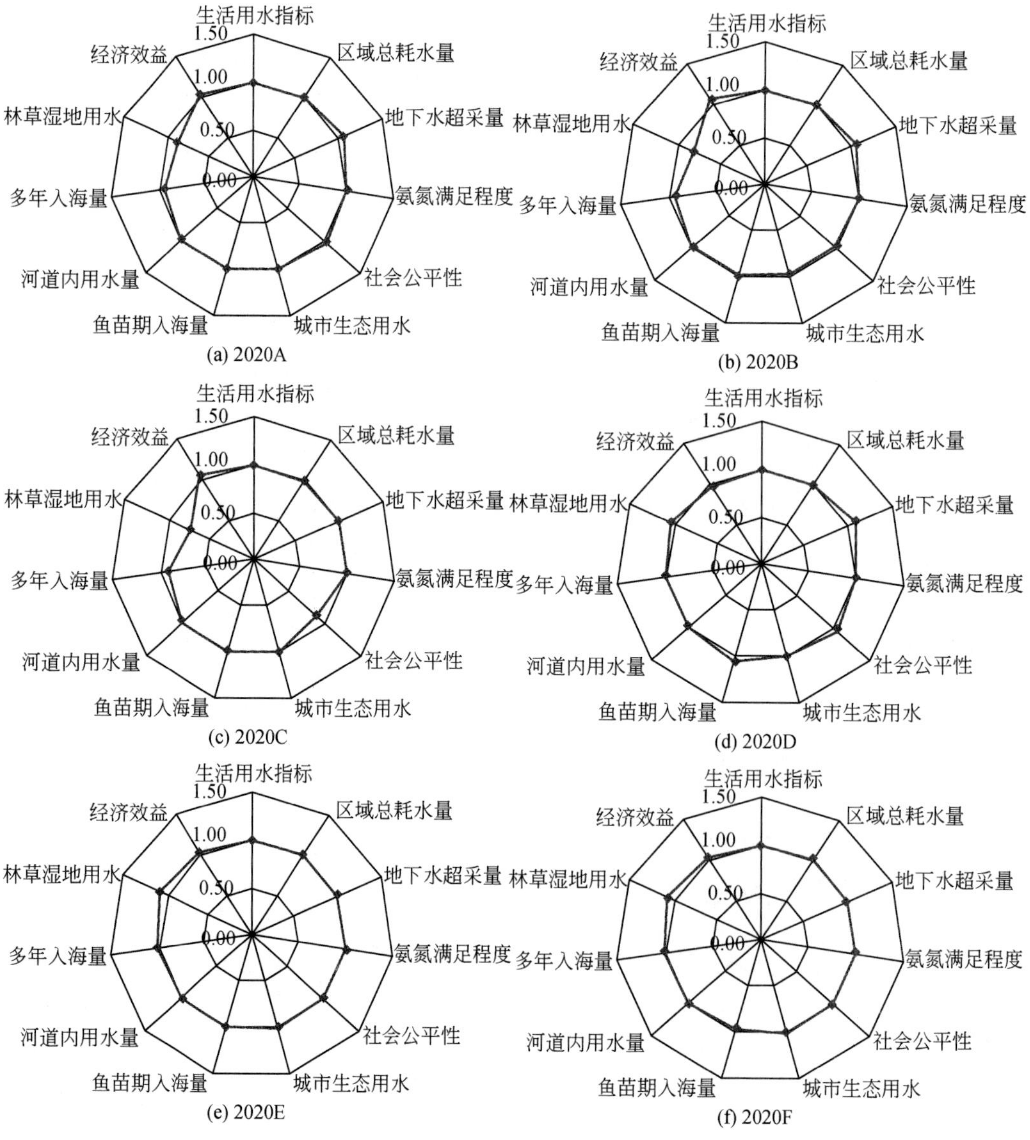

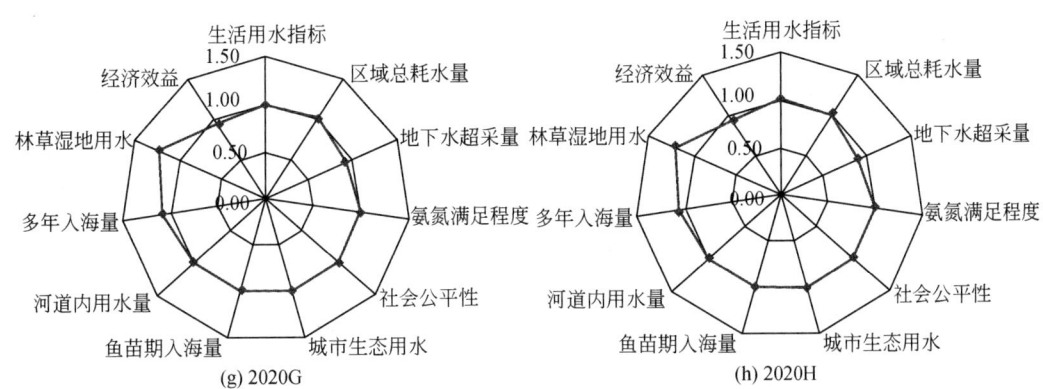

图 6-5 2020 水平年方案综合评选

6.2.1 2010 水平年方案优选

2010 年考虑 A~D 4 个方案为南水北调中线工程供水量达到设计能力的 50%情景，E~H 4 个方案为南水北调中线工程不供水情景，为在同一供水条件下对比分析，对前 4 个方案和后 4 个方案分别进行比较。其中，区域综合 ET、地下水开采控制、污染物控制、生活用水为强约束指标，各方案均应满足。

2010 年 A~D 方案区域 ET 为 609~623mm，均满足此供水条件下目标 ET 626mm；E~H 方案区域 ET 为 602~611mm，均满足此供水条件下目标 ET 611mm。A~D 方案地下深层水开采量为 2.2 亿~2.6 亿 m^3，E~H 方案地下深层水开采量为 2.9 亿~3.7 亿 m^3，均满足 2010 年地下水开采控制目标 3.9 亿 m^3。A~D 方案入海水量为 13.6 亿~13.9 亿 m^3，E~H 方案入海水量为 13.6 亿~13.8 亿 m^3，均满足 2010 年目标入海水量 13.6 亿 m^3。2010 年污染物排放量按照 2004 年污染物排放的 90%进行消减，各方案生活用水得到满足，饮水安全得到保障。

各方案的归一化雷达图见图 6-4。从综合得分看，得分越大表示方案越优。从各评价指标上看，雷达图越饱满反映方案越好。前 4 个方案中方案 2010D 的综合得分最高，雷达图最为饱满，后 4 个方案中方案 2010G 的综合得分最高，雷达图最为饱满。因此，2010 年南水北调中线工程供水量达到设计能力的 50%情景下推选方案 2010D，南水北调中线工程不供水情景下推选方案 2010G。

6.2.2 2020 水平年方案优选

2020 年 A~D 前 4 个方案中为天津市南水北调中线工程供水量达到设计能力、东线工程供水量达到设计能力 50%的情景，E~H 后 4 个方案为南水北调中线工程供水量达到设计能力、东线工程不供水情景。同 2010 水平年一样，对 2020 水平年的前 4 个方案和后 4 个方案分别比较。

2020年A~D方案综合ET为622~634mm，均满足此供水条件下目标ET 655mm；E~H方案综合ET为619~629mm，均满足此供水条件下目标ET 635mm。A~D方案地下深层水开采量为0.49亿~0.50亿m³，E~H方案地下深层水开采量为0.54亿~0.55亿m³，均满足2020年地下水开采控制目标0.6亿m³。A~D方案入海水量为16.4亿~16.6亿m³，E~H方案入海水量为16.4亿~16.5亿m³，均满足2010年目标入海水量16.4亿m³。2020年污染物排放量按照水功能区水质达标要求进行削减。2020年各方案生活用水得到满足，饮水安全得到保障。

各方案的归一化雷达图见图6-5。前4个方案A~D为天津市南水北调中线工程供水量达到设计能力、东线工程供水量达到设计能力50%的情景，方案2020D的综合得分最高，雷达图最为饱满。后4个方案E~H为南水北调中线工程供水量达到设计能力、东线工程不供水情景。从综合得分和雷达图看，虽然方案2020G和2020E排在前两位，但是方案的综合效果与2020H相比提高不大，而且这两个方案将玉米和小麦的1/4改种棉花，从粮食安全角度考虑，2020水平年后4个方案中推选次优方案2020H。各方案综合ET也可以说明2020水平年天津市的农作物结构基本合理，再通过大幅调整种植结构来降低区域综合ET意义不大。

综上分析，2020水平年南水北调中线达到设计能力、东线工程供水量达到设计能力50%的情景下推选2020D方案；2020水平年南水北调中线工程供水量达到设计能力、东线工程不供水情景下推选2020H方案。

6.3 水资源与水环境综合分析

本节从水资源可持续利用、经济社会发展和生态环境良性循环等角度对各水平年优选方案的合理性进行了评估。在未来水平年优选方案中，考虑到2010水平年方案2010D比方案2010G增加了南水北调中线水源，而2020水平年方案2020D比方案2020H均增加了南水北调东线水源，其水资源条件更加优越，从安全角度推荐采用选用2010G和2020H。

6.3.1 供水分析

（1）2004水平年

2004年全市各种水源的供水量见表6-15，多年平均总供水量为28.44亿m³左右。其中，地表水多年平均供水19.51亿m³，地下水6.98亿m³，非常规水源中海水淡化供水0.36亿m³，微咸水供水0.1 m³，再生水供水1.59 m³。

地表水源中大型水库供水量为13.1亿m³，其中，给城市生活、二产、三产和农业的供水量分别为2.6亿m³、4.04亿m³和6.45亿m³；本地河网供水量为6.42亿m³，其中给农业、城市生态和农村生态的供水量分别为5.42亿m³、0.14亿m³和0.86亿m³。

表 6-15　2004 年全市不同水源供水量　　　　　　　　（单位：亿 m³）

水源	雨水	海水	微咸水	再生水	河网	水库	浅层水	深层水	岩溶水	总计
城市生活	0	0	0	0	0	2.601	0.042	0.037	0.293	2.973
农村生活	0	0	0	0	0	0	0.651	0.284	0	0.935
二产、三产	0	0.360	0	0.616	0	4.037	0.227	0.503	0.637	6.380
农业	0	0	0.098	0.258	5.418	6.453	1.630	2.211	0.361	16.430
城市生态	0	0	0	0.625	0.139	0	0	0	0	0.764
农村生态	0	0	0	0.092	0.859	0.004	0	0	0	0.954
总供水量	0	0.360	0.098	1.591	6.416	13.095	2.550	3.035	1.291	28.436

地下水供水量为 6.98 亿 m³ 左右，其中给城市生活、农村生活、二产、三产和农业的供水量分别为 0.37 亿 m³、0.94 亿 m³、1.37 亿 m³ 和 4.2 亿 m³。

非常规水源中海水淡化供水量为 0.36 亿 m³ 左右，供水对象为二产、三产。微咸水供水量为 0.1 m³，供水对象为农业。再生水供水量为 1.59 m³，其中给二产、三产、农业、城市生态和农村生态的供水量分别为 0.62 亿 m³、0.26 亿 m³、0.62 亿 m³ 和 0.09 亿 m³。

（2）2010 水平年

2010G 方案对应的全市各种水源的供水量见表 6-16，多年平均的总供水量约为 31.47 亿 m³。其中，地表水多年平均供水量为 19.5 亿 m³，地下水供水量为 6.3 亿 m³，非常规水源中雨水利用供水量为 0.002 亿 m³，海水淡化供水量为 1.02 亿 m³，再生水供水量为 4.54 亿 m³，微咸水供水量为 0.1 m³。

表 6-16　2010 水平年全市不同水源供水量　　　　　　（单位：亿 m³）

水源	雨水	海水	微咸水	再生水	河网	水库	浅层水	深层水	岩溶水	总计
城市生活	0	0	0	0	0	3.716	0.078	0.384	0.101	4.279
农村生活	0	0	0	0	0	0	0.290	0.480	0	0.771
二产、三产	0	1.028	0	1.255	0	5.390	0.131	1.258	0.318	9.379
农业	0.002	0	0.098	2.422	2.709	5.481	1.986	1.051	0.220	13.970
城市生态	0	0	0	0.297	0.534	0.015	0	0	0	0.845
农村生态	0	0	0	0.569	1.295	0.362	0	0	0	2.226
总供水量	0.002	1.028	0.098	4.543	4.538	14.964	2.485	3.173	0.639	31.470

地表水源中大型水库供水量约为 14.96 亿 m³，其中给城市生活、二产、三产、农业、城市生态和农村生态的供水量分别约为 3.72 亿 m³、5.39 亿 m³、5.48 亿 m³、0.02 亿 m³ 和 0.36 亿 m³。本地河网供水量约为 4.54 亿 m³，其中给农业、城市生态和农村生态的供水量分别约为 2.71 亿 m³、0.53 亿 m³ 和 1.29 亿 m³。

地下水供水量约为 6.3 亿 m³，其中给城市生活、农村生活、二产、三产和农业的供水量分别约为 0.56 亿 m³、0.77 亿 m³、1.71 亿 m³ 和 3.26 亿 m³。

非常规水源中雨水利用供水量约为 0.002 亿 m³，供水对象为农业。海水淡化供水量约为 1.02 亿 m³，供水对象为二产、三产。微咸水供水量约为 0.1m³，供水对象为农业。再生水供水量约为 4.54 亿 m³，其中给二产、三产、农业、城市生态和农村生态的供水量分别约为 1.26 亿 m³、2.42 亿 m³、0.3 亿 m³ 和 0.6 亿 m³。

(3) 2020 水平年

2020H 方案对应的全市各种水源供水量见表 6-17，多年平均的总供水量约为 37.33 亿 m³。其中，地表水多年平均供水量约为 24.88 亿 m³，地下水供水量约为 3.98 亿 m³，非常规水源中雨水利用供水量约为 0.15 亿 m³，海水淡化供水量约为 1.33 亿 m³，再生水供水量约为 6.89 亿 m³，微咸水供水量约为 0.1 亿 m³。

表 6-17 2020 水平年全市不同水源供水量　　（单位：亿 m³）

水源	雨水	海水	微咸水	再生水	河网	水库	浅层水	深层水	岩溶水	总计
城市生活	0	0	0	0	0	6.033	0.012	0.116	0.028	6.188
农村生活	0	0	0	0	0	0	0.118	0.340	0	0.459
二产、三产	0	1.333	0	1.895	0	9.288	0.181	0	0.038	12.734
农业	0.140	0	0.098	3.475	2.151	4.283	2.664	0.081	0.401	13.294
城市生态	0.008	0	0	0.563	1.092	0.074	0	0	0	1.737
农村生态	0	0	0	0.962	1.595	0.365	0	0	0	2.921
总供水量	0.148	1.333	0.098	6.895	4.838	20.043	2.975	0.537	0.467	37.333

地表水源中大型水库供水量约为 20.04 亿 m³，其中给城市生活、二产、三产、农业、城市生态和农村生态的供水量分别约为 6.03 亿 m³、9.29 亿 m³、4.28 亿 m³、0.07 亿 m³ 和 0.37 亿 m³。本地河网供水量约为 4.84 亿 m³，其中给农业、城市生态和农村生态的供水量分别约为 2.15 亿 m³、1.09 亿 m³ 和 1.6 亿 m³。

地下水供水量约为 3.98 亿 m³，其中给城市生活、农村生活、二产、三产和农业的供水量分别约为 0.15 亿 m³、0.46 亿 m³、0.22 亿 m³ 和 3.15 亿 m³。

非常规水源中雨水利用供水量约为 0.15 亿 m³，其中给农业和城市生态的供水量分别约为 0.14 亿 m³ 和 0.01 亿 m³。海水淡化供水量约为 1.33 亿 m³，供水对象为二产、三产。微咸水供水量约为 0.1 m³，供水对象为农业。再生水供水量约为 6.89 m³，其中给二产、三产、农业、城市生态和农村生态的供水量分别约为 1.89 亿 m³、3.48 亿 m³、0.56 亿 m³ 和 0.96 亿 m³。

6.3.2 用水分析

(1) 2004 水平年

2004 年全市多年平均总用水量约为 28.44 亿 m³，各用水部门的用水量见表 6-15。

城镇生活用水量约为 2.97 亿 m³，其中大型水库、地下水源的供水量分别约为 2.6 亿 m³、0.37 亿 m³。农村生活用水量约为 0.94 亿 m³，为地下水供水。

二产、三产用水量约为 6.38 亿 m³，其中大型水库、地下水、海水淡化和再生水的供水量分别约为 4.04 亿 m³、1.37 亿 m³、0.36 亿 m³ 和 0.61 亿 m³。

农业用水量为 16.43 亿 m³，其中大型水库、当地地表水、地下水、再生水和微咸水的供水量分别为 6.45 亿 m³、5.42 亿 m³、4.2 亿 m³、0.25 亿 m³ 和 0.1 亿 m³。

城镇生态用水量为 0.76 亿 m³，其中地表水和再生水的供水量分别为 0.13 亿 m³ 和 0.63 亿 m³。农村生态用水量为 0.95 亿 m³，其中地表水和再生水的供水量分别为 0.86 亿 m³ 和 0.09 亿 m³。

(2) 2010 水平年

2010G 方案对应的全市多年平均总用水量为 31.47 亿 m³，各用水部门的用水量见表 6-16。

城镇生活用水量为 4.28 亿 m³，其中大型水库、地下水源的供水量分别为 3.72 亿 m³、0.56 亿 m³。农村生活用水量为 0.77 亿 m³，都为地下水供水。

二产、三产用水量为 9.38 亿 m³，其中大型水库、地下水、海水淡化和再生水的供水量分别为 5.39 亿 m³、1.71 亿 m³、1.02 亿 m³ 和 1.26 亿 m³。

农业用水量为 13.97 亿 m³，其中大型水库、当地地表水、地下水、再生水和微咸水的供水量分别为 5.48 亿 m³、2.71 亿 m³、2.42 亿 m³ 和 0.1 亿 m³。

城镇生态用水量为 0.85 亿 m³，其中地表水和再生水的供水量分别为 0.55 亿 m³ 和 0.3 亿 m³。农村生态用水量为 2.23 亿 m³，其中地表水和再生水的供水量分别为 1.66 亿 m³ 和 0.57 亿 m³。

(3) 2020 水平年

2020H 方案对应的全市多年平均总用水量为 37.33 亿 m³，各用水部门的用水量见表 6-17。

城镇生活用水量为 6.19 亿 m³，其中大型水库、地下水源的供水量分别为 6.03 亿 m³、0.15 亿 m³。农村生活用水量为 0.46 亿 m³，为地下水供水。

二产、三产用水量为 12.73 亿 m³，其中大型水库、地下水、海水淡化和再生水的供水量分别为 9.29 亿 m³、0.22 亿 m³、1.33 亿 m³ 和 1.89 亿 m³。

农业用水量为 13.29 亿 m³，其中大型水库、当地地表水、地下水、再生水、雨水和微咸水的供水量分别为 4.28 亿 m³、2.15 亿 m³、3.15 亿 m³、3.48 亿 m³、0.14 亿 m³ 和 0.1 亿 m³。

城镇生态用水量为 1.73 亿 m³，其中地表水和再生水的供水量分别为 1.17 亿 m³ 和 0.56 亿 m³。城镇生态用水量为 2.92 亿 m³，其中地表水和再生水的供水量分别为 1.96 亿 m³ 和 0.96 亿 m³。

6.3.3 ET 控制分析

(1) 2004 水平年

2004 年全市综合 ET 为 608mm（合 72.61 亿 m³）（表 6-18），而 2004 年的目标 ET 为

605mm，可以看出 2004 年全市 ET 超过目标允许值。从行业消耗 ET 来看，生活 ET 为 1.49 亿 m³，占总消耗 ET 的 2.1%；二产、三产 ET 为 2.01 亿 m³，占总消耗 ET 的 2.8%；农业 ET 为 27.97 亿 m³，占总消耗 ET 的 38.5%；其他 ET 为 41.14 亿 m³，占总消耗 ET 的 56.6%。

（2）2010 水平年

2010G 方案对应的全市综合 ET 为 604mm（合 72.01 亿 m³）（表 6-18），而此种情景下 2010 水平年的目标 ET 为 611mm，全市综合 ET 得到控制。从行业消耗 ET 来看，生活 ET 为 1.5 亿 m³，占总消耗 ET 的 2.08%；二产、三产 ET 为 2.75 亿 m³，占总消耗 ET 的 3.82%；农业 ET 为 27.85 亿 m³，占总消耗 ET 的 38.68%；其他 ET 为 39.91 亿 m³，占总消耗 ET 的 55.42%。

（3）2020 水平年

2020H 方案对应的全市综合 ET 为 622 mm（合 74.16 亿 m³）（表 6-18），而此种情景下 2020 水平年的目标 ET 为 635mm，2020 水平年全市综合 ET 得到控制。从行业消耗 ET 来看，生活 ET 为 1.58 亿 m³，占总消耗 ET 的 2.13%；二产、三产 ET 为 3.07 亿 m³，占总消耗 ET 的 4.14%；农业 ET 为 29.0 亿 m³，占总消耗 ET 的 39.11%；其他 ET 为 40.51 亿 m³，占总消耗 ET 的 54.63%。

表 6-18　各水平年 ET 控制情况　　　　　　（单位：亿 m³）

各项 ET	2004 水平年	2010 水平年	2020 水平年
全市综合 ET	72.61	72.01	74.16
生活 ET	1.49	1.50	1.58
二产、三产 ET	2.01	2.75	3.07
农业 ET	27.97	27.85	29.00
其他 ET	41.14	39.91	40.51

6.3.4　水生态分析

（1）2004 水平年

水生态从地下水开采和入海水量两方面分析（表 6-19），从入海水量来看，2004 年的多年入海水量为 11.7 亿 m³，小于目标多年平均入海水量 13.6 亿 m³，入海水量没有得到保证。2004 年的全市深层地下水开采量为 4.14 亿 m³，地下水超采严重。

（2）2010 水平年

2010G 方案对应的多年平均入海水量为 13.65 亿 m³，满足 2010 水平年目标入海水量 13.6 亿 m³ 的要求，全市深层地下水开采量为 3.17 亿 m³，达到了 2010 水平年深层地下水开采控制要求（表 6-19）。

（3）2020 水平年

2020H 方案对应的多年平均入海水量为 16.48 亿 m³，满足 2020 水平年目标入海水量

16.4 亿 m³ 的要求，全市深层地下水开采量为 0.54 亿 m³，达到了 2020 水平年的地下水开采控制要求（表 6-19）。

表 6-19 各水平年地下水开采及入海水量情况 （单位：亿 m³）

水平年	2004	2010	2020
入海水量	11.7	13.65	16.48
深层地下水开采量	4.14	3.17	0.54

6.3.5 水环境分析

（1）2004 水平年

2004 年入河污染物排放量见表 6-20。全市 COD 入河排放量为 15.01 万 t，其中点源为 11.95 万 t，占总量的 79.6%，非点源为 3.06 万 t，占总量的 20.4%。全市氨氮入河排放量为 1.91 万 t，其中点源贡献 1.49 万 t，占总量的 78.0%，非点源贡献 0.42 万 t，占总量的 22.0%。根据模型计算，2004 年各河道断面的水质为劣Ⅴ类，污染严重超标。

（2）2010 水平年

2010 水平年全市 COD 入河排放量为 13.2 万 t，其中点源为 9.82 万 t，占总量的 74.4%，非点源为 3.38 万 t，占总量的 25.6%。全市氨氮入河排放量为 1.7 万 t，其中点源为 1.25 万 t，占总量的 73.4%，非点源为 0.45 万 t，占总量的 26.6%。虽然污染物排放达到了在 2004 年基础上消减 10% 的控制要求，但模型计算显示河道断面的水质多数仍为Ⅴ类或劣Ⅴ类，水质较差。

表 6-20 各水平年入河污染物排放量 （单位：万 t）

水平年	污染物种类	点源	非点源	合计
2004	氨氮	1.49	0.42	1.91
	COD	11.95	3.06	15.01
2010	氨氮	1.25	0.45	1.7
	COD	9.82	3.38	13.2
2020	氨氮	0.74	0.29	1.03
	COD	5.37	2.14	7.51

（3）2020 水平年

2020 水平年全市 COD 入河排放量为 7.51 万 t，其中点源为 5.37 万 t，占总量的 71.5%，非点源为 2.14 万 t，占总量的 28.5%。全市氨氮入河排放量为 1.03 万 t，其中点源为 0.74 万 t，占总量的 71.7%，非点源为 0.29 万 t，占总量的 28.3%。根据模型计算，模拟显示主要河道断面水质多为Ⅱ～Ⅲ类水，达到水功能区要求。

6.4 各水平年之间的比较

6.4.1 水资源分析

随着南水北调工程相继供水以及非常规水源开发力度加大，2004 现状水平年、2010 水平年和 2020 水平年天津市水资源供给条件逐步得到改善。水资源总量呈增加趋势，分别为 82.9 亿 m^3、84.4 亿 m^3 和 93.3 亿 m^3。供水量也呈增加趋势，三个水平年总的供水量分别为 28.44 亿 m^3、31.47 亿 m^3 和 37.33 亿 m^3，非常规水源供水量分别为 2.05 亿 m^3、5.66 亿 m^3 和 8.47 亿 m^3。

6.4.2 ET 分析

（1）综合 ET

2004 年、2010 水平年和 2020 水平年天津市目标 ET 分别为 605mm、611mm 和 635mm，而三个水平年的水资源量分别为 696mm、708mm 和 783mm，各水平年目标 ET 占水资源量比例分别为 87%、86% 和 81%，体现了 ET 控制的要求。

2004 年、2010 水平年和 2020 水平年天津市综合 ET 分别为 608mm、604mm 和 626mm，占水资源量比例分别为 87%、85% 和 80%，可以看出规划水平年 ET 逐步得到控制，体现了"真实节水"的理念。

（2）农业 ET

2004 年、2010 水平年和 2020 水平年的农业 ET 分别为 773mm、701mm 和 701mm，虽然 2020 水平年耗水量大的蔬菜种植面积比 2010 水平年增加了 1/4，但是 2020 水平年的农业 ET 值与 2010 水平年持平，农业节水水平得到大幅提高，农业耗水得到较好控制。

（3）二产、三产 ET

2004 年、2010 水平年和 2020 水平年的万元 GDP 耗水量分别为 6.8m^3、3.0 m^3 和 1.9m^3，可以看出随着节水水平的提高，天津市二产、三产用水效率大幅增长。

（4）生态 ET

2004 年、2010 水平年和 2020 水平年的生态 ET 分别为 526mm、541mm 和 574mm，其中自然 ET 均为 427mm，人工补水产生的 ET 分别为 99mm、113mm 和 147mm，三个水平年生态 ET 呈增加趋势，天津市生态朝着好的方向发展。

6.4.3 生态环境分析

2004 年、2010 水平年和 2020 水平年城市生态用水量分别为 0.76 亿 m^3、0.86 亿 m^3 和 1.75 亿 m^3，农村生态用水量分别为 0、2.2 亿 m^3 和 2.9 亿 m^3，城市生态和农村生态得到了较大的改善。

2004年、2010水平年和2020水平年入海水量分别为12.2亿 m³、13.65亿 m³、16.48亿 m³，入海水量逐步增大，到2020水平年可达到适宜入海水量水平，入海口生态将得到恢复。

2004年、2010水平年和2020水平年的地下水深层开采量分别为4.14亿 m³、3.17亿 m³、0.54亿 m³，地下水开采量逐步减小。2010水平天津市地下水开采满足控制目标，2020水平年地下水开采满足采补平衡目标。

2010年污染物排放量在2004年基础上削减10%，各河道断面的水质为Ⅴ类；到2020水平年，经过污染物排放消减控制措施，主要河道断面水质达到水功能区水质标准，可实现环境修复目标。

6.4.4 经济社会分析

2004年、2010水平年和2020水平年城市生活用水量分别为2.8亿 m³、4.2亿 m³和5.7亿 m³，定额分别为113 L/(人·d)、125 L/(人·d) 和134 L/(人·d)，农村生活用水量分别0.93亿 m³、0.77亿 m³和0.48亿 m³，定额分别为74 L/(人·d)、86 L/(人·d)和93 L/(人·d)。可以看出随着经济社会发展，城镇和农村生活水平都得到极大提高，体现了"以人为本"的思想。

从表6-13公平性指标可见，各区县生活、二产、三产、农业公平性越来越好。

三个水平年的经济效益分别为3006亿元、5712亿元和15 945亿元，一产人均经济效益分别为2983元、4388元和6105元，体现了"工业反哺农业，城市反哺农村"的思想。

综上所述，本研究推荐的方案对于缓解天津市水资源供需矛盾、提高水资源利用效率和效益、实现天津市水资源的可持续利用与经济社会及生态环境的协调发展提供了有力支撑。

第 7 章 管理目标和措施

管理措施的研究与提出，有利于推动基于 ET 的水资源与水环境综合管理规划方案的实施，是落实规划方案的重要技术性支撑工作。本章基于天津市市情、水情及水资源与水环境综合规划的特点，给出了天津市基于 ET 的水资源与水环境综合管理的总体目标；基于规划方案优选成果，将总体目标细分为 ET 控制、国民经济用水控制、地表水控制、地下水控制、水污染控制、水生态控制及入海主要断面控制七方面的具体指标；依据流域二元水循环理论，提出综合考虑流域水资源、水生态、水环境三大要素，实行具有七大核心、六大保障的系统化矩阵化管理的创新思路，并以此主线，提出了天津市基于 ET 的水资源与水环境综合管理的措施。

7.1 管理目标

7.1.1 总体目标

结合天津市实际情况，确定水资源与水环境管理的总体目标为：一是提高水资源利用效率和效益，通过耗水控制实现"真实节水"，为经济社会发展目标提供水资源支撑；二是要建立科学的水资源开发利用和保护格局，修复和改善天津市水生态环境，促进海河流域和渤海湾的水生态环境改善；三是初步形成现代化的基于 ET 的水资源与水环境综合管理框架，为资源型缺水和污染严重地区的水资源可持续发展探索新的管理模式。

7.1.2 具体指标

根据天津市水资源与水环境综合管理总体目标，以水资源与水环境综合规划优选推荐的方案 2010G 和 2020H（详见第 6 章）为基础，结合现状及需要解决的问题，提出天津市基于 ET 的水资源与水环境综合管理具体指标，主要以七大总量控制为重点，并将其层层分解到各区县。总量控制具体指标见表 7-1，具体控制指标的定量控制值见表 7-2。

1）地表水取水管理目标。控制地表水取水总量，优化地表水分配，避免地表水过度开发。2010 水平年全市地表水多年平均取水总量控制在 25.07 亿 m^3，2020 水平年全市地表水多年平均取水总量控制在 33.26 亿 m^3。不同来水频率下各区县的地表水取水管理目标如表 7-3 所示。

表 7-1　天津市基于 ET 的水资源与水管理综合管理指标特征及来源

指标分项	指标细项	区域范围
地表水总量控制	一产、二产、三产、生活地表水取水量、地表水取水总量	全市
地下水总量控制	一产、二产、三产、生活地下水取水量、地下水取水总量	全市
	地下水位	
国民经济用水总量控制	一产、二产、三产、生活用水总量、国民经济用水总量	
生态用水总量控制	城镇生态环境用水、林草植被补水、湿地补水、河道外生态用水总量、河道水库最小蓄水量、生态用水总量	
ET 总量控制	一产、二产、三产、生活、国民经济、生态用水产生的 ET、区域综合 ET、地表水、地下水、非常规水源产生的 ET	全市
排污总量控制	一产、二产、三产、生活污染物排放量、污染物排放总量，一产、二产、三产、生活污染物入河量、污染物入河总量	全市
入海总量控制	最小入海总量	入海断面

表 7-2　天津市各水平年基于 ET 的水资源与水环境综合管理具体目标

编号	分类 方案 总量控制指标	2010 年水平年 多年平均	50%	75%	95%	2020 年水平年 多年平均	50%	75%	95%
1	地表水总量控制/亿 m³	25.07	29.05	26.31	21.33	33.26	36.10	34.41	28.77
2	地下水总量控制/亿 m³	6.39	4.97	5.19	8.58	4.08	4.36	3.46	5.22
3	国民经济用水总量控制/亿 m³	28.40	30.80	28.40	27.65	32.67	35.45	33.17	30.58
4	生态用水总量控制/亿 m³	3.07	3.22	3.09	2.33	4.66	5.01	4.71	3.40
5	ET 总量控制/mm	604	639	512	532	622	676	529	540
6	排污总量控制/万 t	1.70（氨氮）/13.20（COD）				1.03（氨氮）/7.51（COD）			
7	入海总量控制/亿 m³	13.65	14.89	4.86	4.77	16.49	18.01	8.88	8.20

注：表中地表水指地面以上的水量，包括本地径流、上游入境水、外调水以及再生水、雨水、海水等水量，下同。

表 7-3　天津市各水平年分区县不同频率的地表水取水管理目标　　（单位：亿 m³）

水平年	来水频率	蓟县	宝坻区	宁河县	汉沽区	武清区	北辰区	西青区	城区	津南区	东丽区	塘沽区	大港区	静海县
2010	多年平均	1.16	2.71	1.46	0.41	2.99	1.17	1.68	4.62	0.95	1.10	3.65	1.63	1.54
	50%	1.23	3.50	1.97	0.44	4.54	1.44	1.95	4.38	1.16	1.22	4.26	1.62	1.36
	75%	1.12	2.85	1.73	0.40	3.53	1.08	1.77	4.24	1.00	1.18	4.25	1.79	1.37
	95%	0.88	1.30	0.66	0.36	2.24	1.06	1.65	4.16	1.03	1.21	2.71	1.81	2.25
2020	多年平均	1.82	2.60	1.75	0.53	3.51	1.65	2.18	6.08	1.22	1.57	5.67	2.20	2.47
	50%	1.87	3.40	2.22	0.56	4.51	1.65	2.22	5.96	1.36	1.70	5.98	2.25	2.42
	75%	1.95	3.35	2.07	0.55	4.04	1.63	2.35	5.70	1.26	1.60	5.17	2.29	2.46
	95%	1.94	1.59	0.96	0.49	2.89	1.42	2.04	5.56	1.07	1.50	3.95	2.29	3.08

2）地下水取水管理目标。控制地下水取水总量，遏制地下水超采，实现地下水采补平衡。2010水平年地下水超采量减少10%，多年平均取水总量控制在6.39亿m³；2020水平年实现地下水采补平衡，多年平均取水总量控制在4.08亿m³。不同来水频率下各区县的地下水取水管理目标如表7-4所示。

表7-4 天津市各水平年分区县不同频率的地下水取水管理目标 （单位：亿m³）

水平年	来水频率	蓟县	宝坻区	宁河县	汉沽区	武清区	北辰区	西青区	城区	津南区	东丽区	塘沽区	大港区	静海县
2010	多年平均	1.35	1.13	0.52	0.13	1.05	0.27	0.28	0.03	0.14	0.15	0.40	0.45	0.49
	50%	1.24	0.49	0.17	0.10	1.20	0.25	0.27	0.05	0.12	0.15	0.03	0.39	0.51
	75%	1.41	0.68	0.29	0.13	0.52	0.33	0.33	0.13	0.18	0.20	0.03	0.44	0.52
	95%	1.60	1.88	0.59	0.13	1.16	0.37	0.35	0.10	0.17	0.20	1.05	0.48	0.51
2020	多年平均	1.03	1.51	0.20	0.02	0.82	0.06	0.15	0	0.05	0.05	0.02	0.09	0.09
	50%	0.93	1.21	0.10	0.02	1.69	0.05	0.15	0	0.04	0.04	0.02	0.02	0.10
	75%	0.95	1.63	0.06	0.02	0.25	0.05	0.15	0	0.04	0.04	0.02	0.16	0.09
	95%	1.22	2.21	0.33	0.03	0.52	0.12	0.22	0	0.11	0.11	0	0.23	0.10

3）国民经用水管理目标。根据各区县国民经济发展趋势和水资源条件，实施国民经济用水总量控制管理，提高水资源的利用效率和效益。2010水平年全市国民经济多年平均取水总量控制在28.41亿m³，2020水平年国民经济多年平均取水总量控制在32.67亿m³。不同来水频率条件下各区县的国民经济用水管理目标如表7-5所示。

表7-5 天津市各水平年分区县不同频率的国民经济用水管理目标 （单位：亿m³）

水平年	来水频率	蓟县	宝坻区	宁河县	汉沽区	武清区	北辰区	西青区	城区	津南区	东丽区	塘沽区	大港区	静海县
2010	多年平均	2.47	3.69	1.50	0.49	3.63	1.38	1.82	4.15	0.98	1.10	3.73	1.86	1.61
	50%	2.44	3.83	1.57	0.46	5.30	1.61	2.08	3.92	1.16	1.21	3.96	1.77	1.49
	75%	2.50	3.37	1.47	0.47	3.60	1.34	1.96	3.86	1.07	1.23	3.96	2.03	1.54
	95%	2.45	3.07	1.11	0.48	3.17	1.38	1.88	3.80	1.09	1.25	3.43	2.08	2.47
2020	多年平均	2.60	3.63	1.28	0.48	3.86	1.61	2.20	5.19	1.10	1.31	5.32	2.03	2.06
	50%	2.51	4.06	1.48	0.50	5.71	1.60	2.23	5.06	1.22	1.43	5.63	1.98	2.05
	75%	2.67	4.43	1.39	0.51	3.80	1.58	2.34	4.84	1.13	1.33	4.82	2.20	2.13
	95%	3.00	3.58	1.06	0.48	3.11	1.46	2.12	4.77	1.01	1.29	3.62	2.27	2.81

4）生态环境用水管理目标。2010水平年全市河湖湿地水生态系统得到普遍恢复，河流保证一定生态基流，多年平均生态用水达到3.07亿m³；2020水平年全市河湖湿地水生态系统达到中营养系统结构水平，多年平均生态用水控制在4.66亿m³。不同来水频率条件下各区县的生态环境用水管理目标如表7-6所示。

表 7-6 天津市各水平年分区县不同频率下生态环境用水目标 （单位：亿 m³）

水平年	来水频率	蓟县	宝坻区	宁河县	汉沽区	武清区	北辰区	西青区	城区	津南区	东丽区	塘沽区	大港区	静海县
2010	多年平均	0.03	0.15	0.49	0.06	0.41	0.06	0.14	0.50	0.11	0.15	0.33	0.22	0.42
	50%	0.03	0.16	0.58	0.07	0.44	0.07	0.14	0.51	0.12	0.16	0.33	0.24	0.38
	75%	0.03	0.16	0.55	0.05	0.45	0.06	0.14	0.51	0.11	0.16	0.33	0.20	0.35
	95%	0.03	0.11	0.15	0.02	0.23	0.05	0.12	0.46	0.11	0.16	0.33	0.21	0.30
2020	多年平均	0.25	0.47	0.67	0.07	0.46	0.10	0.14	0.90	0.17	0.31	0.37	0.26	0.49
	50%	0.29	0.55	0.84	0.08	0.48	0.10	0.14	0.91	0.18	0.31	0.37	0.28	0.47
	75%	0.23	0.55	0.74	0.07	0.49	0.10	0.15	0.86	0.17	0.31	0.37	0.25	0.42
	95%	0.16	0.22	0.22	0.04	0.30	0.08	0.14	0.79	0.16	0.31	0.37	0.25	0.37

5）水环境管理目标。实施严格的污染物排放总量控制，2010 水平年以氨氮和 COD 为代表的污染物入河排放量比 2004 年减少 10%，氨氮和 COD 的允许入河量分别控制在 1.70 万 t 和 13.21 万 t；2020 水平年水环境满足水功能区水质要求，全市氨氮和 COD 允许入河量分别控制在 1.02 万 t 和 7.52 万 t。分区县的水环境管理目标如表 7-7 所示。

表 7-7 天津市各水平年分区县的排污总量管理目标   （单位：万 t）

区县	2010 水平年 氨氮 点源	2010 水平年 氨氮 非点源	2010 水平年 COD 点源	2010 水平年 COD 非点源	2020 水平年 氨氮 点源	2020 水平年 氨氮 非点源	2020 水平年 COD 点源	2020 水平年 COD 非点源
蓟县	0.78	0.11	5.60	1.08	0.26	0.07	1.87	0.66
宝坻区	0.22	0.04	2.26	0.37	0.08	0.03	0.80	0.22
宁河县	0.03	0.01	0.31	0.07	0.01	0.01	0.14	0.04
汉沽区	0.06	0.02	0.56	0.13	0.05	0.01	0.20	0.10
武清区	0.02	0.02	0.08	0.17	0.12	0.01	0.49	0.08
北辰区	0.05	0.02	0.26	0.14	0.03	0.01	0.14	0.05
西青区	0.01	0.02	0.08	0.11	0.02	0.01	0.09	0.07
城区	0.02	0.02	0.10	0.14	0.06	0.01	0.34	0.08
津南区	0.02	0.05	0.15	0.28	0.04	0.04	0.31	0.25
东丽区	0.02	0.04	0.13	0.24	0.02	0.03	0.19	0.17
塘沽区	0.01	0.02	0.08	0.15	0.02	0.01	0.20	0.11
大港区	0.01	0.04	0.10	0.22	0.02	0.03	0.14	0.15
静海县	0.01	0.04	0.11	0.29	0.02	0.02	0.17	0.17

6）ET 管理目标。实施严格的 ET 总量控制，减少可控 ET，特别是要减少占耗水比例最大的农业产生的 ET。2010 水平年的目标 ET 控制在 604mm，2020 水平年的目标 ET 控制在 622mm。不同来水频率条件下各区县的 ET 管理目标如表 7-8 所示。

表 7-8　天津市各水平年分区县的不同频率条件下的 ET 管理目标　（单位：mm）

水平年	来水频率	蓟县	宝坻区	宁河县	汉沽区	武清区	北辰区	西青区	城区	津南区	东丽区	塘沽区	大港区	静海县
2010	多年平均	531	674	496	421	733	838	972	1257	617	462	697	456	441
	50%	528	786	558	393	853	763	630	1582	576	532	757	520	463
	75%	457	509	390	342	550	632	817	1169	543	484	520	533	457
	95%	467	577	437	338	667	693	639	1357	549	479	553	504	395
2020	多年平均	541	688	508	401	710	715	896	1847	622	589	790	510	464
	50%	496	709	670	543	734	740	1099	1566	683	573	960	647	448
	75%	440	576	442	341	562	586	798	1437	528	480	755	488	386
	95%	451	517	423	368	526	618	863	1566	583	542	646	582	479

7）入海水量管理目标。2010 水平年实现多年平均入海水量 13.65 亿 m^3，有效控制近岸海区水生态系统向富营养化、重污染发展，遏制赤潮风险增大趋势；2020 水平年实现多年平均入海水量 16.49 亿 m^3，受损海域水生态系统明显改善并有效控制赤潮风险。不同来水频率条件下逐月入海水量管理目标如表 7-9 所示。

表 7-9　天津市各水平年不同频率的入海水量管理目标　（单位：亿 m^3）

水平年	月份	多年平均 北系	多年平均 南系	多年平均 全市合计	50% 北系	50% 南系	50% 全市合计	75% 北系	75% 南系	75% 全市合计	95% 北系	95% 南系	95% 全市合计
2010	1	1 563	3 314	4 877	1 176	5 663	6 839	3 162	3 418	6 580	2 069	3 814	5 883
	2	2 010	4 971	6 981	343	3 891	4 234	1 597	3 998	5 595	2 387	3 689	6 076
	3	1 433	5 306	6 739	343	3 747	4 090	336	2 760	3 096	335	2 677	3 012
	4	2 057	8 134	10 191	836	6 374	7 210	345	6 865	7 210	334	6 876	7 210
	5	1 447	6 230	7 677	454	5 615	6 069	383	3 023	3 406	340	2 646	2 986
	6	3 917	6 007	9 924	3 258	3 952	7 210	906	3 527	4 433	419	3 294	3 713
	7	3 962	6 111	10 073	5 432	5 308	10 740	385	2 182	2 567	374	2 061	2 435
	8	13 989	10 642	24 631	3 650	8 540	12 190	576	2 056	2 632	616	1 819	2 435
	9	8 423	9 961	18 384	10 813	11 917	22 730	494	2 246	2 740	2 552	2 349	4 901
	10	4 732	8 157	12 889	8 235	17 476	25 711	394	2 709	3 103	338	2 450	2 788
	11	3 918	9 044	12 962	3 037	19 371	22 408	343	2 799	3 142	336	2 767	3 103
	12	3 546	7 620	11 166	337	19 121	19 458	336	3 771	4 107	335	2 825	3 160
	总计	50 997	85 497	136 494	37 914	110 975	148 889	9 257	39 354	48 611	10 435	37 267	47 702

续表

水平年	月份	多年平均			50%			75%			95%		
		北系	南系	全市合计	北系	南系	全市合计	北系	南系	全市合计	北系	南系	全市合计
2020	1	1 480	4 610	6 090	446	4 594	5 040	2 220	5 180	7 400	4 008	4 825	8 833
	2	1 490	5 177	6 667	428	5 265	5 693	421	4 282	4 703	2 009	4 299	6 308
	3	1 281	9 042	10 323	497	7 262	7 759	528	6 972	7 500	523	7 203	7 726
	4	2 512	10 020	12 532	537	6 673	7 210	527	6 683	7 210	466	6 744	7 210
	5	920	7 595	8 515	650	13 006	13 656	528	5 541	6 069	493	5 576	6 069
	6	4 083	7 772	11 855	9 178	11 874	21 052	857	6 353	7 210	556	6 287	6 843
	7	6 607	13 308	19 915	5 438	9 873	15 311	1 131	7 265	8 396	1 049	4 627	5 676
	8	13 541	13 610	27 151	4 402	10 257	14 659	960	4 670	5 630	805	3 671	4 476
	9	8 758	9 477	18 235	11 787	15 214	27 001	612	4 201	4 813	2 646	4 405	7 051
	10	7 428	11 298	18 726	8 144	7 297	15 441	2 532	9 946	12 478	794	5 373	6 167
	11	2 981	9 256	12 237	7 011	17 757	24 768	794	7 586	8 380	686	7 319	8 005
	12	3 148	9 468	12 616	3 409	19 057	22 466	657	8 324	8 981	504	7 137	7 641
	总计	54 229	110 633	164 862	51 927	128 129	180 056	11 767	77 003	88 770	14 539	67 466	82 005

7.2 管理措施

根据以上管理目标，考虑天津市水资源与水环境管理的历史特点，研究提出基于ET的水资源与水环境综合管理体系，包括三大要素、七个核心环节以及六类保障，所搭建的管理矩阵如表7-10所示。其中，七个核心环节的调控措施主要以行政管理制度的完善为重点，以工程建设与技术推广为依托，以经济结构调整、科学发展为前提，从整体上促进水资源系统与经济社会系统的和谐发展。

表7-10 天津市基于ET的水资源与水环境综合管理矩阵

要素	核心环节				保障措施
	总量控制指标	调控措施			
		行政管理	经济结构与布局	工程建设与技术	
水资源管理	地表水总量控制	优化地表水量的初始分配	—	新建当地地表水蓄水工程，建设外调水配套工程，利用非常规水源	体制法律
	地下水总量控制	优化地下水量初始分配，对地下水进行合理区划，实施地下水压采考核制度	—	地下水水源工程修建，岩溶水水源工程修建，利用咸水与微咸水	
	国民经济用水总量控制/ET总量控制	建立总量控制与定额管理相结合的制度，制定科学的农业灌溉制度	优化一产、二产、三产结构，调整产业布局	大力发展农业灌溉新技术；城市供水管网改造，推广生活用水计量与节水器具，加大二、三产业节水设备升级改造	

续表

要素	核心环节				保障措施
	总量控制指标	调控措施			
		行政管理	经济结构与布局	工程建设与技术	
水生态管理	生态用水总量控制	—	—	重点水源地水生态修复工程，城区景观水生态修复工程，主要湿地水生态修复工程	监测信息
	入海总量控制	确保主要入海断面最小入海流量	—	渔业保护区与海上牧场工程建设	
水环境管理	排污总量控制	整合水功能区和水环境功能区，强化排污总量控制与排污许可制度，提高污染物排放标准；实施测土平衡施肥管理	优化产业结构	增大城镇集中污水处理，改进二产、三产业企业生产工艺，建设畜禽养殖处理工程，建设农村污染治理工程，建设植物缓冲带工程，建设城市雨污分流工程，实施城市垃圾收集与处理	市场参与

7.2.1 推进地表水总量控制，实现区域地表水优化配置

（1）优化地表水量初始分配

考虑各区县的人口分布、经济社会发展水平、经济结构与生产力布局、水资源条件、用水情况等多方面因素，结合不同方案条件下天津市全市地表水控制指标（表7-1~表7-3），确定天津市区域地表水量分配指标，作为各地区使用地表水的约束性指标。

（2）建设外调水配套工程与管理体系

天津市2004年和2010水平年的外调水源为引滦水，特殊年份应急外调水源为引黄水；2020水平年南水北调中线通水后，引江水和引滦水将同时作为城市供水的主要外调水源方案。

1）建设引滦入津水资源保护工程。引滦入津工程全长234km，途径河北省的2个县（市）和天津6个区（县），扣除损失后入市区净水多年平均为7.25亿 m^3。该工程在确保城市居民饮水安全的同时，促进了天津市的生态环境改善，需要加强输水管理与水源保护，以确保其供水安全与生态良好，具体包括制定并落实限制污染物总量排放指标、建设排水配套管网与垃圾处理设施、建设于桥水库前置库与分流道工程、实施于桥水库库区水生态保护和修复、加强库区周边污染源整治、建设水库水体富营养化预警和应急系统、完善引滦水水环境监测网络以及加强引滦水污染防治执法等措施。

2）建设引黄水水质保障工程。2010年前引黄水作为特殊时期的应急供水或补水水源，在天津市供水体系中具有重要地位。应强化引黄水的供水安全保障，加强引黄调水沿

线的水质监测，加大引黄调水沿线的监察力度。通过工程或调度等多种措施，严防北大港水库引黄水蓄存期水质咸化，防范引黄输水受入河排水口的污染，确保引黄水的供水安全。

3）建设南水北调工程中线配套工程。南水北调工程中线一期工程入天津市水厂净多年平均水量为 8.16 亿 m^3，需要推进南水北调中线配套工程建设。具体包括中心城区供水工程、滨海新区供水工程、北塘水库完善工程、引滦供水管线扩建工程等输配水工程、西河原水枢纽泵站等自来水配套工程以及自来水厂以下供水管网新扩建工程等。

4）加强外调水工程的监控与管理。未来水平年应按照外调水的分区供水量控制水量的分配，优化监测站点分布，提高监测的自动化程度。对各调水工程加强监督力度，确保分水合理性，提高外调水利用效率，减少无效 ET。

(3) 合理利用再生水、雨水、海水及微咸水等非常规水源

作为重度资源型缺水地区，天津市着力开发利用再生水等非常规水源是提高水资源承载能力、实现水资源可持续发展的必要保障。

1）再生水利用工程。近期重点加强中心城区、汉沽区、塘沽区、宁河县、武清区、蓟县、大港区和津南区等区县的再生水厂建设。远期重点加强中心城区、汉沽区和津南区和静海县再生水厂的建设。2010 水平年实现全市再生水处理能力达到 67.2 万 t/d，2020 水平年全市再生水处理能力达到 83.0 万 t/d。

2）雨水利用工程。在蓟县北部山区重点发展微型集蓄水工程，并配备相应的滴灌设备，改善果园灌溉条件。其他区县可因地制宜发展微型雨水集蓄工程收集雨水供给农业灌溉。2010 水平年在条件较好的小区和工业企业开展雨水收集利用试点，全市多年平均雨水利用量达 515 万 m^3；2020 水平年在有条件的企业和小区全面实现雨水收集利用，全市多年平均雨水利用量达到 1515 万 m^3。

3）海水利用工程。重点在汉沽区、塘沽区和大港区等地区推进海水直接利用和海水淡化项目建设。在海水直接利用方面，推进天津碱厂 2500t/h 海水循环冷却、北疆电厂 $2\times35\,000\,m^3/h$ 海水循环冷却等工程建设；在海水淡化方面，推进天津开发区 1 万 t/d 海水淡化、大港新泉 10 万 t/d 海水淡化等工程建设。全市多年平均 2010 水平年和 2020 年水平年分别实现海水利用量 1.18 亿 m^3 和 1.54 亿 m^3。

4）微咸水利用工程。2004 年微咸水的利用主要是在西青地区，未来水平年加强农业微咸水的利用，将咸水微咸水用于补充农业灌溉用水，重点推进武清区、宝坻区、津南区、宁河县、东丽区等区县的雨水利用工程建设，2010 水平年、2020 水平年微咸水利用量分别实现 3781 万 m^3、4750 万 m^3。

7.2.2 强化地下水总量控制，实现地下水采补平衡

(1) 优化地下水量初始分配

考虑各区县地下水资源开发现状及未来经济社会发展水平，综合确定天津市区域地下水量分配指标，作为各地区使用地下水的约束性指标。2010 水平年地下水超采量比 2004

年减少10%，压缩超采的地下水以深层水为主，分布在除蓟县、塘沽区和大港区以外的其他区县。2020水平年全市多年平均地下水取水量控制在4.76亿m^3，其中浅层水控制在4.16亿m^3，深层水控制在6000万m^3。

（2）对地下水进行合理区划

划定地下水禁采区、过渡禁采区和限采区，不同规划区采取不同管理措施。禁采区严禁以各种形式开采地下水，现有机井必须封停；过渡禁采区在南水北调工程通水前，逐渐减少地下水开采量，不得兴建新的地下取水工程，水源解决后，全部封停地下水井；限采区有限度地开采地下水，保证地下水采补平衡。

（3）实施地下水压采绩效考核制度

通过水资源费调整、补贴、奖励等多种形式，对不同的用水对象宜采取不同类型、不同强度的政策，如城市和工业开采的地下水要严格控制，农业压采要紧密结合未来水源规划，采取补贴和以灌代补等相关激励政策；将各区县地下水压采情况同GDP一样列入政府绩效考核体系，具体实施时对于地下水水位回升的地区打高分，地下水水位不变的地区打零分，地下水水位下降的地区打负分。实施落实地下水管理政策来保证地下水的合理开采，实现地下水的采补平衡。

（4）加强地下水源的替代工程建设

加强南水北调配套工程、地表水工程、节水灌溉工程以及非常规水利用工程建设，通过优化水资源的配置，实现地下水资源的替代，逐步实现地下水的采补平衡和生态环境的改善，提高地下水资源的抗旱储备能力。

7.2.3 实施ET管理与国民经济用水总量控制，促进"真实节水"

实施ET管理与国民经济用水总量控制，是提高水资源利用效率与效益，实现"真实节水"的重要措施，具体如下：

（1）严格执行总量控制与定额管理相结合的水资源管理制度

在农业方面，根据推荐方案对天津市各区县农业用水实施定额计量管理，控制农业用水过程中各环节的耗水量。2010水平年水田、水浇地、菜田、林果和鱼塘的年灌溉定额为599m^3/亩、211m^3/亩、645m^3/亩、205m^3/亩和627m^3/亩，2020年分别为538m^3/亩、189m^3/亩、583m^3/亩、189m^3/亩和565m^3/亩，2010、2020水平年农田灌溉定额实现242m^3/亩和231m^3/亩。对农业用水的监测盲点增设监控点，进行实时计量，确保用水定额有效实施。

在生活方面，未来水平年内对城镇和农村用水户安置水表、推广节水器具，减少生活用水过程中的无效损耗，探索推行阶梯水价，控制生活用水过程中各环节的耗水量。2010水平年全市平均生活用水定额城镇和农村分别为131 L/（人·d）和93 L/（人·d），2020水平年分别为137 L/（人·d）和98 L/（人·d）。

在二产、三产方面，加强计划用水制度的建设，实施计量管理，加大各环节用水的监管力度，减少用水过程中的无效损耗。2010水平年全市二产和三产平均用水定额分别为12.7m^3/万元和8.2m^3/万元，2020水平年分别为11.1m^3/万元和6.0m^3/万元。

（2） 制定农业节水灌溉制度

根据各种作物的需水规律和当地气候条件，将有限的灌溉水量在灌区内及作物生育期内进行最优分配，制定并执行严格的农业节水灌溉制度。利用信息监测站根据土壤墒情和气象条件加强需水预报。在保证产量和产值的基础上，尽量减少农业用水的低效或无效ET，提高农业用水效率水平。

（3） 优化二产、三产结构

随着全面工业化进程的推进，天津市第二产业增长速度逐渐放缓，第三产业增长速度将超过第二产业，二产、三产增加值占地区生产总值的比例2004年分别为53%和43%，2010水平年分别为52%和46%，2020水平年将达50%和48.5%。应依托于区域产业基础优势和技术优势，大力发展电子信息、汽车工业、化学工业、冶金工业、生物技术与现代医药产业以及新能源、新材料及环保产业、装备制造业、纺织工业、轻工业等，加快建设循环经济试点园区、产业链条和资源再生基地建设。作为国家级海水淡化与综合利用示范城市和海水利用产业化基地，天津市应加快发展海水淡化、海水直接利用及相关产业。

（4） 调整产业空间布局

结合天津市区域的水资源承载能力，六大支柱产业的具体布局为：化学工业主要布局在沿海，充分利用海水资源大港城区，建设以"大化工、大乙烯"为主的化工产业基地，汉沽区建设以精细化工为主的海洋化工产业园区；电子工业以经济技术开发区、高新技术开发区和微电子工业园区为主；冶金工业目前已经布置在海河下游；汽车工业布局在西青、塘沽和临近都市核心区的九园工业区；医药工业布局在西青区、塘沽区；环保工业布局在西青区、津南区等。

加强沿海地区与天津中心城区和京津主轴的联系，依托塘沽城区和开发区商务区、保税区、天津港区，重点发展现代服务业；依托开发区，重点发展电子信息、汽车制造、生物制药等高新技术产业；依托保税区和海港、空港，重点发展现代物流业；依托大港区、临港工业区，重点发展石油化工业；依托汉沽区，重点发展精细化工和海洋旅游；依托海河下游工业区，重点发展高档钢管、钢材和金属制品。通过以上空间布局调整，在保证经济社会发展的同时，可以提高水资源利用效率，缓解水资源分布不均的现状。

（5） 发展农业节水灌溉新技术

要逐步建设各区县农业节水工程，对于农业节水的重点区县首先开展灌区的节水改造，扩大节水工程控制面积，因地制宜发展喷灌、滴灌、微灌等灌溉新技术，大力发展低压管道输水和防渗明渠灌溉，提高灌溉水利用率，减少无效损耗。在新四区（东丽区、津南区、西青区、北辰区）、塘沽区、汉沽区已率先建成农业节水区的基础上，2010水平年推进武清区、宝坻区、大港区、宁河县、静海县、蓟县农业节水区县建设。全市建设固定喷微灌工程50万亩，新增节水工程灌溉面积105万亩（包括防渗明渠、低压管道、喷灌和微灌），累计达440万亩，占全市有效灌溉面积的83%。通过实施灌溉节水工程和推广灌溉节水技术，到2020水平年各区县灌溉水利用系数由2004年的0.57～0.70提高到0.78～0.83。

（6） 加强城市供水管网改造

建设中心城区供水管网改造工程，完成改造老旧管网750km以上，将原有老旧管网逐年换成带衬里的球墨铸铁管，支管换成优质高强度塑料管或塑钢管。2010 和 2020 水平年供水管网漏失率由 2004 年的 16% 分别降为 13% 和 10%。

（7）推广生活用水计量与节水器具

完成城镇居民生活"一户一表"工程，改造户内管网 600km，实现 61.5 万户抄表到户，2020 年基本完成户内管网改造，抄表到户率达到 100%。结合节水器具市场准入制度建设，大力推广节水器具，2010 水平年中心城区和滨海新区节水器具普及率达到 85% 以上，其他地区达到 80% 以上；2020 水平年全市基本普及节水型用水器具，在高等院校学生住宅要大力推广再生水回用、IC 智能卡计费技术。

（8）加快工业节水设备升级改造

2010 水平年对工业用水基本实行定额管理，重点工业企业全部达到《天津市创建节水型企业（单位）的通知》所规定的节水型企业标准；日用水量在 3 万 m^3 以上的用水单位，全部实现冷却水循环系统高浓缩倍数技术改造，浓缩倍数由现在的 2.5 倍提高到 5 倍。电力系统推广零排放无泄漏技术；化工系统推广零排放节水成套技术，提高冷却水循环倍数；在纺织系统推广逆流漂洗、印染废水深度处理回用和溴化锂冷却技术等；石油石化行业开发利用稠油污水深度处理回用锅炉等工艺。对电子信息等低耗水、高附加值产业，实行用水优质优供；工业废水零排放企业，优先满足用水需要。

7.2.4 保障生态用水总量，实现水生态良好发展

（1）加强河道内与河道外生态用水的总量控制

加强水资源的优化配置与调度，未来水平年满足河道内生态用水 3.2 亿 m^3。2010 水平年和 2020 水平年河道外生态用水分别控制在 3.65 亿 m^3 和 5.44 亿 m^3。

（2）重点水源地水生态修复

天津市饮用水源地生态保护与修复的重点是于桥水库水生态富营养化治理和引黄饮用水生态修复两方面：

1）于桥水库富营养化治理。在引滦入津于桥水库上游黎河段河道两岸修建绿化隔离带和沿河巡视道路，严防沿岸养鸭场、选矿厂及化肥厂产生的点源或非点源污染物排入；因地制宜地建设人工湿地水质净化工程与导流渠；加强水库内水草利用，经加工处理水草可作为周边村镇的猪、鸭、鹅、鱼饲料。

2）引黄饮用水水生态修复。加强引黄输水河道和水体沿线非点源的控制与监督，严防引黄输水河道两岸的污染物排放，特别要减少汛期雨污水的入河量；引黄水利用北大港水库进行调蓄，减少引黄水的长期蓄存而导致水质恶化的现象，根据实际需水量调用黄河水，引入水库内的饮用水要及时送往用水户，以保证水库内的存水"流动"起来，防止水质恶化和富营养化。

（3）城区景观水生态修复

天津市城区河湖景观水生态必须确保一定的生态水量。计算表明，2010 和 2020 水平年城区河湖年最小生态环境需水量分别为 1.49 亿 m^3 和 2.25 亿 m^3，各区县的河湖最小生

态需水量见表 5-26。

针对天津市河湖景观现状，实施海河干流—市区景观水域清淤工程、城市景观河湖水系修复与沟通工程、海河干流市区段两岸排水口门改造工程。2010 水平年完成北运河北洋桥至海河干流外环桥的清淤工程，完成子牙河下段、北运河、围堤河、月牙河、外环河、水上公园湖河道治理与水质保护工程，截流向海河排放的污水管道口门改道排向污水处理厂，分流泵排向海河的雨污混流管道口门，封堵合并两岸自流雨水口门。

天津市区景观生态修复，除确保各城区河道、水库水生态需水外，还应保证一定的绿化率，可探索利用西北方向的有利条件建设开放式城市森林公园，并逐步实施屋顶绿化，提高绿化水平。

（4）主要湿地水生态修复

未来水平年天津市要完成北大港、团泊洼、七里海、青甸洼、大黄堡洼、黄庄洼等湿地修复工程，2010 和 2020 水平年全市湿地面积分别达到 580 km^2 和 646 km^2。为使各湿地达到规划的面积，必须采取相关措施保证供水水源，水源主要来自七里海水库、北京排污河、污水处理厂、再生水厂和青龙湾减河等，主要开展水库新建与修复、再生水配套工程建设、提水泵站建设以及转移居民等措施。

7.2.5 加强入海总量控制，促进近海生态健康发展

（1）确保主要入海断面最小入海流量

2010 水平年全市多年平均地表水取水量控制在 13.6 亿 m^3，2020 水平年全市多年平均地表水取水量控制在 16.4 亿 m^3。

（2）渔业保护区与海上牧场工程建设

利用海区浮游生物资源增殖外流、兴利避害，加强繁殖保护区建设。对于天津市近海渔业资源，按照海洋功能区划的布局，建设一批贝类、经济鱼类、虾蟹类繁殖保护区，重点建设汉沽区的浅海贝类资源增殖保护区、塘沽区的鱼虾、四角蛤蜊资源增殖保护区和大港区的滩涂贝类资源增殖保护区。2010 水平年在各保护区放流牙鲆、梭鱼、中国对虾、扇贝、毛蚶、三疣梭子蟹等 10 亿尾（亿粒）以上，滩涂贝类增养殖面积超 10 万亩。2020 水平年，根据自然条件，适度开展生态型人工渔礁建设。同时采用先进工程技术和生物技术，繁育、保护渔业资源，建成布局合理、优质高效的海上农牧场，修复水生态环境，使近海海域水生态环境得到改善、近海渔业资源有明显恢复。

7.2.6 建立排污总量控制和环境倒逼机制，满足水功能区要求

（1）整合水功能区和水环境功能区

由于水功能区与水环境功能区在划分原则、功能区类别、水质目标等方面存在诸多共同和不同之处，并且信息不能共享，在管理上形成了"政出多门，多龙管水"的局面，严重制约了水资源的合理、高效利用及有效保护。为了提高流域水资源与水环境的综合管理

水平，实现水资源的可持续利用，应考虑水质、水量两大方面的要求，对全市的水功能区与水环境功能区进行系统整合，从而使管理单元更加细致、目标更为严格。在考虑水功能区水环境目标要求的前提下，经过整合天津市境内共划分为 73 个一级水功能区，其涵盖保护区 4 个、开发利用区 47 个和缓冲区 22 个；二级功能区 76 个，其涵盖饮用水源区 12 个、工业用水区 12 个、农业用水区 35 个、景观娱乐用水区 13 个、渔业用水区 1 个、过渡区 1 个和排污控制区 2 个。

（2）以排污总量控制引领，构建环境倒逼机制

严格执行水污染物总量控制指标，落实流域与区域排污许可证制度，减少工业生产废水和生活污水的排放，大幅度削减点面源、污染负荷，构建环境倒逼机制。2010 水平年全市氨氮和 COD 削减量分别为 1.1 万 t 和 11.8 万 t，其中点源削减量所占比重分别为 92.0% 和 88.6%；2020 水平年全市氨氮和 COD 削减量分别为 3.0 万 t 和 28.2 万 t，其中点源削减量所占比例分别为 88.6% 和 89.2%。未来水平年分区县点源与非点源的削减量详见表 7-11。

表 7-11 天津市各区县 COD、氨氮削减量 （单位：t）

区县	2010G 方案 氨氮 工业	城镇生活	非点源	总量	COD 工业	城镇生活	非点源	总量	2020H 方案 氨氮 点源	非点源	COD 点源	非点源
市区	145.9	840.3	328.9	1 315.1	729.3	5 041.9	524.4	6 296	7 498	687	46 857	7 389
塘沽区	1 496.2	616.5	28.8	2 141.6	16 350.7	9 853.5	410	26 614	5 013	400	54 029	4 751
汉沽区	228.6	94.2	6.8	329.6	2 265.7	1 365.4	79.6	3711	779	56	7 970	864
大港区	396.6	163.4	13.5	573.5	4 036.5	2 432.6	147.3	6 616	1 426	311	13 159	951
东丽区	175.9	198.9	14.6	389.4	1 349.2	2 756.3	40.4	4 146	455	175	7 623	1 489
西青区	490.1	554.1	13.9	1 058.2	4 549.7	9 294.5	32.5	13 877	1 635	155	18 617	1 314
津南区	96.4	109	9.2	214.6	1 308.9	2 674	25.2	4 008	604	108	10 155	674
北辰区	171.2	193.5	14.8	379.5	1 709.6	3 492.5	34.7	5 237	351	166	6 496	1 300
武清区	273.6	794.9	113.1	1 181.6	3 053.7	8 136.5	1 235.5	12 426	2 385	294	25 164	2 353
宝坻区	272.7	792.3	102.6	1 167.6	2 657.4	7 080.9	1 061.2	10 800	2 237	338	19 072	2 694
宁河县	146.6	425.8	48.6	620.9	1 653	4 404.6	677.3	6 735	1 233	133	13 689	1 421
静海县	195.8	568.7	95.8	860.4	2 019.6	5 380.2	975.1	8 374	1 602	198	16 878	1 733
蓟县	192	557.8	101.5	851.3	2 198.7	5 858.5	1 295.2	9 352	1 149	374	11 941	3 593
合计	4 281.6	5 909.4	892.1	11 083.1	43 881.6	67 771.6	6 538.4	118 192	26 367	3 395	251 650	30 526

（3）建设城镇污水集中处理工程

完善城镇排污管道建设，扩大各区县污水处理规模。2010 水平年全市污水处理率 90%，新增污水处理规模为 206 万 t/d（新增规模的 49.9% 集中在中心城区），总规模达到 293 万 t/d。2020 水平年全市污水处理率达到 95%，新增污水处理规模为 112 万 t/d

（新增规模的 26.8% 集中在中心城区），总规模达到 405 万 t/d（表 5-6）。建设工业废水集中式污水处理厂及工业园区污水处理厂，降低工业废水排放对水环境的污染。

（4）优化产业结构、改进生产工艺

关停并转移部分高污染、高能耗、低产出的企业，利用这部分企业的污染物指标新增一批低污染、高产出企业，达到增产不增污的目的；变革生产工艺，推行清洁生产，实现污染物"总量"与"浓度"双达标，通过对工业企业的技术改造、积极推广清洁生产和绿色产业，从生产工艺和生产管理各个环节上减少耗水与削减污染物。

（5）实施测土平衡施肥

实施测土平衡施肥，减少农田径流污染物。在天津市蓟县和静海县设立试点开展测土配方施肥工作，预订可提高耕地的化肥利用率 5%~10%，从源头减少农田径流中营养物氮、磷的流失，可节约农用化学品成本 10% 左右，未来水平年在试点基础上开展进一步的推广。建设无公害蔬菜基地，发展绿色食品和有机蔬菜，规范标准化生产技术，施用新型低毒、低残留的绿色农药，减少氮、磷等营养物流失。

（6）建设畜禽养殖示范工程

加快现代畜禽养殖示范园建设，逐步提高规模化养殖的粪尿无害化处理率。在全市建设多个现代畜牧业示范园，源头减排、过程控制和末端治理相结合，通过开展干式清粪、控制用水、暗道排污、固液分离、雨污分离等新工艺和新技术改造，提高畜禽养殖场粪污治理和资源化利用水平。

（7）建设农村污染治理工程

针对农村生活污染物，推广沼气利用工程，加强农村环保基础设施建设。以示范小城镇和中心村建设为突破口，做好城镇化布局规划。继续推进农村改厕、坑塘整治和垃圾无害化处理工程；大力普及农村沼气，推广应用生物质能和太阳能等可再生能源的利用，鼓励和扶持农村开发利用清洁能源，搞好作物秸秆等资源化利用，全面改善农村能源结构；推进农村环境基础设施建设，加快农村污水处理、垃圾处理等设施建设，在各区县建设污水处理厂和垃圾处理场，村镇生活垃圾实行集中处理；实施农村小康环保行动计划，整治农村环境，解决脏乱问题，建设一批生态小城镇和文明生态村，全面提升农村环境质量。

（8）建设植物缓冲带工程

以拦截、净化农业非点源污染物为目标，在近水域沿线地带，建设植物缓冲带建设工程，通过种植氮、磷高效富集植物、立体拦截等途径，充分发挥植物对农业非点源污染物的阻控、拦截、生物吸收和生物降解效应，最大限度地减轻农田流失氮、磷养分和农药对水体的污染。同时在中心城区和环外建成区进行城市绿地工程，2010 水平年城市绿地率达到 35%，人均公共绿地面积达到 12m^2。

（9）建设城市雨污分流工程

加强雨水分流及合流制排水管网的维护改造，提高雨、污分流率，提高雨水管网服务面积。现状合流制地区非汛期出路为六大污水系统，汛期雨水出路则主要为市区一二级河道，雨季合流水就近入河，对市区环境造成污染。2010 水平年排水合流制地区改造率达到 90% 以上，基本实现雨污分流。

(10) 实施城市垃圾收集与处理

优化环卫设施布局,进一步完善道路的机械化清扫,采用机吸式和水喷洒清扫方式,逐步替代手工清扫方式;进一步提高城市垃圾分类收集、运输、利用、处理水平,全面推行城市生活垃圾袋密闭收集、压缩直运的做法,减少垃圾直接进入环境;实行定时、定点收集垃圾,逐步撤销道路上的垃圾箱池,减少城市生活垃圾在收集过程中对城市环境的污染。2010 水平年城市生活垃圾袋收集率提高到 80% 以上,城市道路机械化清扫率达 60% 以上。

7.2.7 保障措施

(1) 改善天津市水资源、水环境综合管理体制

具体措施包括:①成立天津市水务局,实现水资源统一管理。天津市水务局将整合水利、供水、排水三大行业,统一优化配置全市水资源,实现全市涉水事务统一管理。②加强沟通与交流,建立高效的管理机制。加强各涉水部门,尤其是水利部门与环保部门之间的沟通与交流。对于不同部门之间的冲突,要上报上级领导,由主管水资源与水环境的市领导牵头,召集各相关部门负责人座谈,积极交换意见,最终通过协调各方利益达成一致,提出解决方案。

(2) 完善水资源、水环境综合管理法规体系

根据天津市水资源法律、法规体系存在的问题,落实本次研究成果,建议天津市政府及有关部门出台一系列规章制度,为实现基于 ET 的水资源与水环境综合管理提供法律支持与保障,具体如下:

1) 建议天津市人民代表大会(或市政府)尽快出台《天津市清洁生产促进条例》[①]、《天津市城市供水用水条例》[②]、《关于加强引滦水源保护近期工作的意见》[③]。

2) 建议天津市水利局出台《天津市地下水资源管理办法》,落实地下水禁采、限采制度,在地下水已经超采的地区严格控制地下水开采量,防止地下水位下降带来的地面沉降,促进地下水实现采补平衡。

3) 建议天津市环境保护局出台《天津市入河排污口监督管理办法》及相关细则,实现入河排污口的规范化管理,促进水资源的可持续利用。

4) 建议天津市水利局、环境保护局联合出台有关《天津市区县界断面水量与水质管理办法》,从控制各区县界断面水量和水质出发,实现水质水量、水资源与水环境的综合统一管理。

5) 建议天津市水利局和环境保护局联合出台有关《天津市水资源与水环境综合管理

[①] 该条例已于 2008 年 9 月 10 日天津市第十五届人民代表大会常务委员会第四次会议通过。
[②] 该条例已于 2006 年 5 月 24 日天津市第十四届人民代表大会常务委员会第二十八次会议通过。
[③] 天津市人民政府 2009 年 3 月 3 日出台了"天津市人民政府批转市水利局关于加强引滦水源保护近期工作意见的通知"(津政发 [2009] 15 号)。

公众参与管理办法》，推进和规范水资源与水环境综合管理中的公众参与行为，保护公众的知情权、参与权和监督权，促进水管理决策的科学化和民主化。

（3）建设水资源与水环境统一监测体系

为实现基于 ET 的水资源与水环境综合管理，需要建设完备的水资源与水环境统一监测体系，具体包括取水监测、用水与断面水量监测、ET 监测及水质监测等方面。将这些水量、水质等监测数据及时输入信息管理系统系统，实现对天津市水资源与水环境状况的实时监控。

1）取水监测。完善对于桥、北大港、团泊洼水库三座大型水库及尔王庄、黄港、北塘、营城、七里海、新地河、鸭淀、钱圈、沙井子、上马台、津南等中型水库引水口门的计量；完善河道取水点的监测计量；完善各自来水厂取水监测；完善引滦入津及南水北调引水工程取水闸口的监测；对所有机井的取水量进行监测，加大对城市自备井和农村灌溉及生活取水井的监测。

2）用水与断面水量监测。完善天津市各企事业单位及城镇居民的生产、生活用水计量监测，实现"一户一表"制模式；农业用水计量到斗口；完善重要县界断面的水量监测；加强入境、出境及入海断面的水量监测。

3）ET 监测。完善遥感监测站的建设，对 ET 实施连续、实时监测；加强地面 ET 监测，完善地面水文站及土壤墒情站的建设；借助水量平衡计算，实现遥感与地面监测数据的耦合监测，提高 ET 监测的可靠性。

4）水质监测。加强河流主要排污口的水质监测；完善河流断面的水质自动监测；加强黎河桥、沙河桥、桑梓、大套桥、土门桥、里老闸、来家庄、东港拦河闸、南运河九宣闸等入境断面的水质监测以及塘汉公路大桥、永和闸、蓟运河防潮闸、北排明渠口、海河大闸、东大沽泵站、工农兵防潮闸、北排水河防潮闸等出境和入海断面的水质监测。

（4）建立天津市水资源、水环境管理信息共享机制

在天津市各涉水部门建立信息主管制度。信息主管部门和领导班子成员共同决策，以保障科学地、统筹地进行天津市水资源与水环境信息资源开发利用工作。信息主管部门的主要职责是对本部门的水资源与水环境信息资源开发利用负首要责任，相关领导制定本部门的信息资源开发利用规划，向其他部门提供必要的共享信息，监督、评价和检查本部门信息资源开发利用活动等。

加强互联网建设，充分利用信息管理系统，使天津市主要涉水部门的信息中心通过外网平台互联互通，建立业务协作关系；建立共享数据库，各部门非共享数据各自建设与管理，本部门应提供的共享数据和信息通过网络提供给共享数据库，并从共享数据库获取其他部门的共享数据和信息，加强信息的管理和监控。

（5）健全水资源、水环境市场机制

健全水价、水费与排污费制度，对擅自减免、坐支、截留、挪用或未按规定上缴水资源费与排污费的单位和个人，要依法惩处。根据各地实际，建立征收责任制，明确征收总额和征收到位率，健全征收奖惩制度。在水资源总量控制的基础上建立水权与排污权交易制度，制定和出台水权与排污权交易管理办法，在取水、排污许可范围内进行有偿取水与排污，科学落实国家取水与排污标准，建立以水权为中心的节能减排激励机制。

（6）建立公众参与机制

建立多形式、多层次的社会公众参与机制，在市区建立用水者协会，在农村建立自主管理灌排区和农民用水者协会等组织。围绕世界水日、中国水周、全国城市节约用水宣传周等开展集中式宣传，使社会公众逐步树立资源稀缺、资源有价、用水有偿的意识。将节约用水纳入机关干部教育、企业文化教育、中小学义务教育和高等学校德育教育系统中，制作节水普及读本，举办社区节水知识讲座，从各种途径普及节水教育，倡导和培育节水的文明生活方式；建设集水节水文化、节水科技、节水教育为一体的节水科技普及与教示范基地。

第8章 成果、结论与展望

本章从理论方法、模型构建和应用研究三个方面全面总结了基于 ET 的水资源与水环境综合规划成果，高度凝练了该方法体系的创新点，系统地阐述了本书研究的结论，并对资源型缺水地区的水资源与水环境综合管理提出了建议。

8.1 主要成果

8.1.1 研究成果

(1) 方法研究

本书针对资源型缺水地区特点以及现有水资源与水环境规划方法的不足，通过研究，以"控制 ET 总量、提高 ET 效率"和"水资源与水环境综合规划"为内涵，以资源、生态、环境、社会、经济协调发展为目标，以水资源的可持续性、高效性、公平性和系统性为原则，以水平衡、生态、社会、经济、环境五大决策机制为手段，以"目标 ET 制定—方案设置—情景模拟—方案评价—方案推荐"为思路，以提出区域水资源与水环境综合管理七大总量控制指标和制定相关水资源与水环境管理措施为主要目的，全面构建了基于 ET 的水资源与水环境综合规划的理论方法和技术体系。该方法是对传统水资源规划方法的继承与发展，符合资源型缺水地区水资源与水环境管理的重大需求。

(2) 模型研究

本书针对高强度人类活动地区水利工程星罗棋布、河道纵横交错、社会水循环通量大、地表地下水转换复杂、污染来源复杂、污染排放量大六大特点，将自主研发的 AWB 模型和改进的 SWAT 模型、MODFLOW 模型耦合起来，构建了 EWEIP 模型平台，实现了高强度人类活动地区地表水和地下水耦合模拟、自然水循环与人工水循环耦合模拟以及地表水量和水质的耦合模拟。

该模型平台可根据基于 ET 的水资源与水环境综合规划要求，对每个备选规划方案进行精细模拟，提出分区域分行业 ET、河道断面流量、地下水位、各水源供水量、各部门用水量以及分区域分行业污染产生量、入河量、河道断面水质等指标，支撑规划方案的评价和优选。通过对该模型平台进行包括河川径流校验、地下水流场校验、ET 校验、河流水质校验在内的多过程校验，证明该模型平台性能优良，在高强度人类活动地区属于先进模型，可作为支撑基于 ET 的水资源与水环境综合规划的有力工具。

(3) 应用研究

本书将研究中提出的基于 ET 的水资源与水环境综合规划理论方法和 EWEIP 模型平台

应用于海河流域三大水问题最为突出的天津市，提出了天津市 2010、2020 两个水平年水资源与水环境综合管理七大总量控制指标，具体为：

2010 水平年全市 ET 控制指标为 611mm，地表水取水控制指标为 25.07 亿 m^3，地下水取水控制指标为 6.4 亿 m^3，国民经济用水控制指标为 28.4 亿 m^3，生态环境用水控制指标为 3.07 亿 m^3，污染排放控制指标氨氮和 COD 分别为 1.70 万 t 和 13.2 万 t，入海水量控制指标为 13.65 亿 m^3。

2020 水平年年全市 ET 控制指标为 635mm，地表水取水控制指标为 33.26 亿 m^3，地下水取水控制指标为 4.08 亿 m^3，国民经济用水控制指标为 32.68 亿 m^3，生态环境用水控制指标为 4.66 亿 m^3，污染排放控制指标氨氮和 COD 分别为 1.03 万 t 和 7.51 万 t，入海水量控制指标为 16.49 亿 m^3。

为了实现天津市水资源与水环境综合管理，本书还提出了以三大要素、七个核心环节以及六类保障为主要内容的系统化矩阵化管理体系并制定了具体的管理措施，以达到控制水资源消耗量、提高水资源利用效率、改善生态和环境质量的目的。所提出的规划成果已被天津市发展和改革委员会和批复，有力地支持了天津市水资源管理和水污染防治工作，产生了明显的经济社会效益。

8.1.2 创新点

本书取得了三项创新成果：

1）原创性地提出了基于 ET 的水资源与水环境综合规划理论与方法。针对资源型缺水地区的特点，基于 ET（耗水）管理和水资源与水环境综合管理的理念，从理论内涵、调控机制、规划原则、规划目标、规划思路等方面系统地提出了基于 ET 的水资源与水环境综合规划方法，对丰富和发展水资源规划理论与方法具有重要的科学意义。

2）创新了高强度人类活动地区水资源与水环境综合模拟模型。基于 ET 控制理念和二元水循环理论，建立了高强度人类活动地区水资源与水环境综合模型平台（EWEIP），实现了人工水循环与自然水循环耦合模拟、地表水和地下水耦合模拟、水量和水质耦合模拟，为基于 ET 的水资源与水环境综合规划提供了全面支撑。

3）科学提出了以七大总量控制为核心的综合规划指标体系。面向资源型缺水地区水资源与水环境综合管理的重大实践需求，提出了以耗水量控制为核心的流域水资源整体调控七大总量控制指标体系。指标设置科学、全面，可操作性强，可为资源型缺水地区水资源与水环境综合管理提供有力支撑。

8.2 结　　论

（1）基于 ET 的水资源与水环境综合规划方法是适用于资源型缺水地区的新型规划方法

在全球气候变化和高强度人类活动影响下，资源型缺水地区出现越来越严重的水资源短缺、水环境恶化和水生态退化问题。在此类地区开展水资源与水环境规划，传统规划方法存在两方面的局限性：一是现有的水资源规划方法基于"以供定需，控制取水"的理念开展，水资源配置的对象是取水量，其后果是随着节水技术发展和水资源管理水平的提高，水资源消耗率不断增加，在取水量不变的情况下，从河流和地下取出的水量回归河道和地下更少。从区域整体来看，即使取水总量得到控制，河道径流量逐年减少和地下水位持续下降的趋势仍将继续。由于资源型缺水地区水资源系统承载能力的极度脆弱性，基于取水管理理念的现行水资源规划方法不利于水资源的可持续利用。二是污染排放量大、水环境容量极小是资源型缺水地区水环境问题的共同特点，若要河流水质满足水功能区的要求，除了要控制污染入河量以外，还要确保河道流量达到水功能区基本的环境流量。因此，在做水环境规划时必须把减污和增流紧密结合起来。现实存在的水资源规划和水环境规划相分离的状况，不利于此类地区水环境问题的根本解决。

基于 ET 的水资源与水环境综合规划的理论方法，一方面从 ET 出发，通过减少不必要的 ET，控制区域耗水总量，从而实现水资源科学管理；另一方面，统筹考虑了水资源配置与水环境保护相互影响的关系，协调了水的自然、生态、社会、经济和环境五维属性，提出的规划成果能够切实满足资源型缺水地区水资源与水环境管理的实际需求，对区域水资源可持续利用及水生态、水环境的改善具有重要的支撑作用。

本研究成果除了在天津市应用以外，还通过世界银行 GEF 海河项目办在海河流域进行推广，为海河流域 16 个县开展水资源与水环境综合规划提供了范例，为海河 GEF 项目八大战略研究（strategic studies，SSs）、战略行动计划（strategic action plan，SAP）以及山西省水生态修复和保护试点建设规划等重大规划提供了重要的理论与技术支撑，产生了重要的经济社会价值。实践证明，基于 ET 的水资源与水环境综合规划方法是适用于资源型缺水地区的新型规划方法。

（2）实现七大总量控制是实现高强度人类活动地区水资源、水环境管理的关键

人类活动极大地改变了天然水循环过程。在天然水循环的"大气—地表—土壤—地下"四水转化框架下，形成了"蓄水—取水—输水—用水—排水—回用"六个基本环节构成的人工循环框架。

由于高强度人类活动，不可避免地、或早或迟地产生了水资源短缺和水环境恶化问题。无节制地取水造成河道断流、湖泊湿地萎缩和地下水位下降，污染超量排放造成水环境恶化。由此可见，对社会水循环的调控是水循环系统良性运行的关键。为了实现高强度人类活动地区水资源的可持续利用与水环境的健康维系，必须结合"自然-社会"二元水循环的特点，通过控制关键节点来实现水资源与水环境的管理：要从源头上进行控制，即控制取水总量，包括控制地表水取水总量和地下水取水总量；从用水上环节进行控制，要控制国民经济用水总量和生态用水总量；从耗水上进行控制，即在社会水循环的蓄水、输水、用水、排水各个环节减少不必要的 ET，提高 ET 的利用效率；从排水环节上进行控制，既要控制水量又要控制水质，包括排污总量控制和重要断面水量水质控制。

综合考虑二元水循环的重要控制环节，高强度人类活动地区水资源水环境的综合管理必须实现七大总量的控制，包括地表水总量控制、地下水总量控制、ET 总量控制、国民经济用水总量控制、生态用水总量控制、排污总量控制、重要断面水量水质控制。只有落实了这七大总量的控制,才能真正实现水资源、水环境与经济社会的可持续发展。

(3) 水资源与水环境综合规划是落实最严格水资源管理制度的重要技术支撑

为解决我国日益复杂的水资源问题,实现水资源高效利用和有效保护,根本上要靠制度、靠政策、靠改革。根据水利改革发展的新形势、新要求,在系统总结我国水资源管理实践经验的基础上,2011 年中央 1 号文件和中央水利工作会议明确要求实行最严格的水资源管理制度,确立水资源开发利用控制、用水效率控制和水功能区限制纳污"三条红线"。2012 年 1 月国务院发布《国务院关于实行最严格水资源管理制度的意见》(国发 [2012] 3 号),进一步明确了水资源管理的主要目标,提出了建立用水总量控制制度、用水效率控制制度、水功能区限制纳污制度、水资源管理责任和考核制度四项制度。贯彻落实最严格的水资源管理制度,重点是要加快三条红线指标的分解、确认与落实工作。

实际工作中,无论是三条红线指标的分解确认还是各地具体指标的落实,都离不开水资源与水环境的综合规划。本研究提出的七大总量控制指标体系,是以二元水循环为基础,以 ET 控制理念为核心,在统筹考虑水资源开发利用与水环境保护关系的基础上提出的,是对三条红线指标的进一步具体和细化,因此更具有科学性和可操性,是落实最严格水资源管理制度的重要技术支撑:一是考虑到地表水和地下水相互转化的特性,用水总量控制既要控制地表取水总量也要控制地下取水总量;二是考虑到分清责任和义务,用水总量控制既要控制国民经济各部门用水总量也要控制生态用水总量;三是考虑水资源的"真实"节约与水资源利用效率的"真实"提高,用 ET(耗水)总量指标来衡量更能体现资源的节约;四是考虑污染排放与河湖水质之间的因果关系,水功能区限制纳污红线可以细化为排污总量控制和重要断面水量水质控制两项指标。

8.3 展　　望

(1) 以 ET 管理为核心,全面更新水资源管理理念

在水资源匮乏与水环境恶化日益加剧的今天,仅重视某个局部和某个环节的节水已无法全面提高水资源在其动态转化过程中的效用。只有立足于区域/流域整体,充分考虑二元水循环的每一个过程,结合科学的人工节水措施,才能实现"真实"节水的目的。这就要求水资源管理由过去的供需平衡观念向以"ET 管理"为核心的供耗平衡观念转变。

以"供需平衡"为核心的传统水资源管理中的"节水",衡量节水的指标侧重于不同节水措施实施后源头取水量的减少。在管理对象上,主要是水循环过程中的径流性水资源,即狭义水资源的利用和管理,而对于在生产活动和生态环境保护方面发挥重要作用的非径流性水资源如土壤水蒸发、水面蒸发和植物蒸腾并不涉及。同时,对水循环(自然和社会)过程中的消耗量也没有依据消耗效用进一步进行区分,从而使得"节水"重在水量,而对水资源消耗效率的评价相对薄弱,更未能将水资源的消耗量作为水资源合理配置的基础。

而以 ET 管理为核心的节水则是以区域/流域耗水量为评价指标,管理的对象既包括径流性水资源,也包括非径流性水资源。管理的实质是在传统水资源管理的基础上,在水资源需求侧进行更深层次的调控和管理,是对传统水资源管理在资源型节水、提高水资源利用效率方面有益的补充,有利于促进区域/流域水资源的"真实"节约。因此,针对水资源短缺日益严重的现状,应全面更新水资源管理理念,加强以 ET 管理为核心的水资源管理。

(2) 以取水、用水、耗水、排水全过程管理为主线,全面构建现代水资源与水环境综合管理机制

社会水循环不仅极大地改变了原有的自然水循环的规律,导致地表、地下水量的减少和水环境质量的劣化,自然水循环的改变也反过来制约了社会水循环的可持续性,引起供水水量不足和水质变差。因此,必须从自然水循环和社会水循环的耦合关系出发,加强水资源与水环境综合管理。其重点在于以取用耗排全过程管理为核心,全面构建现代水资源与水环境综合管理机制,实现供用耗排全过程管理。

一是建立基于 ET 的"水量-水质"联合监测体系。在高强度人类活动影响下,水循环表现出"自然-社会"二元特性,在该循环模式下只开展自然水循环的蒸发、降水、径流、水质等监测是不够的,还要把人工水循环取水、输水、用水、耗水、排水过程都监测起来,才能有效控制水资源过度开发和改善水环境。这就要求全面建设基于 ET 的"水量-水质"联合监测体系,实现重要取水口、重要用水户、重要排污口、重要水功能区和重要断面的统一监测。

二是建立水资源与水环境信息共享机制。在缺水地区,水资源短缺与水环境恶化常伴随产生,只考虑水量或水质单方面的问题不能解决实际问题,必须实现水资源与水环境综合管理,建立水资源与水环境信息共享机制是其前提条件。

三是建立水资源与水环境管理协调机制。水资源、水环境管理分属于不同管理部门,由于分工不同、工作重点不同,难免会有管理不到位和相互矛盾之处,需要在规划、实施、工程建设、执法等方面全面加强合作,真正实现地表与地下、城市与农村、陆域和水域统一管理。

(3) 以基于 ET 的水资源与水环境综合规划为支撑,落实最严格水资源管理制度

确立水资源开发利用控制、用水效率控制和水功能区限制纳污三条红线是实行最严格水资源管理制度的重要抓手,作为三条红线的深入和细化,需要从科学性、合理性和可操作性角度进一步加强七大总量控制研究,从而推进最严格水资源管理制度落实,促进水资源合理开发利用和节约保护,保障经济社会可持续发展。

另外,要在基于 ET 的水资源与水环境规划的基础上,建立健全水资源与水环境的综合管理的制度体系。一是要以总量控制为核心,建立取水许可、排污许可制度。取水许可是基于 ET 控制的取水许可,既包括地表水和地下水取水许可,也包括国民经济用水和生态环境用水的取水许可;排污许可要实现基于水功能区纳污能力的排污控制,既要明确排污总量也要实现控制断面的水量水质控制。二是以总量控制为基础,建立科学合理的取用耗排标准。根据区域用、耗水总量控制指标倒推取水定额、用水定额和耗水定额,按照排污总量控制指标倒推排污标准,引入法律手段、行政手段和经济杠杆的调节作用,对超标取水或超标排放采取措施。

参 考 文 献

陈家琦, 冯杰, 钱正英. 2009. 从供水管理到需水管理. 中国水利, 5: 20-23.
陈强, 秦大庸, 苟思, 等. 2010. SWAT 模型与水资源配置模型的耦合研究. 灌溉排水学报, 29 (1): 19-22.
陈晓宏, 陈永勤, 赖国友. 2002. 东江流域水资源优化配置研究. 自然资源学报, 17 (3): 366-372.
杜静, 陆小成. 2007. 基于生态水利模型的长江流域水资源配置研究. 统计与决策, (24): 58-61.
顾文权, 邵东国, 黄显峰, 等. 2008. 水资源优化配置多目标风险分析方法研究. 水利学报, 39 (3): 339-345.
国家环境保护总局. 2006. 全国饮用水水源地环境保护规划.
郝芳华, 孙峰, 刘昌明, 等. 2001. 分布式水文模型在水资源管理中的应用. 水利水电技术, 32 (6): 1-3.
何宏谋, 丁志宏, 张文鸽. 2010. 融合 ET 管理理念的黄河流域水资源综合管理体系技术研究. 水利水电技术, 11: 10-13.
贺北方. 1988. 区域水资源优化分配的大系统优化模型. 武汉水利电力学院学报, 5: 109-118.
胡和平, 田富强. 2007. 物理性流域水文模型研究新进展. 水利学报, 38 (5): 511-517.
黄永基, 陈晓军. 2000. 我国水资源需求管理现状及发展趋势分析. 水科学进展, 11 (2): 215-220.
贾仰文, 王浩, 倪广恒, 等. 2005. 分布式流域水文模型原理与实践. 北京: 中国水利水电出版社.
蒋云钟, 赵红莉, 甘治国, 等. 2008. 基于蒸腾蒸发量指标的水资源合理配置方法. 水利学报, 39 (6): 720-725.
金相灿. 1990. 中国湖泊富营养化. 北京: 中国环境科学出版社.
康瑛, 陈志刚. 2007. 平原河网地区水资源配置仿真模拟模型研究. 水资源保护, 23 (5): 31-34.
李令跃, 甘泓. 2000. 试论水资源合理配置和承载能力概念与可持续发展之间的关系. 水科学进展, 11 (3): 307-313.
李彦东. 2007. 控制 ET 是海河流域水资源可持续利用的保障. 海河水利, (1): 4-7.
梁薇, 刘永朝, 沈海新. 2007. ET 管理在馆陶县水资源分配中的应用. 海河水利, (4): 52-54.
刘家宏, 秦大庸, 王明娜, 等. 2009. 区域目标 ET 的理论与计算方法: 应用实例. 中国科学 (E 辑: 技术科学), 39 (2): 318-323.
裴源生, 赵勇, 陆垂裕, 等. 2006. 经济生态系统广义水资源合理配置. 郑州: 黄河水利出版社.
钱正英. 2006. 西北地区的水资源配置. 中国水利, (11): 5-629.
秦大庸, 褚俊英, 杨柄. 2005. 做好初始水权分配促进水资源优化配置. 中国水利, (13): 90-93.
秦大庸, 吕金燕, 刘家宏, 等. 2008. 区域目标 ET 的理论与计算方法. 科学通报, 53 (19): 2384-2390.
萨凡奇. 1990. 扬子江三峡计划初步报告. 民国档案, (4): 21-29.
桑学锋, 秦大庸, 周祖昊, 等. 2009a. 基于广义 ET 的水资源水环境综合规划研究Ⅱ: 模型. 水利学报, 40 (10): 1053-1061.
桑学锋, 秦大庸, 周祖昊, 等. 2009b. 基于广义 ET 的水资源水环境综合规划研究Ⅲ: 应用. 水利学报,

40（12）：1409-1415.

桑学锋，周祖昊，秦大庸，等．2008．改进 SWAT 模型在强人类活动地区的应用．水利学报，12：1451-1460.

沙金霞．2008．ET 技术在水资源与水环境综合管理规划中的应用研究．河北工程大学硕士学位论文．

孙敏章，刘作新，吴炳方，等．2005．卫星遥感监测 ET 方法及其在水管理方面的应用．水科学进展，5（3）：468-474.

汤万龙，钟玉秀，吴涤非，等．2007．基于 ET 的水资源管理模式探析．中国农村水利水电，10：8-10.

田园，刘斌，马济元，等．2010．ET 管理是农业节水灌溉水资源管理的方向．中国水利，17：58-62.

王浩，陈敏建，秦大庸．2003a．西北地区水资源合理配置和承载能力研究．郑州：黄河水利出版社．

王浩，秦大庸，王建华，等．2003b．区域缺水状态的识别及其多维调控．资源科学，25（6）：2-7.

王浩，秦大庸，王建华，等．2003c．黄淮海流域水资源合理配置．北京：科学出版社．

王浩，秦大庸，王建华．2002a．流域水资源规划的系统观与方法论．水利学报，8：1-6.

王浩，王建华，秦大庸，等．2002b．现代水资源评价及水资源学学科体系研究．地球科学进展，17（1）：12-17.

王浩，王建华．2007．现代水文学发展趋势及其基本方法的思考．中国科技论文在线，2（9）：617-620.

王浩，杨小柳．1998．中国水资源态势分析与预测//沈振荣，苏人琼．1998．中国农业水危机对策研究．北京：中国农业科技出版社．

王浩．2006．我国水资源合理配置的现状和未来．水利水电技术，37（2）：7-14.

王锦国，周志芳，袁永生．2002．可拓评价方法在环境质量综合评价中的应用．河海大学学报（自然科学版），30（1）：15-18.

王劲峰，刘昌明，于静洁，等．2001．区际调水时空优化配置理论模型探讨．水利学报，4：7-14.

王强，赵春荣，朱厚华，等．2007．水资源配置和谐性研究．人民黄河，29（12）：40-42.

王树谦，李秀丽．2008．利用蒸腾蒸发管理技术实现真实节水研究．水资源保护，24（6）：68-71.

王顺久，侯玉，张欣莉，等．2002．中国水资源优化配置研究的进展与展望．水利发展研究，2（9）：9-11.

魏传江，王浩．2007．区域水资源配置系统网络图．水利学报，38（9）：1103-1108.

翁文斌，王浩．1995．宏观经济水资源规划多目标决策分析方法研究及应用．水利学报，2：1-11.

翁文斌，王忠静，赵建世．2004．现代水资源规划——理论、方法和技术．北京：清华大学出版社．

吴泽宁，蒋水心．1984．层次分析法在多目标决策中的应用初探．郑州工学院学报，4：51-58.

吴泽宁，索丽生．2004．水资源优化配置研究进展．灌溉排水学报，23（2）：1-5.

谢新民，秦大庸，于福亮，等．2000．宁夏水资源优化配置模型与案例分析．中国水利水电科学研究学报，1：16-26.

徐志侠，陈敏建，董增川．2004．河流生态需水计算方法评述．河海大学学报（自然科学版），32（1）：5-9.

许新宜，王浩，甘泓．1997．华北地区宏观经济水资源规划理论与方法．郑州：黄河水利出版社．

薛松贵，常炳炎．1998．"黄河流域水资源合理分配和优化调度研究"综述．人民黄河，8：7-9.

杨兆兰．2005．多目标决策模糊物元分析．甘肃联合大学学报（自然科学版），19（3）：12-14.

杨志峰，崔保山，刘静玲，等．2003．生态环境需水量理论、方法与实践．北京：科学出版社．

杨志峰．2006．流域生态需水规律．北京：科学出版社．

尹明万，谢新民，王浩，等．2003．安阳市水资源配置系统方案研究．中国水利，7：14-16.

赵建世，王忠静，翁文斌．2002．水资源复杂适应配置系统的理论与模型．地理学报，57（6）：39-647.

赵建世，王忠静，翁文斌. 2008. 水资源系统的复杂性理论方法与应用. 北京：清华大学出版社.

周祖昊，王浩，秦大庸，等. 2009. 基于广义ET的水资源与水环境综合规划研究 I：理论. 水利学报，40（9）：1025-1032.

朱婧，王利民，贾凤霞，等. 2007. 我国华北地区湿地生态需水量研究探讨与应用实例. 环境工程学报，1（11）：112-118.

左其亭，吴泽宁. 2002. 可持续水资源管理量化研究的关键问题. 西北水资源与水工程，13（3）：1-4.

Adil Al Radif. 1999. Integrated water resources management (IWRM): an approach to face the challenges of the next century and to avert future crises. Desalination, 124 (1-3): 145-153.

Afzeal J, Noble D H, Weatherhead E. 1992. Optimization model for alternative use of different quality irrigation waters. Joural of Irrigation and Drainage Enginering, 118 (2): 218-228.

Bellman R, Dreyfus S. 1962. Applied dynamic programming. Princeton: Princeton University Press.

Belmans C, Wesseling J G, Feddes R A. 1983. Simulation model of the water balance of a cropped soils: SWATRE. Journal of Hydrology, 63: 271-286.

Beven K J, Wood E F. 1983. Catchment geomorphology and the dynam ics of runoff contributing area. J. Hydrol., 65: 139-158.

Blank H. 1975. Optimal irrigation decision with limited water. Colorado: Colorado State University.

Booker J E, Young R A. 1994. Modeling intrastate and interstate markets for Colorado River water resources. Environ. Econ. and Management, 26 (1): 66-87.

Castelletti A, Soncini-Sessa R. 2006. A procedural approach to strengthening integration and participation in water resource planning. Environmental Modelling & Software, 21 (10): 1455-1470.

David C D, Robert M H. 1982. Agriculture and water conservation in California, with emphasis on the San Joaquin valley. Technical Report. Davis: Department of Land, Air and Water Resources, University of California.

Engel B A, Srinivasan R, Arnold J G, et al. 1993. Nonpoint source pollution modeling using model integrated with geographical information systems. Water Sci. Technol., 28 (3-5): 685-690.

Bouwer H. 2000. Integrated water management: emerging issues and challenges. Agricultural Water Management, 45 (3): 217-228.

Idso S B, Jackson R D, Reginato R J. 1975. Estimating evaporation: a technique adaptable to remote sensing. Science, 189: 991-992.

Jonathan I, Matondo. 2002. Comparison between conventional and integrated water resources planning and management. Physics and Chemistry of the Earth, 27 (11-22): 831-838.

Keller A, Keller J, Secker D. 1996. Integrated water resources system: theory and policy implications. Research Reports. Colombo, Sri Lanka: International Water Management Institute.

Kumar A, Minocha V K. 1999. Fuzzy optimization model for water quality and management. Journal of Water Resources Planning and Management, 125 (3): 179-180.

Letcher R A, Croke B F W, Jakeman A J. 2007. Integrated assessment modelling for water resource allocation and management: a generalised conceptual framework. Environmental Modelling & Software, 22 (5): 733-742.

Lin C, Pagan P, Dollery B. 2004. Water markets as a vehicle for reforming water resource allocation in the Murray-Darling Basin of Australia. Water Resources Research, 40 (8): 1-10.

Liu J L, Luan Y, Su L Y, et al. 2010. Public participation in water resources management of Haihe river basin, China: the analysis and evaluation of status quo. Procedia Environmental Sciences, (2): 1750-1758.

Loucks D P, Fedra K, Kindler J. 1985. Interactive water resources modeling and model use: an overview. Water

Resources Research, 21 (2): 1-5.

McKinney D C, Cai X. 2002. Linking GIS and water resources management models: an object-oriented method. Environmental Modeling & Software, 17 (5): 413-425.

Netal R. 1992. Real-time adaptive irrigation scheduling under a limited water supply. Agriculture Water Management, 20 (4): 12-14.

Penman H L. 1948. Natural evaporation from open water, bare soil and grass. Proc. Roy. Soc., 82: 171-193.

Reginato J R. 1985. Evapotranspiration calculated from remote multispectraland ground station meteorological data. Rem. Sens. Environ., (18): 75-89.

Sha J X, Liu B, Wang S Q, et al. 2012. Water resources management based on the ET control theory. Procedia Engineering, 8: 665-669.

Willis R, Finney B A, Zhang D S. 1991. Water resources management in North China plain. Journal of Water Resources Planning and Management, 15 (5): 598-615.

Wong H S, Sun N Z. 1997. Optimization of Conjunctive Use of Surface Water and Groundwater with Water Quality Constraints. Proceedings Annual Water Resourse Planning and Management and Conference, Apr 6-9, 1997. Sponsored by ASCE. 408-413.

Walkins D W Jr, McKinney Dane C. 1995. Rabbust optimization for incorproating risk and uncertainly in sustainable water resoursies planning. IANS Publication (International Association of Hydrological Sciences), No. 231.

Xie Y H, Wen M Z, Yu D, et al. 2004. Growth and resource allocation of water hyacinth as affected by gradually increasing nutrient concentrations. Aquatic Botany, 9 (3): 257-266.

Xie Yonghong, An Shuqing, Wu Bofeng. 2005. Resource allocation in the submerged plant Vallisneria natans related to sediment type, rather than water-column nutrients. Freshwater Biology, 50 (3): 391-402.